이해하기 쉬운

식품위생

이원영 · 박병일 공저

신화MB

preface

식품은 생명유지와 에너지 공급원으로서 뿐만 아니라 기호적인 가치로 섭취하고 원료에서부터 소비까지 모든 과정을 거치며 몸에 좋지 않은 요인들과 상존하고 있기 때문에 위해적인 요소들에 항상 노출되어 있다고 할 수 있다. 식품위생에 대한 끊임없는 연구는 건전한 사회를 만들고 건강한 식생활을 만들어 준다.

요즘 사회는 외식산업의 발달과 국민소득의 상승으로 삶의 질이 올라가면서 식품에 대한 양적인 면보다는 질적인 면을 더 중요시 여기고 있고, 사람들은 식당을 선정할 때에도 안전성, 건전성, 건강성을 앞세워서 안심하고 먹을 수 있는 음식 섭취를 원하고 있다. 최근에는 식품 안전에 대한 사회적 관심이 증가하고 소비자들 또한 안전한 먹거리에 대한 관심이 증가하고 있는 추세이다. 또한 사회적 변화에 따라 식품 안전과 관련된 문제들이 대중들에게 쉽게 전파되며 SNS, 인터넷, 카페 등의 다양한 활동 등을 통해 외식업소들의 식품안전사고를 보다 빠르고 쉽게 알 수 있게 되었다. 이러한 변화에 맞추어 외식업소의 관리자들이나 조리 분야의 종사자들에게 위생관리에 대한 지식과 계획, 운영 능력은 꼭 필요한 부분이다. 식품 위생은 식품의 까다로운 조건 하나하나까지 신경 쓰며 관리해야하기 때문에 식품을 관리하는 사람들과 식품을 최대한 가까이 하는 사람들에게 안전한 제품 생산과 취급을 할 수 있도록 본 교재는 꼭 숙지해야 할 내용을 체계적이고 이해하기 쉽게 전달하고자 하였다.

또한 본 교재는 현장에서 현재 사용하고 있는 관리 방법, 취급 방법, 주의 사항, 위생에 대해 자세히 기록되어 있으며 이해하기 어려운 내용들보다는 더 쉽게 학습자들이 이해할 수 있도록 하였고, 외식 전문 인력을 양성하기에 좋은 기초교재로서 학습자들에게 조금이라도 도움을 주고자 한다.

끝으로 이 책을 완성하기까지 불철주야 고생하신 공동저자 교수님들 및 헌신적으로 도와준 학생들에게 감사하다는 말씀을 드리고 이 책이 출판되기까지 아낌없는 지원과 독려를 해주신 도서출판 신화전산기획 직원 여러분께 진심으로 감사드린다.

저자일동

contents

Chapter 01

식품위생의 현황 및 중요성

인간이 삶을 영위해 나가기 위해서는 '의식주'라는 조건이 빠질 수 없는데, 그중에서도 음식물의 섭취는 인간의 생명을 유지하기 위한 가장 중요한 수단이라고 할 수 있다. 오늘날 식품의 생산 혹은 제조, 가공, 조리, 저장과정에서 생성되는 유해물질이나 오염되는 문제들로 인해 인간의 안전과 건강은 물론 생명까지도 위협하는 문제가 발생하고 있다. 그로 인해 우리는 식품을 생산 혹은 가공된 제품을 구매하고, 그 식품을 섭취했을 때 안전한지 특별히 주의를 기울일 필요가 있다. 그로 하여 식품의 위해를 미리 예방하기 위해 식품위생은 가장 중요한 활동이라 할 수 있다.

식품위생에 있어서 적정 보관은 유해한 환경으로부터 모든 식품을 안전하게 보호할 수 있으며, 또한 숙성과정을 거쳐야 하는 식품을 제외하고는 모든 식품은 시간이 경과할수록 품질이 저하되고 세균에 오염이 쉽게 된다. 안전한 식품 제공을 위한 적정 보관은 경영에 있어서 절대적이며, 비용 절감에도 큰 효과를 거둘 수 있다.

우리가 섭취하는 식품의 위해요소를 완전한 무결점 상태로 제조 혹은 가공하기 어렵기에 식품의 위해가 되는 요소를 줄여 식품의 안전성, 건강성 및 건전성을 추구하기 위해 노력하는 과정이 필요하다.

01 식품위생의 정의

우리나라 식품위생법의 목적은 제1장 제1조에 "식품으로 인한 위생상의 위해를 방지하고 식품영양의 질적 향상을 도모함으로써 국민보건의 증진에 이바지함을 목적으로 한다."라고 명시되어 있다. 또 식품위생법상의 식품이란 동법 제1장 제2조 1항에 의하면 "식품이라 함은 모든 음식물을 말한다. 다만 의약으로서 섭취하는 것은 제외 한다."라고 정의되어 있다. 즉 식품이란 의약품이나 의약부외품 이외의 모든 음식물을 의미하고 있다.

식품위생의 정의를 살펴보면 동법 제1장 제2조 8항에 "식품위생이라 함은 식품 첨가물, 기구 또는 용기, 포장을 대상으로 하는 음식물에 관한 위생을 말한다."라고 정의되어 있다.

한편 WHO의 환경위생전문위원회(1955년)에서는 "식품위생이란 식품의 성장(재배, 양식), 생산, 제조로부터 최종적으로 사람에게 섭취되기까지의 모든 단계에 걸친 식품의 안정성, 건전성 및 완전 무 결성을 확보하기 위한 모든 수단을 말한다."라고 정의하였다.

이와 같이 식품위생이라 함은 원료에서 섭취까지 혹은 생산에서 소비까지 전 과정에 걸쳐 식품뿐만 아니라 첨가물이나 기구 또는 용기 그리고 포장을 대상으로 안정성, 건전성, 악화방지 등 위생적인 관리와 안정성 확보를 하기 위한 모든 의미를 두고 있다.

02 식품위생 국내의 사건사고 현황사례

◉ 연도별 섭취장소별 식중독 발생 현황

연도	구분	학교	학교 외 집단급식	음식점	가정집	기타	불명	합계
2007년	발생건수	56	39	286	30	82	11	504
	환자수	3,084	1,148	3,465	151	1,320	206	9,644
2008년	발생건수	38	22	203	24	47	13	347
	환자수	2,967	633	2,294	176	1,062	195	7,327
2009년	발생건수	38	20	95	10	24	35	222
	환자수	2,660	719	1,097	84	664	654	5,878
2010년	발생건수	38	15	132	3	25	57	270
	환자수	3,390	799	1,699	11	774	540	7,213
2011년	발생건수	30	10	117	8	33	51	249
	환자수	2,061	460	1,753	51	2,217	563	7,105
2012년	발생건수	54	9	95	14	22	72	266
	환자수	3,185	246	1,139	54	758	676	6,058
2013년	발생건수	44	14	134	5	24	14	235
	환자수	2,247	608	1,297	22	502	282	4,958
2014년	발생건수	51	15	213	7	50	13	349
	환자수	4,135	380	1,761	28	1,078	84	7,466
2015년	발생건수	38	26	199	9	54	4	330
	환자수	1,980	802	1,506	34	1,641	18	5,981
2016년	발생건수	36	32	251	3	73	4	399
	환자수	3,039	904	2,120	16	974	109	7,162
2017년	발생건수	27	23	222	2	52	10	336
	환자수	2,124	426	1,994	6	776	294	5,649
2018년	발생건수	51	26	97	2	48	6	230
	환자수	2,214	857	761	6	602	29	4,379
합계	발생건수	501	251	2,044	117	534	290	3,737
	환자수	33,025	8,252	20,886	639	12,368	3,650	78,820

2007년부터 2018년까지 최근 12년간 식중독 발생상황을 보면, 전체 식중독 발생 건수는 2007년을 기준으로 증감을 반복하는 추세를 보이고 있다.

시설별 식중독 발생 현황은 현재 학교, 기업체 등과 같은 집단급식시설에서 식중독 사고가 자주 발생하고 있으며, 음식점에서도 식중독 사례가 다분히 발생하고 있다. 이에 비해 가정집의 경우 2007년부터 식중독 사례가 서서히 감소하고 있으며, 시설 이외 발생하는 식중독 사례도 증감을 반복하는 추세를 보인다.

조사된 시설 중학교를 비롯한 집단급식시설의 경우, 다량의 음식을 한꺼번에 조리해야 하는 특성상 발생 건수에 비해 감염된 환자 수가 월등히 높았으며, 이 외 음식점에서도 식재료를 준비하는 과정 혹은 조리하는 과정에서 오염된 식재료 또는 위생 도구를 사용하면서 식중독에 걸리는 사례도 늘고 있는 추세이므로 각 지역 음식점들의 위생상태 주의를 필요로 하는 상황이다.

지역별 식중독 발생상황(2014~2018년까지 5년간 평균)

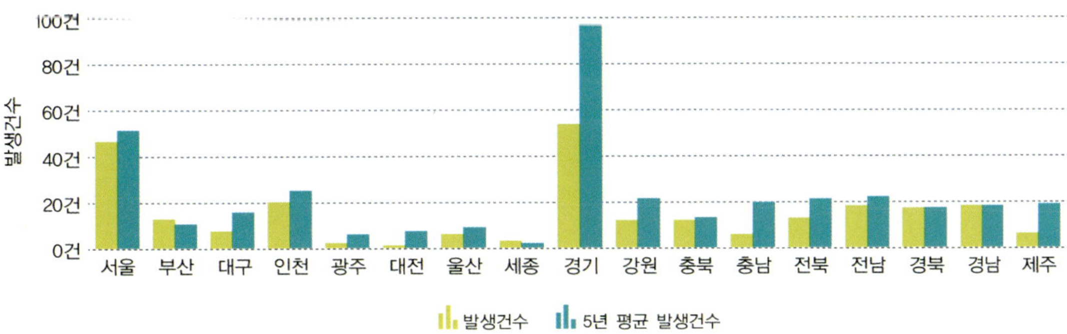

2014년부터 2018년까지 5년간의 평균 지역별 식중독 발생상황은 서울, 경기, 인천 등 인구 밀집 지역에서 식중독이 다분히 발생하는 것을 알 수 있으며, 이 외에도 전남, 강원, 충남지역을 비롯한 모든 지역에서 식중독이 증가하는 추세를 보인다.

서울지역은 식중독 환자 수가 증감을 반복하고 있으며, 경기지역의 경우 2015년에 환자 수가 작년에 비해 증가추세를 보이는 듯했으나 다시 감소하는 추세를 보인다. 이에 비해 인천의 경우 꾸준히 감소하는 추세를 보이며, 이 외 다른 모든 지역 또한 증감을 반복하다가, 2014년에 비해 2018년 현재 월등히 감소한 것으로 나타난다.

◉ 전국 시도별 학교 식중독 발생건수 및 환자 수

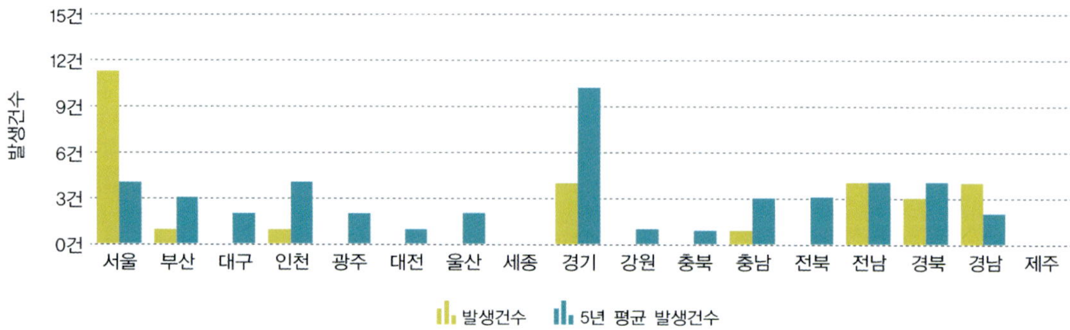

2014년부터 2018년까지 현재 5년 동안 전국 시도별 학교 식중독 발생상황과 환자 수 그래프를 보면 서울지역과 경기지역의 경우 발생 건수가 눈에 띄게 높은 것으로 나타나지만 2014년 이후 점차 감소하는 것으로 나타났다. 서울지역과 더불어 경기지역도 2014년 이후 발생 건수와 환자 수가 점차 감소하는 것으로 나타났으며, 그 외 다른 모든 지역에서도 점차 감소하는 것으로 나타났지만 부산지역의 경우 2014년 이후 식중독 환자 수가 점차 증가하는 것으로 나타났다.

03 식품의 위해성 및 건강장해

식품의 위해성은 건강장해로 나타나며, 대표적인 요인으로는 식중독과 전염병 그리고 기생충과 위생해충 등이며, 식품 자체의 발암성 물질이나 화학성 물질, 식품첨가물 등 다양한 원인물에 의해서도 생성된다. 이같이 식품으로 인한 위해성과 건강장해를 생성요인별로 분류하면 내인성natural, intrinsic, 외인성invased, added, 유기성induced으로 구별할 수 있다.

1 내인성

식품의 원재료 자체에 함유되어 있는 유독·유해성분으로 복어독, 마비성 조개독, 시안 배당체, 버섯독 등이며, 생리작용 성분으로는 항비타민성 물질, 식이성allergen 등이 있다.

2 외인성

식품 원재료 자체에는 함유되어 있지 않지만, 생육·생산·제조 및 유통과정 중에 외부로부터 혼입되거나 이행된 것으로 세균성 식중독, 곰팡이독, 경구전염병균, 기생충, 유해성 식품첨가물, 잔류농약, 용기·포장재의 유독 성분, 환경오염으로 인한 유독 성분 등이 이에 속한다.

3 유기성

식품의 제소·서장과정 중의 이화학적·생리적인 반응생성물 또는 식품의 섭취에 의해서 무독성분에서 유도되는 유독·유해성 물질이며, 가열 산화된 유지, N-nitroso 화합물, 식품의 탄화산물 중의 벤조피렌 등이 이에 속한다. 식품의 영양소 과부족과 관련하여 발생하는 질병 및 건강 장애는 식품위생의 범주에 포함시키지 않는다.

전국위해현황

전국 413건

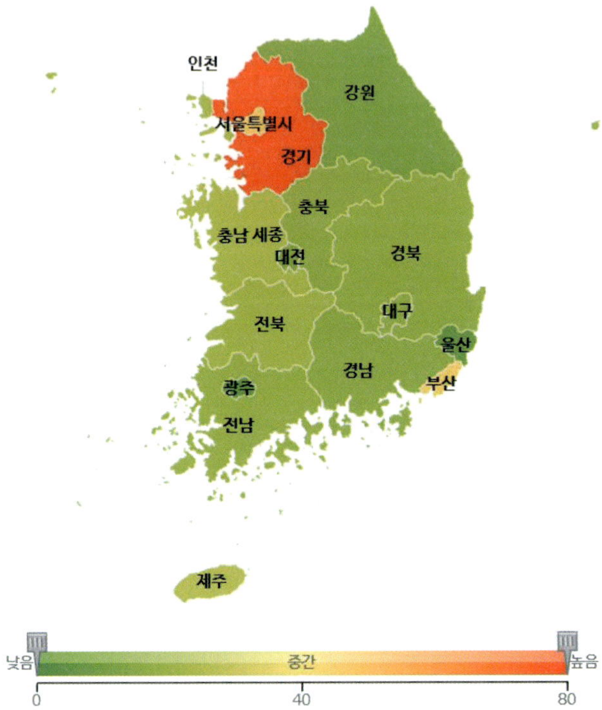

식품으로 인한 건강장해 생성요인별 분류

생성요인	종류		병인물질
내인성 (natural, intrinsic)	유해 · 유독성분(자연독)		버섯독, 시안배당체, 발암물질, 식물알카로이드, ciguatera독, 복어독, 마비성 조개독 등
	생리적 작용성분 (고유 유해물)		식이성 allergen, 항비타민물질, 항효소성 물질, 항갑상선물질
외인성 (invased, added)	생물적인 것		세균성 식중독균, 경구전염병균, 곰팡이독, 기생충
	인위적인 것	의도적 첨가	불허용 식품첨가물(dulcin, 불허용 tar색소 등)
		비의도적 첨가 (오염 물질)	잔류농약, 환경오염 물질, 방사능 물질, 용기 및 포장재 용출물질 등
		가공과정(과오)	비소, PCB 등
유기성 (induced)	물리적 작용 생성물		가열(산화)유지, 조사유지 등
	화학적 작용 생성물		조리 과정의 가열분해물, 식품성분의 상호반응으로 생성되는 N-nitroso 화합물
	생리적 작용 생성물		N-nitrosamine의 생체내 생성

Chapter

02

식품의 안전을 위협하는 미생물

01 미생물이란?

미생물은 매우 작아서 눈으로는 볼 수 없는 아주 작은 생물이며 현미경을 사용해야 관찰이 가능하다. 미생물은 눈에 띄진 않지만 자연계에 널리 존재하고 흙, 물, 공기, 식물과 동물(인간을 포함하여)의 속과 표면 등에 존재한다. 우리가 섭취하는 다양한 식품에는 여러 종류의 미생물들이 존재하고 서식하고 있기 때문에 식품이 미생물에 오염될 수 있는 기회는 너무나 많고 다양하다.

식품에 존재하는 다양한 미생물은 유용 미생물, 부패 미생물, 불활성 미생물, 병원성 미생물로 분류한다. 유용미생물이란 효모, 유산균, 광합성, 세균 등 인류가 오래 전부터 식품의 발효 등에 이용해 왔던 미생물들이며, 부패 미생물은 사람에게 질병을 일으키지는 않지만 식품에서 증식하여 부패를 일으키는 미생물이다. 병원성 미생물은 사람에게 질병을 일으키는 미생물로서 경구전염병과 식중독을 발생시키며 이들 병원성 미생물은 미생물 오염을 육안으로 식별하기가 어렵고 식품의 맛, 냄새, 외관을 변화시키지 않기 때문에 식품위생상 중요한 문제로 지속적인 위생관리가 필요하다.

02 미생물의 종류 및 특징

1 세균

세균bacteria은 단세포의 원핵생물로 광합성 작용을 하지 못하며, 그 형태가 매우 단순하고 모양에 따라 길쭉한 막대 모양의 간균bacillus, 둥근 모양의 구균coccus, 그리고 나선형의 나선균spirilla 등이 있다. 세균을 분류하는 방법 중 하나인 그람염색은 세균을 분리하는 중요한 염색법으로 염색에 의해 균을 구분할 수 있고 그람양성균gram-positive과 그람음성gram-negative으로 구분한다. 그람염색은 1884년 Christian Gram이 동물의 조직 중에 들어 있는 세균을 검출하기 위해 고안한 방법이다.

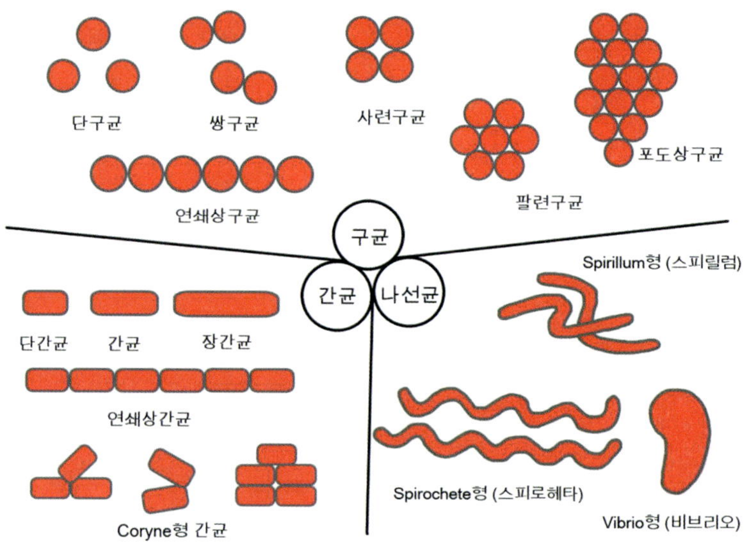

세균의 모양

세균은 환경이 적절하면 매우 빠르게 번식한다. 대부분 이분법binary fission으로 번식하며 1~3시간마다 한 번씩 분열하지만 일부는 최적조건에서 20분 만에 한 번씩 분열하는 것도 있다.

❙ 세균세포의 분열 ❙

그러나 세균은 개체수가 늘어남에 따라 결국 영양분을 모두 소모하고 대사 노폐물로 스스로를 중독시키며, 다른 생물에게 잡아먹히기 때문에 무한정 늘어나지는 않는다.

어떤 세균은 필수 영양물질이 고갈되면 내생포자endospore를 형성하기도 한다. 내생포자는 원래의 세포에 들어있던 염색체가 복제되면서 단단한 벽으로 둘러싸여 형성된다. 대부분의 내생포자는 아주 견고해서 환경이 아주 덥거나, 춥거나, 건조하거나, 산성일 때, 영양이 충분하지 않은 상황에서도 생존할 수 있으며 끓는 물에서도 생존할 수 있다.

세균은 수분이 많은 식품을 잘 변질시키며, 중성 pH에서 잘 자라고 산성에서는 증식이 억제되고 산소 유·무에 따라 호기성균, 혐기성균, 통성혐기성균으로 구분되어진다.

❙ 포자의 생존 ❙

세균은 이분법binary fission으로 증식하며, 세균의 종류와 외부의 환경에 따라 달라고 식품에 오염된 후 유리한 조건이 되면 빠른 속도로 증식한다.

세균의 생장은 4주기로 이루어져 있다.

- **유도기** : 균체가 새로운 환경에 적응을 하는 시기로 세균의 증가가 거의 일어나지 않으며 크기만 증가하는 시기
- **대수기** : 세포가 대수적으로 증식하는 시기로 세균의 수가 두 배가 되는 빠른 성장을 하는 시기
- **정체기** : 생성되는 새로운 세균수와 사멸하는 세균의 수가 같아져 더 이상 세균의 수가 증가하지 않는 시기
- **사멸기** : 생균수가 감소하는 시기로 영양성분이 고갈되고 미생물은 영양분을 얻기 위해 자기 몸의 성분을 각종 가수분해 효소를 이용해 분해하여 자기소화가 이루어져 사멸하는 시기

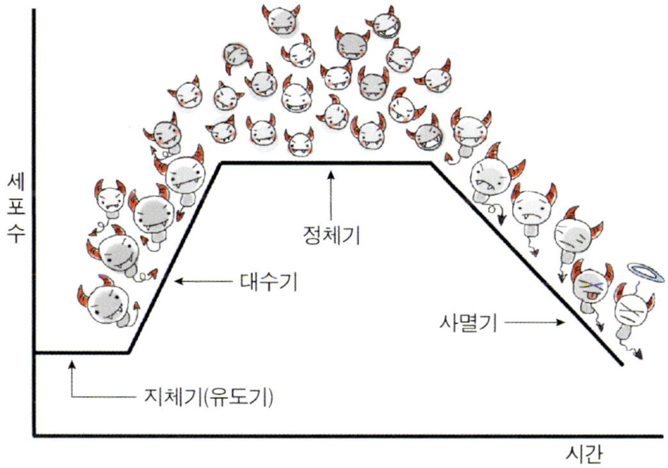

▌미생물의 생육 곡선(growth curve)▐

2 바이러스

바이러스virus는 형태와 크기가 일정하지 않으며 DNA와 RNA 중 어느 하나의 핵산과 단백질로 싸인 형태로 구성되어 있다. 미생물 중에서 크기가 가장 작으며 여과성 미생물로서 자체 증식이 불가능하며, 그들이 자라고 번식할 수 있는 숙주가 필요하다. 또한 바이러스성 식중독은 미량으로도 발병이 가능하고 대부분 2차 감염으로 인한 집단 식중독을 일으킬 가능성이 높다.

식품위생에서의 중요한 바이러스는 A형 간염바이러스Hepatitis A virus, 노로바이러스Norovirus, 로타바이러스Rotavirus가 있다.

바이러스의 전파를 예방하는 좋은 방법은 식품을 적절히 다루고 권장온도로 조리하며, 식품취급자는 개인위생을 철저히 하고 식품을 다루기 전과 화장실을 다녀온 후 손과 손톱을 깨끗이 씻어야한다.

3 곰팡이

곰팡이는 진균류에 속하며 균사체를 가진 다세포 미생물이다. 균사를 만들고 그 끝에 포자를 형성하고 번식은 주로 포자에 의해 이루어진다.

대부분의 곰팡이는 25~30℃에서 잘 증식하지만 일부는 0℃ 이하에서도 자랄 수 있고, 세균보다 저온에서 증식하고, 세균보다 생육 속도가 느리며, 생육한계 pH는 2.0~8.5이고, 약산성 pH 4.0에서 가장 잘 증식한다. 곰팡이는 수분활성도가 낮은 건조한 식품에서도 증식이 가능하고 식염이나 당이 높은 식품에도 증식하여 식품을 변질시킨다. 곰팡이는 장류, 주류, 치즈 등의 발효 식품 제조에도 이용되지만 일부는 곰팡이독소mycotoxin를 생성하여 식중독이나 암을 유발한다. 또한 많은 곰팡이독소는 가열에 의해 파괴되지 않는다.

4 효모

효모yeast는 진핵세포로서 고등미생물이고 통성혐기성 미생물이며, 출아법으로 증식하여 균사를 만들지는 않는다. 세균과 곰팡이의 중간 크기로 생육 최적온도는 25~30℃인 중온균이며, 40℃ 이상이면 사멸한다. 효모는 형태에 따라 구형, 달걀형, 타원형, 소시지형, 레몬형으로 분류되며 약산성 pH에서 잘 자라고 내산성이 높고 토양, 물, 식품 등에 생식하는 유용한 균이 많다.

술, 알코올, 발효빵 등의 발효 식품 제조에 이용되는 유용한 효모가 있으나 버터, 치즈, 육류, 잼, 요구르트, 김치 등의 발효 식품을 변질시키는 효모도 있다.

효모는 식중독을 일으키거나 인체에 유해한 독을 생성하지 않아 식품위생상 위해성은 낮은 편이다.

효모의 이용

03 미생물의 생육조건

미생물의 생장에는 6가지의 조건이 필요한데 그들의 생장에는 영양분(음식), 산도, 온도, 시간, 산소, 수분이다. 미생물들은 식품의 환경조건에 따라 성장이 촉진되기도 하고 억제되기도 하기 때문에 미생물의 성장을 막기 위해 가능한 한 6가지 조건 "F-A-T-T-O-M"을 조절해야한다.

1 영양소음식

대부분의 식품은 미생물의 생육에 필요한 영양소를 함유하고 있으며, 대부분의 세균이 좋아하는 식품으로는 육류, 해산물, 가금류, 유제품, 조리된 쌀, 유제품, 콩 등과 같이 단백질과 탄수화물을 많이 함유한 식품을 좋아한다.

2 산도Acidity

식품에서의 pH는 식품에 존재하는 미생물의 성장에 중요한 영향을 미치는 인자로서, 산이 없거나 거의 없는 식품에서 가장 잘 발육한다. 세균은 pH 6.5~7.5의 중성 또는 약알칼리성에서 잘 발육하지만 pH 4.6 이하에서는 발육하지 못한다. 곰팡이와 효모는 pH 4~6의 약산성에서 가장 잘 발육한다.

3 온도Temperature

미생물은 발육 가능한 온도에 따라 저온균psychrophiles, 중온균mesophiles, 고온균thermophiles으로 나눌 수 있다.

온도에 따른 미생물의 분류

미생물	최적온도(℃)	발육가능온도(℃)	생육 가능한 미생물
저온균	15~20	0~25	Listeria monocytogenes, Pseudomonas
중온균	25~40	15~55	대부분 세균들
고온균	50~60	40~70	Bacillus속, Clostridium속

세균의 위험 온도 범위는 5~57℃이며, 식품의 위생 취급에 있어서 음식 취급 시 찬 음식은 5℃ 이하로 낮춰 보관하고 뜨거운 음식은 57℃ 이상으로 보관함으로서 미생물에 의한 식품의 변질을 늦출 수 있다.

4 시간Time

미생물이 증식하기 위해서는 시간이 필요하다. 음식이 위험 온도 구간에 있으면 증식을 하게 되고 빠르게 생장하게 때문에 식중독 유발에 충분한 세균수로 도달 하는데에는 약 4시간 정도가 소요된다.

5 산소Oxygen

미생물이 증식 하는데 있어 산소를 필요로 하는 것과 어떤 미생물은 전혀 필요로 하지 않은 것이 있다.

호기성aerobic세균은 반드시 산소가 있어야 생육할 수 있고, 곰팡이, 바실러스bacillus, 마이크로코커스micrococcus, 방선균 등이 있다.

혐기성anaerobic세균은 산소가 이들에게 독소로 작용하여 산소가 있으면 생육이 불가능하다. 혐기성 세균은 진공포장식품이나 통조림식품 등 밀폐되어 있는 식품에서 잘 자라고 클로스트리디움clostridium, 비피도박테리움bifidobacterium 등이 있다.

통성혐기성facultative anaerobic세균은 산소의 유·무에 상관없이 생육한다. 대부분의 세균이 통성혐기성이므로 식품위생에 있어서 산소농도의 조절은 통제하는데 어려움이 있다.

6 수분Moisture

모든 식품은 조금의 양이라도 수분을 함유하고 있기 때문에 예로부터 우리는 식품의 보존을 위해 식품을 건조시켜 왔다. 식품중의 수분활성은 미생물의 번식과 성장, 효소작용 및 각종 화학반응에 영향을 미치므로 식품의 품질에 많은 영향을 미치고 미생물의 활동에 사용할 수 있는 물의 양을 수분활성도Awwater activity라고 한다. 수분활성도가 클수록 미생물이 자라나기 쉬우며, 생육 가능한 Aw는 세균 0.9, 효모 0.85, 곰팡이 0.8이다.

식품의 건조한 환경에서의 생육 능력은 곰팡이 〉 효모 〉 세균의 순으로 나타나며 식품의 Aw를 0.6 이하로 낮추거나 건조, 소금이나 설탕첨가, 동결건조 및 동결 등의 방법으로 저장함으로서 미생물에 의한 부패를 방지할 수 있다.

key point 미생물의 6가지 조건

F(식품) ➡

A(산) ➡

T(온도) ➡

T(시간) ➡

O(산소) ➡

M(수분) ➡

key point ## 잠재적 위험 식품potentially hazadous food : PHF

- 유해세균이 번식하기 쉬운 잠재적 위험 식품은 특별한 관리가 필요하다.
- 잠재적 위험 식품은 5~57℃에서 급격히 증식하므로 식품의 취급과 저장을 조절하는 것이 중요하다.
- 뷔페 음식같이 음식을 미리 준비해 놓는 경우
  - 뜨거운 음식은 뜨겁게 보관하라
  - 차가운 음식은 차갑게 보관하라

❙ 잠재적 위험 식품 ❙

key point ## 즉석섭취식품ready to eat : RTE 식품

- 즉석식품은 바로 먹을 수 있는 식품으로서 다시 요리하거나 재가열 세척 등을 준비하는 과정을 거치지 않아도 되는 식품이다.
  - 자른 과일, 생채소, 샐러드류
  - 빵, 케이크, 샌드위치
  - 치즈, 인스턴트 가공육
  - 피자, 햄버거, 핫도그

❙ RTE 식품 ❙

04 식품의 부패 및 보존

1 식품의 부패

식품은 시간이 지나면서 미생물, 효소, 성분 간 반응, 온도, 산소 등 여러 작용으로 인해 영양소가 파괴되고 맛, 색깔, 향기, 외관, 냄새 등이 변하여 식용이 불가하여 상품으로서의 가치를 잃게 된다.

(1) 부패putrefaction

부패는 우리 주위에서 가장 흔하게 일어나며 식품중의 단백질이 혐기성세균의 작용으로 분해되어 악취, 황화수소, 아민, 암모니아 등 유해물질(많은 부산물)을 생성한다.

(2) 변패deterioration

변패는 미생물의 작용에 의해 탄수화물이나 지질을 분해하여 변화되면서 신맛이나 냄새를 형성하여 식품이 변질되는 현상을 말하며, 부패 보단 유해물질의 생성이 적다.

(3) 산패rancidity

산패는 지방이 분해되어 독성물질이나 불쾌한 냄새를 생성하며, 기름이 공기 중에 오래 방치 되었을 때 냄새, 맛, 빛깔이 변하게 된다.

(4) 발효fermentation

효모나 세균 등의 미생물이 유기물을 분해하는 작용으로 식품이 우리에게 이로운 작용을 할 때를 말한다.

2 식품의 보존

식품의 부패와 변질의 주된 원인은 미생물의 번식이 가장 크다고 할 수 있다. 따라서 식품의 변질을 막기 위해서는 미생물의 오염을 방지하여 오염된 미생물의 증식과 발육을 억제하는 것이 중요하다. 보존 방법으로는 물리적 방법, 화학적 방법, 기타 처리방법이 있다.

(1) 물리적 방법

- **냉장** : 식품을 0~10℃ 정도로 보존하는 방법으로 일반식품의 단기간 저장에 널리 이용되며, 세균의 완벽한 억제는 불가능 하므로 장기간 보존은 피하는 것이 좋다.
- **냉동** : 식품을 냉동(-15~-18℃) 상태에서 동결시켜 보존하는 방법으로 장기간 보관이 가능하나 식품의 조직, 질감에 변화를 주는 단점이 있다.
- **건조법** : 식품중의 수분을 15% 이하로 낮추거나 수분활성도Aw를 0.6 이하로 낮추고 햇볕이나 열풍을 이용하여 세균의 발육을 저지시키거나 사멸시켜 저장하는 방법이다.

식품의 건조 방법

종류	방법	식품
고온건조법	식품을 90℃ 이상의 고온에서 건조	전분
열풍건조법	가열된 공기를 이용하여 건조	육류, 어류, 알
배건법	식품을 불에 볶거나 불을 쬐어서 말리는 방법	보리, 옥수수
탈수건조법	식품의 수분을 탈수하여 건조	육류, 어류, 달걀
감압건조법	저압과 저온에서 식품을 건조	건조 달걀, 분유
동결건조법	재료를 동결하고 압력을 줄여 수분을 빼는 방법	육류, 어류, 채소, 인스턴트식품

key point 방사선 조사

- 방사선 조사식품은 열을 가하지 않는 살균법으로서 식품을 일정시간 동안 이온화 에너지(방사선 에너지)에 노출시켜 발아 억제, 숙도지연, 식품의 보존성 향상, 병원균 및 기생충, 해충 사멸을 가져오는 처리방법을 말하고 이렇게 처리 된 식품을 방사선조사식품irradiated food이라 한다.

❙ 방사선 조사 ❙

〈자료 : 식품의약품안전처〉

- 방사선 조사식품의 안정성에 대해 세계보건기구WHO, 국제식량농업기구FAO, 국제원자력기구IAEA, 미국식품의약품청FDA 등이 50년 이상에 걸친 연구 결과를 바탕으로 안정성 및 건전성을 인정하였다.

  전 세계 52개국에서 250여 품목을 허가하고 있으며, 우리나라는 2010년 이후 감자, 양파, 마늘, 환자용 음식과 된장, 고추장 분말과 고춧가루, 홍삼 등 26개 식품에 허용하고 있다.

❙ 식품의 방사선 조사 이용분야 ❙

〈자료 : 식품의약품안전처〉

- 방사선 조사식품의 표시로 국제식품규격위원회CODEX에서는 방사선 조사식품은 "조사처리"(treated with radiation, treated by irradiation)라고 문구로 표시하거나 마크를 표시하도록 규정하고 있으며, 우리나라에서는 식품위생법 제 10조에 의한 식품의 표시기준에 따라 방사선 조사된 식품에는 포장 또는 용기에 직경 5cm 이상의 크기로 조사마크를 표시하여야 한다고 규정하고 있다.

❙ 국제적 통용 방사선 조사표시 마크 ❙

〈자료 : 식품의약품안전처〉

key point "방사선 조사식품과 방사능 오염식품은 완전히 달라요"

보존성과 위생품질을 위해 이온화 에너지(방사선)를 쬐인 조사식품

후쿠시마, 체르노빌, 스리마일 등 원전사고나 원폭실험 등으로 인해 발생한 인공 방사성 핵종에 오염된 식품

〈자료 : 식품의약품안전처〉

(2) 화학적 방법

❙ 염장법 및 당장법, 산장법 ❙

- 염장법 : 식품에 소금을 이용하여 미생물의 증식을 억제하고 보존성을 높여 저장하는 방법이다. 식품에 소금을 첨가함으로서 수분활성은 저하되고 삼투압은 높아지면서 세포의 원형질 분리가 일어나 미생물의 생육이 억제 된다.
- 당장법 : 식품에 고농도의 당을 첨가하여 미생물의 증식을 억제하는 방법으로 당농도가 50%이어야 일반세균의 번식을 억제할 수 있다.
- 산장법 : 산장법은 pH가 낮은 초산, 젖산, 구연산 등을 이용하여 pH를 낮추어 식품을 저장하는 방법이다.

3 기타 처리방법

(1) 훈연법

훈연smoking은 떡갈나무, 벚나무, 참나무, 향나무 등 수지가 적은 나무를 불안전 연소시켜서 나오는 연기를 식품에 그을려서 저장성을 높이는 방법으로 주로 육류 및 어류 등에 이용한다. 연기의 성분인 아세트알데히드, 포름알데히드, 유기산류, 페놀류 등은 균의 번식을 억제하고 훈연의 독특한 향기와 풍미를 준다.

(2) 통조림

식품에 존재하는 미생물을 고온으로 가열하여 멸균시킨 후 금속제의 캔에 넣고 밀봉하여 식품을 저장하는 방법이다. 식품의 장기간 보관이 가능하며, 저장 및 운반에도 용이하다.

Chapter 03

식중독의 위험

01 식중독이란?

오늘날 사회는 비약적인 경제 발전으로 인하여 핵가족화, 단체급식의 확대, 조리 가공된 식품, 패스트푸드 식품, 외식문화의 증가 등 여러 요인에 의해 식중독 food poisoning은 지구촌 곳곳에서 항상 위험에 노출되어 있다.

우리나라는 식품위생법상 식중독은 "식품 섭취로 인하여 인체에 유해한 미생물 또는 유독물질에 의하여 발생하였거나 발생한 것으로 판단되는 감염성 질환 또는 독소형 질환을 말한다."로 정의하였고 세계보건기구WHO에서는 집단식중독은 "역학조사 결과 식품 또는 물이 질병의 원인으로 확인된 경우로서 동일한 식품이나 동일한 공급원의 물을 섭취한 후 2인 이상의 사람이 유사한 질병을 경험한 사건"이라고 정의하였다.

식중독은 미생물, 유독물질, 유해 화학물질 등을 함유한 음식물을 섭취하여 설사, 복통, 발열, 구토, 메스꺼움 등의 급성위장염 증상과 신경증상을 일으키는 질병이다.

식중독은 원인에 따라 미생물에 의한 식중독과 화학물질에 의한 식중독으로 구분하고 미생물에 의한 식중독은 세균성 식중독과 바이러스성 식중독으로 구분하고, 세균성 식중독은 독소형, 감염형, 중간형으로 세분한다. 식중독을 일으키는 화학물질에는 동물성, 식물성, 진균성(곰팡이류) 자연독과 인공 화합물이 있다.

식중독의 분류

대분류	중분류	소분류	원인균 및 물질
미생물	세균성	감염형	살모넬라, 장염 비브리오 균, 병원성대장균, 여시니아, 리스테리아 모노사이토제네스, 쉬겔라, 캠필로박터 제주니/콜리
		독소형	황색포도상구균, 클로스트리디움 보툴리눔
		중간형	웰치균, 바실러스 세레우스
	바이러스성	공기, 접촉, 물 등의 경로로 전염	노로바이러스, 로타바이러스, 아스트로바이러스, 장관아데노바이러스, 간염 A 바이러스, 간염 E 바이러스, 사포바이러스
화학물질	자연독	동물성 자연독에 의한 중독	복어독, 시가테라독,
		식물성 자연독에 의한 중독	감자독, 버섯독, 원추리
		곰팡이 독소에 의한 중독	황변미독, 맥각독, 아플라톡신

	화학적	고의 또는 오용으로 첨가되는 유해물질	식품첨가물
		본의 아니게 잔류 · 혼입되는 유해물질	잔류농약, 유해성 금속화합물
		제조 · 가공 · 저장 중에 생성되는 유해물질	지질의 산화생성물, 니트로소아민
		기타 물질에 의한 중독	메탄올 등
		조리기구 · 포장에 의한 중독	녹청(구리), 납, 비소 등

1 식중독 발생 현황

식품의약품안전처의 통계에 따르면 최근 10년(2007년~2017년)간 국내에서 식중독은 3,539건 발생해 74,838명의 환자가 발생했다.

통계자료에서 월별로는 8월에 가장 많은 435건(8.1%)이 발생해 11,770명(6.3%)이 식중독에 감염됐다. 보통 식중독은 고온다습한 여름철에 많이 발생하지만 통계에 따르면 6월, 5월, 9월에도 발생건수와 환자가 많은 것을 알 수 있다.

식품의약품안전처의 조사에 따르면 5~6월에 봄나들이 단체관광 및 야외 수련활동이 많아 여행지 주변 음식점에서 식중독이 발생하였기 때문으로 분석되었다.

연도별-월별 식중독 통계

연도	구분	1월	2월	3월	4월	5월	6월	7월	8월	9월	10월	11월	12월	합계
2007	발생건수	31	28	41	42	65	56	49	76	44	25	32	21	510
		730	277	820	959	1,296	1,803	849	754	1,343	287	294	274	9,686
2008	발생건수	13	14	23	31	28	36	28	38	51	37	29	26	354
	환자수	177	144	680	751	627	1,256	354	538	1,207	454	440	859	7,487
2009	발생건수	14	22	20	26	36	29	20	18	20	7	7	9	228
	환자수	126	279	753	709	1,232	1,318	378	324	301	416	40	123	5,999
2010	발생건수	9	17	15	20	15	29	34	41	35	18	15	23	271
	환자수	142	430	364	893	201	1,908	561	770	783	335	362	469	7,218
2011	발생건수	11	14	21	26	19	35	23	38	25	9	16	12	249
	환자수	137	351	690	827	1,017	414	740	1,482	809	194	267	177	7,105

2012	발생건수	9	21	11	17	28	27	20	28	38	24	17	26	266
		294	392	296	387	680	503	300	590	1,403	189	346	678	6,058
2013	발생건수	22	4	19	24	20	24	26	15	18	15	21	27	235
	환자수	286	50	327	896	252	677	611	405	450	141	492	371	4,958
2014	발생건수	9	14	24	22	35	36	33	43	27	24	32	50	349
	환자수	56	80	1,063	371	1,548	955	484	1,429	261	257	342	620	7,466
2015	발생건수	36	13	23	30	27	31	34	31	28	34	24	19	330
	환자수	322	149	412	402	493	752	527	1,729	400	299	221	275	5,981
2016	발생건수	14	9	25	39	43	36	22	62	39	41	37	32	399
	환자수	98	51	358	554	673	761	280	2,388	425	731	446	397	7,162
2017	발생건수	20	18	16	26	40	44	46	45	34	16	21	22	348
	환자수	118	89	146	407	605	918	429	1,361	816	326	240	263	5,718
합계	발생건수	188	174	238	303	356	383	335	435	359	250	251	267	3,539
	환자수	2,486	2,292	5,909	7,156	8,624	11,265	5,513	11,770	8,198	3,629	3,490	4,506	74,838

〈자료 : 식품의약품안전처〉

원인시설별 식중독 발생현황을 보면 음식점의 발생건수와 환자수가 가장 많은 것으로 나타난다. 학교 및 학교 외 집단급식에서는 발생건수 대비 환자수가 월등히 높기 때문에 대규모 환자 발생 가능성과 사회문제로 확산되지 않게 식재료 검수, 제조공정, 주방청결, 개인위생 등을 철저히 하여 식중독 예방에 힘써야 한다.

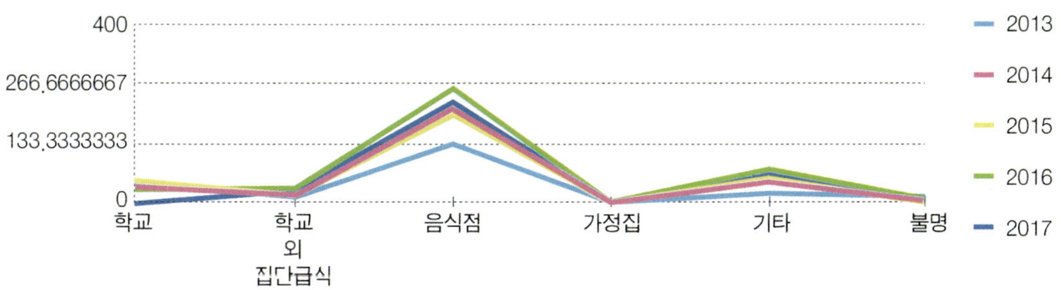

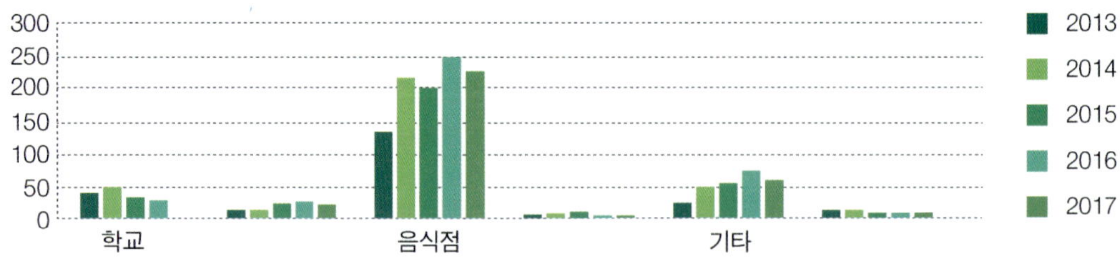

연도별-원인시설별 식중독 통계

연도	구분	학교	학교 외 집단급식	음식점	가정집	기타	불명	합계
2007	발생건주	57	41	289	30	82	11	510
	환자수	3,101	1,432	3,476	151	1,320	206	9,686
2008	발생건수	39	22	208	24	48	13	354
	환자수	2,983	633	2,392	176	1,108	195	7,487
2009	발생건수	39	20	98	11	24	36	228
	환자수	2,716	719	1,132	89	664	679	5,999
2010	발생건수	38	15	133	3	25	57	271
	환자수	3,390	799	1,704	11	774	540	7,218
2011	발생건수	30	10	117	8	33	51	249
	환자수	2,061	460	1,753	51	2,217	563	7,105
2012	발생건수	54	9	95	14	22	72	266
	환자수	3,185	246	1,139	54	758	676	6,058
2013	발생건수	44	14	134	5	24	14	235
	환자수	2,247	608	1,297	22	502	282	4,958
2014	발생건수	51	15	213	7	50	13	349
	환자수	4,135	380	1,761	28	1,078	84	7,466
2015	발생건수	38	26	199	9	54	4	330
	환자수	1,980	802	1,506	34	1,641	18	5,981
2016	발생건수	36	32	251	3	73	4	399
	환자수	3,039	904	2,120	16	974	109	7,162
2017	발생건수	0	27	223	2	57	6	348
	환자수	0	510	1,828	6	886	158	5,718
합계	발생건수	426	231	1,960	116	492	281	3,539
	환자수	28,837	7,493	20,108	638	11,922	3,510	74,838

〈자료 : 식품의약품안전처〉

원인균별 식중독 발생현황을 보면 병원성대장균에 의한 식중독 발생률이 가장 높은 것으로 나타났고 노로바이러스, 살모넬라, 황색포도상구균, 클로스트리디움 퍼프린젠스에 의한 식중독도 많이 발생하는 것으로 나타났다. 질병 통계에 따르면 노로바이러스에 의한 식중독 환자 발생수가 증가하고 있으며, 주로 겨울철에 발생하는 것으로 알려져 있으나 계절에 관계없이 발생하고 있는 추세이다. 따라서 노로바이러스 식중독 예방을 위하여 항상 주의 하여야 한다.

연도별-원인균별 식중독 통계

구분		병원성대장균	살모넬라	장염비브리오균	캠필로박터제주니	황색포도상구균	클로스트리디움퍼프리젠스	바실러스세레우스	기타세균	노로바이러스	기타바이러스	원충	자연독	화학물질	불명	진행중	합계
2007	발생건수	62	42	33	7	38	4	1	0	97	2	0	3	0	221	0	510
	환자수	1,945	1,497	634	449	843	81	50	0	2,345	32	0	22	0	1,788	0	9,686
2008	발생건수	36	22	24	6	15	6	14	0	69	1	0	2	2	157	0	354
	환자수	1,278	387	329	73	556	434	376	0	2,105	26	0	50	34	1,839	0	7,487
2009	발생건수	37	17	12	7	12	5	0	0	32	0	0	6	0	100	0	228
	환자수	1,671	477	106	405	864	527	0	0	568	0	0	126	0	1,255	0	5,999
2010	발생건수	28	27	18	15	19	5	14	0	31	2	0	6	1	105	0	271
	환자수	1,926	677	223	380	372	171	401	0	1,994	8	0	33	3	1,030	0	7,218
2011	발생건수	32	24	9	13	10	7	6	2	31	3	0	4	0	108	0	249
	환자수	2,109	1,065	133	329	323	324	98	20	1,524	21	0	27	0	1,132	0	7,105
2012	발생건수	31	9	11	8	5	13	6	0	50	1	0	3	0	129	0	266
	환자수	1,844	147	195	639	35	297	111	0	1,665	22	0	13	0	1,090	0	6,058
2013	발생건수	31	13	5	6	5	33	8	0	43	1	0	1	0	89	0	235
	환자수	1,089	690	40	231	63	516	112	0	1,606	2	0	16	0	593	0	4,958

2014	발생건수	38	24	7	18	15	28	11	0	46	4	0	1	0	157	0	349
	환자수	1,784	1,416	78	490	195	1,689	49	0	739	102	0	5	0	919	0	7,466
2015	발생건수	39	13	5	22	11	15	6	0	58	2	15	0	0	144	0	330
	환자수	2,138	202	25	805	191	394	22	0	994	9	114	0	0	1,085	0	5,981
2016	발생건수	57	21	22	15	1	8	3	0	55	0	39	1	0	177	0	399
	환자수	2,754	354	251	831	4	449	26	0	1,187	0	212	6	0	1,088	0	7,162
2017	발생건수	48	21	0	6	0	0	9	1	59	2	40	2	0	145	0	348
	환자수	2,203	660	0	101	0	0	61	5	1,269	53	173	21	0	762	0	5,781
합계	발생건수	439	233	146	123	131	124	78	3	571	18	94	29	3	1,532	0	3,539
	환자수	20,741	7,572	2,014	4,733	3,446	4,882	1,306	25	15,998	275	499	319	37	12,581	0	74,838

〈자료 : 식품의약품안전처〉

2 식중독 원인조사

식중독 사고를 예방하기 위해서는 오염된 식품이 무엇인지, 무엇에 오염되었는지, 그리고 오염 경로가 어떻게 되는지 정확히 알아야 똑같은 사고가 다시 발생하지 않도록 예방조치를 취할 수 있을 뿐만 아니라 여러 지역으로 식중독이 확산되는 것을 사전에 차단할 수 있으며, 식약처와 보건소에서는 식중독 의심환자가 발생되었다는 신고를 받게 되면 발생 현장에 조사반을 출동시켜 환자 설문조사, 인체검체와 보존식 수거검사, 조리 환경조사, 식재료 공급업체 추적조사 등을 통하여 식중독 발생오염원과 경로를 찾고 재발확산 방지를 위한 개선조치를 하고 있다.

식중독 발생 시 위기 대응 방법은 식중독 환자나 식중독이 의심되는 자(이하 "식중독(의심) 환자")를 진단하였거나 그 사체를 검안(檢案)한 의사 또는 한의사(이하 "의사 등")는 지체 없이 관할 시장·군수·구청장에게 보고하여야 하고 집단급식소에서 제공한 식품 등으로 인하여 식중독 환자나 식중독으로 의심되는 증세를 보이는 자를 발견한 집단급식소의 설치 · 운영자는 지체 없이 관할 시장 · 군수 · 구청장에게 보고하여야 한다. 집단 식중독 환자 발생 신고를 받은 시장, 군수, 구청장은 "식중독 예방 관리 시스템"을 통하여 식품의약품안전처, 질병관리본부 등 관련기관 담당자에게 보고하여야 한다.

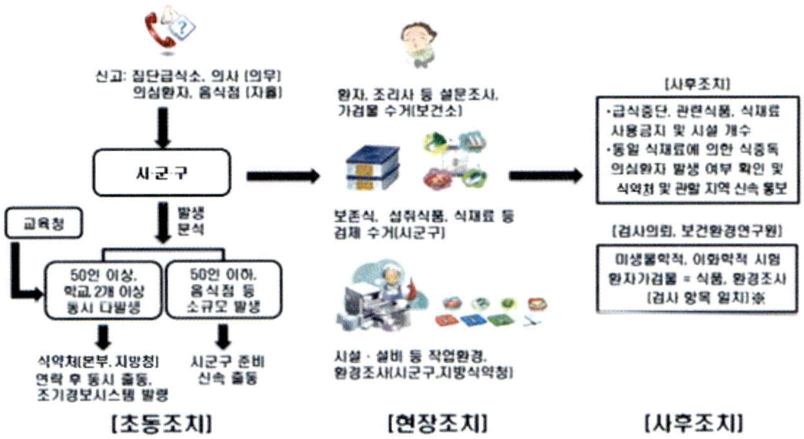

▌식중독 조기 경보 시스템▐

〈자료 : 식품의약품안전처〉

식중독이 발생했을 때 역학조사의 단계는 다음과 같다.

(1) 준비단계

원인조사반 구성, 반원 간 업무분장 조정, 검체채취 기구 준비 등

(2) 현장조사단계

식품취급자 설문조사 및 위생상태 확인, 현장 시설 조사를 통한 오염원 추정, 검체 채취 및 의뢰, 데이터 분석 및 가설 설정

(3) 정리단계

확보된 기본자료, 현장 확인 및 점검결과, 검사현황, 의학 참고 자료 등을 바탕으로 여러 발생 원인인자에 대한 분석을 통하여 발생오염원 및 경로 추정

(4) 조치단계

조사 결과 급식 및 식재료, 음용수 등의 식품매개로 인한 중독으로 의심이 되거나 추정되는 경우 급식중단조치와 함께 관련 식품 및 식재료 등의 사용금지 또는 폐기 조치 실시

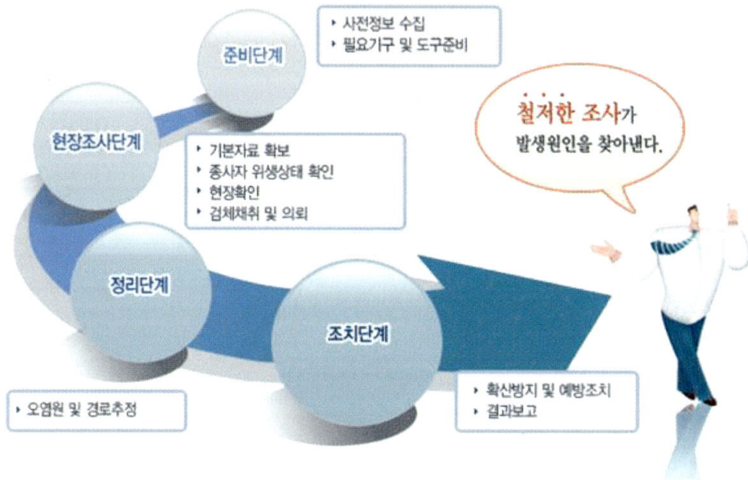

▌역학조사 절차▐

〈자료 : 식품의약품안전처〉

이와 같이 식중독 예방을 위한 생산단계부터 종합적인 관리를 위하여 중앙부처, 지방자치단체 등 32개 기관 합동으로 「범정부 식중독 예방 종합대응 협의체」를 구성·운영하고 있지만 식중독 원인조사 결과 역학적으로 관련이 있는 식품에서 원인물질(병원성미생물, 바이러스, 독소, 화학물질 등)이 검출되거나 환자 2인 이상에서 동일한 혈청형 또는 유전자형의 미생물이 검출되면 식중독으로 판정하게 된다. 그러나 식품은 여러 가지 성분으로 복잡하게 구성되어 있으며, 식중독을 일으키는 균이나 독소 등은 식품에 극미량 존재하므로 식품에서 원인균이 검출되지 않는 경우가 많으며 환자 인체 검체의 경우에도 검체(대변, 구토물 등) 채취를 거부하거나 병원에서 항생제 치료를 받아 원인물질이 검출되지 않는 경우가 많아 원인규명에 많은 어려움이 있는 실정이다.

알아두고 가기 학교식중독 조기경보 시스템이란?

식중독 발생 시 동일 식재료에 의한 식중독 발생이 우려되는 학교에 SMS 통보 등 경보를 발령하여 식중독 조기차단 및 확산방지를 위하여 2008년 3월부터 운영하고 있으며, 학교에서 식중독 의심환자 발생 시 해당학교와 거래하는 업체 및 이 업체와 연계된 다른 학교를 확인하여 경보발령 등 식중독 확산 방지를 위한 예방 관리 시스템이다.

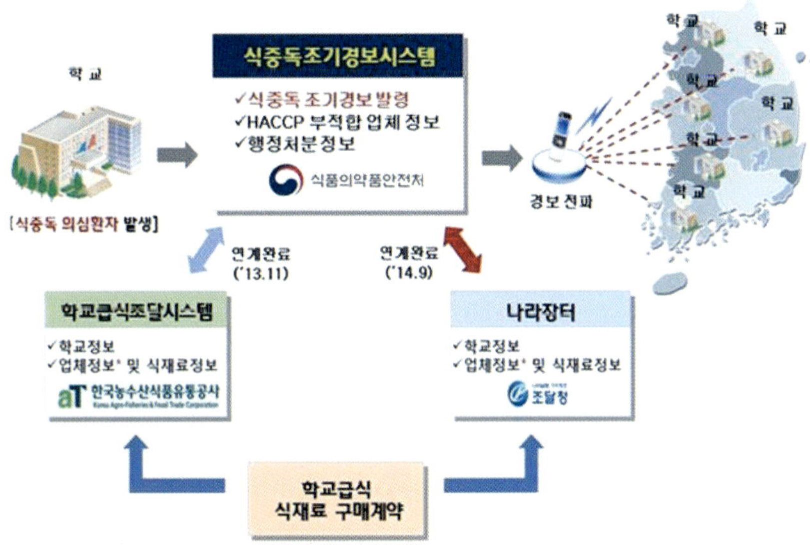

* 집단급식소 식품판매업체, 식품제조·가공업체 등

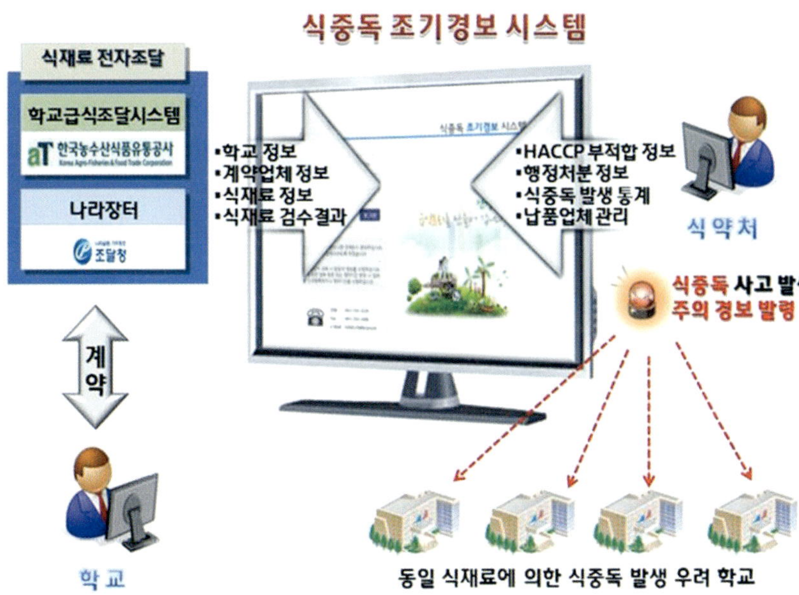

| 식중독 조기경보 시스템 |

〈자료 : 식품의약품안전처〉

02 세균성 식중독

세균성 식중독은 발병원인에 따라 감염형, 독소형, 중간형으로 나눈다. 감염형 식중독은 음식물과 함께 섭취한 병원균이 체내에서 증식하거나 균을 다량으로 섭취함으로서 장관점막에 감염이 성립하고 설사와 복통, 장 질환을 일으키는 것으로 살모넬라Salmonella, 캠필로박터Campylobacter, 리스테리아Listeria, 병원성대장균pathogenic Escherichia Coli 등이 있다. 독소형 식중독은 세균이 식품속에서 증식하여 생산한 독소를 섭취하여 일으키는 식중독으로 포도상구균, Staphylococcus Aureus, 글로스트리디움 보툴리눔Clostridium botulinum 등이 있다.

중간형은 식품과 함께 섭취한 균이 우리 몸속에 들어와 장 내에서 증식한 독소에 의해 일으키는 식중독으로 웰치균Clostridium perfrigens, 바실러스 세레우스Bacillus cereus 등이 있다.

1 감염형 식중독

(1) 살모넬라Salmonella spp

특징	그람(Gram) 음성 / 무포자 간균 / 토양이나 물에서 장기간 생존가능
잠복기 및 증상	8~48 시간 / 구토, 복통, 발열, 설사
원인식품	육류 및 그 가공품 / 가금류, 알과 그 가공품 / 우유, 채소, 샐러드
예방대책	5℃ 이하 저온 보관 / 교차오염 방지 / 육류의 생식을 피하고 74℃, 1분 이상 조리

- **특징** : 살모넬라는 그람Gram 음성 간균으로 산소가 있거나 없거나 생존할 수 있는 통성혐기성균이며 포자를 형성하지 않는 균이다.
- **잠복기 및 증상** : 잠복기는 균에 따라 다양하게 나타나며 일반적으로 8~48시간이다. 주요증상은 복부통증, 설사, 발열, 구토, 식욕감퇴, 전신권태 등 급성 위장염 증상을 나타낸다. 일반적으로 건강한 사람은 약 1주일이면 회복된다. 중증인 경우 사망에 이르는 경우도 있지만 치사량은 0.3% 정도이다.

- **원인식품 및 감염경로** : 육류 및 그 가공품, 가금류, 달걀, 우유 및 유제품, 채소, 샐러드, 소스류, 드레싱, 생선, 크림 충전물, 초콜릿 등 원인균의 분포가 매우 광범위하다. 감염경로는 사람, 가축, 가금, 개, 고양이 기타 애완동물, 가축, 가금류의 식육 및 가금류의 알, 하수와 하천수 등 자연환경 등에 균이 존재하며, 오염된 식품접촉면(도마)이나 보균자의 손, 발 등 2차 오염에 의한 오염식품을 섭취할 때에도 감염이 될 수 있다.

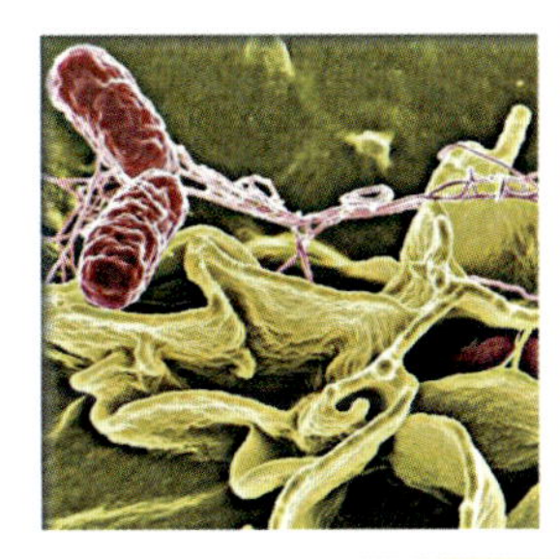

- **예방대책** : 조리 후 식품을 가능한 한 신속히 섭취하도록 하며, 남은 음식은 5℃ 이하 저온 보관한다. 식육의 생식을 금해야 하고 식품을 75℃에서 1분 이상 가열 조리한 후 섭취하고 조리에 사용된 기구 등은 세척, 소독하여 2차 오염을 방지한다. 식품 취급자는 개인위생을 철저히 하고 특히 손 씻기를 철저히 하여야 한다.

case 살모넬라 식중독 사례

미국 9개 주서 살모넬라균 오염 토마토로 70여명 감염

텍사스와 뉴멕시코 주에서는 57명 중 40명이 동일한 살모넬라균에 감염된 것으로 밝혀졌다. 사망자는 아직 없다고 미국 국립질병관리예방센터가 전했다. 감염자들의 연령대는 3~82세로, 감염자 대부분이 4월 23일에서 5월 27일 사이에 익히지 않은 토마토를 먹은 것으로 알려졌다.

다른 7개 주에서도 30여명이 감염됐다. 애리조나, 유타, 콜로라도, 캔자스, 아이다호, 일리노이, 인디애나 주에서는 텍사스, 뉴멕시코에서 발병한 살모넬라 세인트폴 균이 발견됐다.

출처 : 뉴시스(newsis.com)

살모넬라균의 감염경로에 대해 생각해 보아요.

아르헨티나에서 샌드위치를 먹고 100여명이 식중독에 집단 감염되었다. 부에노스아이레스 지역의 한 제과점에서 샌드위치를 먹고 심각한 위장염에 걸렸다. 감염자들은 탈수로 입원해야했고 대부분의 사람들이 1주일 이상 휴식을 취해야 했다. 정부통제청의 식품위생 및 안전국에서는 이 제과점을 조사하였고 살모넬라균을 확인하였다. 확인된 재료는 조리한 닭가슴살, 수제 마요네즈, 수제 소스, 양상추, 토마토였다.

출처 : 식품의약품안전처

(2) 장염 비브리오*Vibrio parahaemolyticus*

특징	무포자간균 / 해수세균의 일종(호염균) / 2~4%의 소금물에서 잘 자라고 열에 약함
잠복기 및 증상	평균 12시간 / 복통, 설사, 발열, 구토
원인식품	어패류, 생선회, 수산식품 / 오염된 어패류를 취급한 칼, 도마 등 기구류
예방대책	어패류는 수돗물로 잘 씻기, 횟감용 칼, 도마 구분 사용 오염된 조리 기구는 세정, 열탕 처리

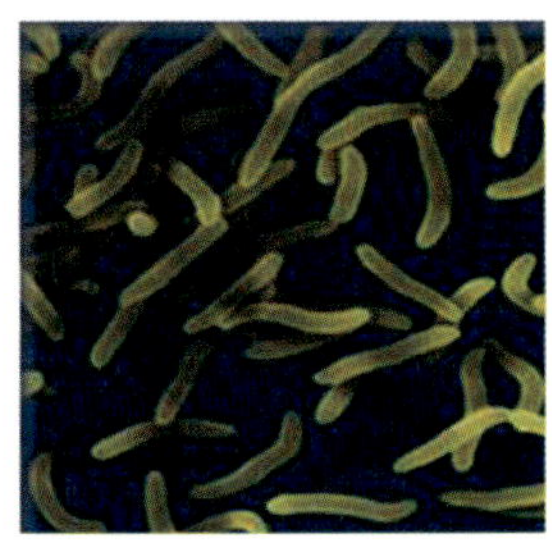

- **특징** : 식중독과 관련 있는 비브리오는 비브리오 콜레라*Vibrio cholera*, 비브리오 파라헤모리티쿠스*Vibrio parahaemolyticus*, 비브리오 불니피쿠스*Vibrio vulnificus* 3가지이며, 비브리오 콜레라, 장염 비브리오, 패혈증비브리오이다.

  장염 비브리오 균은 생존과 증식을 위해서 염분이 필수인 호염성균이며, 2~4%의 소금물에서 잘 생육하며 해수온도가 15℃ 이상이 되면 급격히 증식한다. 그러나 식염농도 0.5% 이하나 담수에서는 거의 자라지 못한다.

- **잠복기 및 증상** : 잠복기는 8~20시간이며, 평균 12시간이다. 주요 증상은 심한 복통, 설사, 발열, 구토, 오한 등으로 특히 상복부에 심한 통증이 있다.

- **원인식품 및 감염경로** : 원인식품으로는 어패류, 생선회, 초밥, 수산식품(게장, 생선회, 오징어무침, 꼬막무침), 가공품이나 2차 오염을 받은 도시락, 복합식품 등이 있다.

  감염경로는 장염 비브리오 균이 오징어, 문어, 고등어, 조개 등 패류의 체표, 내장과 아가미 등에 부착해 있다가 근육으로 이행되거나 유통과정 중에 증식하여 식중독을 일으키고 어패류의 체표와 내장 및 아가미 등에 부착되어 있다가 이를 조리한 사람으로부터 손, 도마, 칼, 기구 등을 통해 다른 식품에 2차 오염되어 식중독을 발생시키기도 한다.

- **예방대책** : 어패류는 수돗물로 잘 씻고 생식을 피하며, 이 균은 60℃에서 5분, 55℃에서 10분 이상 가열하면 쉽게 사멸 하므로 반드시 가열한 후 섭취한다. 또한 어패류를 조리한 조리 기구나 칼, 도마 등을 살균, 소독하고 횟감용 칼, 도마는 구분하여 사용하여야 한다.

key point 가을철 별미를 안전하게

〈자료 : 식품의약품안전처〉

(3) 캠필로박터Campylobacter

특징	잠복기 및 증상	원인식품	예방대책
Campylobacter jejuni Campylobacter coli 미호기성 세균 소량으로 식중독 유발	평균 2~5일 복통, 설사, 발열, 구토, 근육통	소, 돼지 등 가축, 닭고기 등 가금류 애완동물, 생우유, 소독되지 않은 물	개인위생 철저 생육과 조리된 식품은 구분하여 보관, 닭고기의 생식 금지

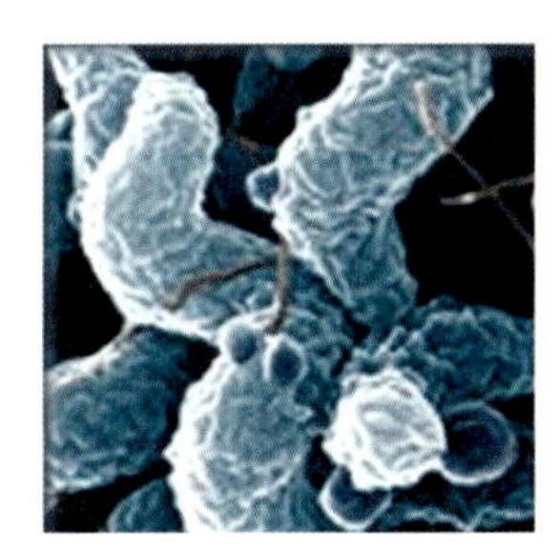

- **특징** : Campylobacter jejuni는 그람음성 간균으로 무포자균이다. 일반적인 호기배양법으로 전혀 발육하지 못하며, 산소가 미량만 요구되는 미호기성 세균으로 3~6%의 산소에서만 자랄 수 있다. 상온의 공기 속에서는 서서히 사멸하며 산소가 전혀 없는 혐기 조건에서도 성장할 수 없다.
- **잠복기 및 증상** : 잠복기는 2~5일이며, 식중독의 증상은 보통 2~7일 지속된다. 주요증상은 발열, 복통, 구토, 설사 혹은 심한 혈액성 설사를 유발한다.
- **원인식품 및 감염경로** : 원인식품으로는 생우유, 생가금류, 생고기, 물 등이 있다. 감염경로는 오염된 물이나 음식이고 생고기에서 교차오염을 통해 다른 식품으로 전파된다. 다양한 접촉 전염성 질병의 병원체이기도 하며, 건강한 소, 양, 개 등 가축과 닭, 칠면조 등 가금류의 장내에 잠복한다. 또한 가축과 가금류를 도살, 해체할 때 식육에 오염될 수 있다.

- **예방대책** : 생육을 만진 경우 손을 깨끗하게 씻고 소독하여 2차 오염을 방지하며, 생육과 조리된 식품은 구분하여 보관하여야 한다. 생균에 의한 감염형이므로 74℃에서 1분 이상 가열조리 하고 생고기(특히 닭고기)의 생식을 피하고 균이 수중에서 장시간 생존 할 수 있으므로 마시는 물도 끓여 마셔야 한다.

case 캠필로박터 식중독 사례

2012년 6월 서울 소재 ○○고교에서 식중독 176명 발생하였고 15년 7월 충북 진천군 소재 (주)○○에서 식중독 98명 발생하였다. 환자에게서 캠필로박터 제주니가 검출 되었고 추정원인 식품은 삼계탕이였다.

2014년 어머니 급식봉사단에서 만들어주신 삼계탕을 먹고 59명의 학생이 캠필로박터 식중독에 걸렸다. 원인역학 조사결과 삼계탕과 함께 먹은 과일, 채소가 직접적인 원인일 가능성이 높은 것으로 추정되었다.

출처 : 식품의약품안전처

Q : 추정원인이 가금류(닭)인 이유와 예방법 및 개선방안에 대하여 생각해 보아요

memo 식중독 예방 위한 품별 최대 냉장보관 시간

식품의 종류	최대 냉장보관(5℃ 이하) 시간
달걀	3~5주
마요네즈	개봉한 후 2개월 이내
버터	1~3달
크림치즈	2주
햄, 베이컨	5~7일
햄버거	1~2일
요구르트	7~14일
조리된 식육, 어패류	3~5일
익히지 않은 식육, 어패류	1~2일
닭튀김	3~4일
수프, 국	3~4일

〈자료 : 식품의약품안전처〉

(4) 병원성대장균Pathogenic Escherichia coli

특징	잠복기 및 증상	원인식품	예방대책
장관출혈성대장균(EHEC) 장관침입성대장균(EIEC) 장관병원성대장균(EPEC) 장관독소원성대장균(ETEC)	균종에 따라 다양 복통, 발열, 구토, 설사(혈변)	우유, 햄버거, 소고기 등	분변에 의한 전염 방지 다진 고기류는 중심부까지 74℃에서 1분 이상 가열

● 특징

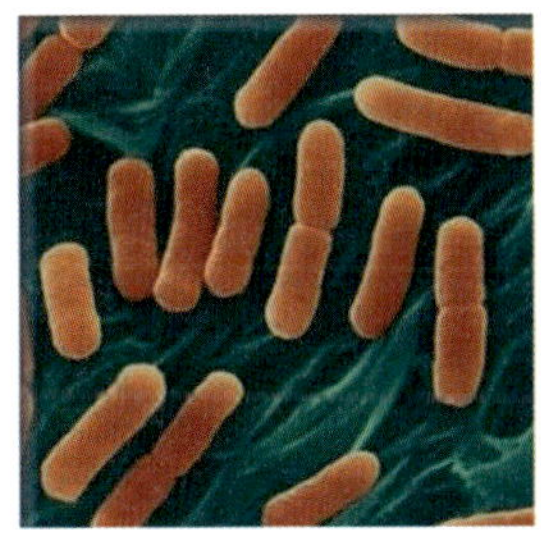

- 장관출혈성 대장균Enterohaemorrhagic E. coli, EHEC : 베로독소verotoxin를 분비하여 대장에 궤양을 일으키고 수양성 및 혈액성 설사를 주요 증상으로 하는 출혈성대장염homorrhagic coltitis을 유발하는 대장균이다. 대표적인 균으로는 O157 : H7으로 미국과 많은 다른 나라에서 출형성 장염을 일으키는 균이다.
- 장관침입성 대장균Enteroinvasive E. coli EIEC : 대장점막의 상피세포에 침입해서 감염을 일으키며 이질과 유사한 장염을 일으킨다.
- 장관병원성 대장균Enteropathogenic E. coli, EPEC : 개발도상국에서 유아에게 설사를 많이 일으켜 유아설사Infantile diarrhae라는 별명이 있다. 유아에게는 적은 균으로도 감염이 가능하고 육아시설에서는 종이, 우유, 공기 중의 먼지 등에 의한 오염이 이루어진다.
- 장관독소원성 대장균Enterotoxigenic E. coli ETEC : 여행자설사Traveller's diarrhead의 원인으로 저개발국가의 유아나 여행객에게 설사를 유발한다. 장독소enterotoxin를 생성하는 대장균으로 가열에 의해 활성을 잃는 이열성 독소LTheat labile toxin와 100℃에서 30분 가열에 견디는 내열성 독소STheat stable toxin 두 가지가 있다.

● **잠복기 및 증상** : 잠복기는 균에 따라 다르며 ETEC는 12~24시간의 잠복기간을 가지며 수양성 설사, 복통, 미열이 있으며, 유아는 성인에 비해 증상이 심하다. EPEC는 오심, 구토, 발열, 수양성 혹은 출혈성 설사를 일으킨다. 유아의 감염률이 높은 것으로 보아 적은 양으로도 감염을 추정할 수 있다. EIEC의 증상은 이질과 유사하며 복통, 구토, 오한 등이 일어나고 혈액이나 점액성 설사를 유발한다. EHEC는 심한 복통, 구토를 유발하고 수양성 설사로 시작하여 심한 출혈성 설사로 발전한다.

- **원인식품 및 감염경로** : EIEC는 이질균과 똑같이 사람을 고유숙주로 일반적으로 사람에서 사람으로 감염된다. 반면 EPEC 및 ETEC는 식품을 통해 감염되며, 신생아 및 유아를 제외하고는 사람에서 사람으로의 감염은 발생하지 않는다. EHEC는 소의 분변이 주 보균소이다.

  원인식품은 덜 익힌 햄버거, 생우유, 치즈, 햄, 샐러드, 새싹 채소, 고로케, 소시지, 사과주스 등이 있다.

- **예방대책** : 생우유 및 살균하지 않은 우유의 섭취는 피하고 다진 고기류는 중심부까지 충분히 가열하여 섭취한다. 육류 취급 시 다른 식품으로 교차오염이 일어나지 않도록 칼, 도마 등의 조리기구는 깨끗이 씻은 후 살균, 소독을 해야 한다. 유아 및 어린이들에게 많이 발생하므로 수건, 기저귀, 침구 등이나 분변에 의한 전염을 방지하고 어린이들에게 손 씻기 교육을 철저히 시킨다.

case 병원성대장균 식중독 사례

2014년 5월 인천지역 10개 초중고에서 1,163명이 동시 다발적으로 식중독에 걸렸다. 역학조사 결과 10개 학교 모두 동일한 업체에서 납품된 김치를 급식에 제공하였으며 학생, 조리종사자, 보존식 김치, 제조업체, 보관김치에서 병원성대장균이 검출되었다. 병원성대장균에 오염된 채소를 충분히 세척, 소독하지 않고 김치를 담근 것으로 추정 되며, 물이 부족한 시기에 축산 폐수 등에 오염된 농업용수를 사용하여 채소를 재배하면 채소가 병원성대장균에 오염될 수 있다.

▎대장균 예방법▕

〈출처 : 식품의약품안전처〉

(5) 리스테리아 모노사이토제네스Listeria monocytogrnes

특징	잠복기 및 증상	원인식품	예방대책
통성혐기성 무아포간균 5℃ 이하의 냉장에서도 생장	12시간~2, 3개월 메스꺼움, 두통, 발열 패혈증, 수막염, 뇌염	원유, 생우유, 소프트치즈, 핫도그, 소시지, 생채소류 등	식품의 온도, 시간 관리 FIFO 교차오염 방지

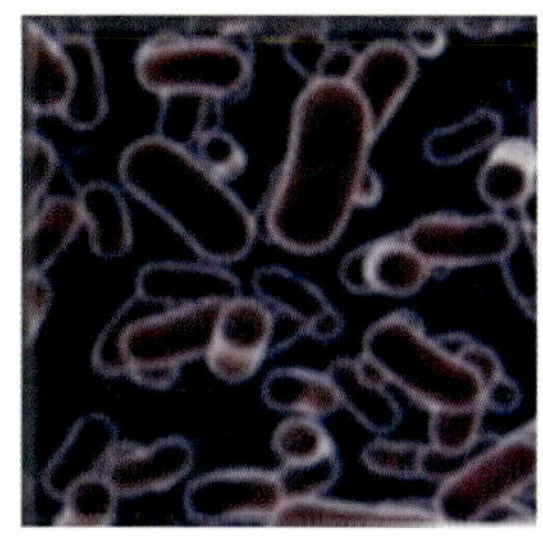

- **특징** : Listeria monocytogenes는 그람양성 간균, 무아포 간균이며 통성혐기성(산소가 있거나 없거나 생존) 세균이다. 다른 식중독 병원균과는 달리 저온성균으로 5℃ 이하의 냉장 온도에서도 생장하기 때문에 식품산업에서 중요하다.
- **잠복기 및 증상** : 건강한 사람에게는 잘 발병하지 않지만 어린이와 노인, 면역체계가 약한 사람인 위험군에서는 패혈증, 뇌수막염, 뇌염, 탄생장애 등을 유발하고 높은 치사율을 나타낸다. 특히 임산부의 경우에는 초기엔 발열을 포함한 인플루엔자와 비슷한 증세를 보이고 중증일 경우에는 유산을 일으킨다.
- **원인식품 및 감염경로** : Listeria는 자연에 어디에든 존재하고 많은 식품에서 발견되고, 고염 식품이나 냉장온도에서도 생장할 수 있기 때문에 오염을 예방한다는 것은 쉽지 않다. 감염경로는 분변에 오염된 물질이나 토양과 직접 피부가 닿아 일으킬 수 있고, 식품으로의 감염은 교차오염이나 식품이 적절히 익혀지지 않을 경우 발생한다.
- **예방대책** : 생우유 섭치를 피하고 샐러드용 채소와 같이 날것으로 차게 먹는 음식은 준비단계에서부터 주의해야 하며, 식품취급 시설의 바닥, 배수로 등은 주기적으로 세척, 소독하고 깨끗하고 건조되게 유지해야 한다. 냉장에서의 증식이 가능하므로 온도 및 시간 관리가 필요하며 FIFO법을 잘 준수하여야 한다.

case 리스테리아 식중독 사례

남아공 햄·소시지 식중독 균으로 180명 사망... 역대 최대 규모

세계보건기구(WHO) 집계에 따르면 최근 1년 새 남아프리카에서 보고된 리스테리아 감염자는 950명에 달했고, 그 중 180명이 사망했다. 감염자 숫자, 사망자 숫자 모두 역대 최대 규모다. 유엔은 남아공의 리스테리아 감염 사례가 세계적으로 가장 광범위한 수준이라고 우려했다.

남아공 정부는 지난해 초부터 리스테리아균의 확산 배경을 조사해 왔으나, 1년 가까이 뚜렷한 원인을 밝혀내지는 못했다. 그러다 이달 초쯤 되서야 남아공 북부 도시에 있는 타이거 브랜즈Tiger Brands가 만든 가공육에서 리스테리아균이 대거 검출된 사실을 밝혀냈다면서 이를 최근 1년간 잇따르는 식중독 증세의 발병 원인으로 지목했다.

남아공 정부는 즉시 리콜을 지시했고 모잠비크, 나미비아, 보츠나와 등은 남아공 보건당국의 발표가 나오자 즉각 해당 가공육의 수입 중단 조치를 내리고 리콜과 매장에서 수거를 지시했다. 잠비아는 가공육은 물론 야채, 과일 수입도 금지했다. 지난 주말엔 남아공 곳곳에서 성난 소비자들과 소매상들이 환불을 요구하면서 줄을 서는 풍경이 연출됐다.

출처 : chosun.com

(6) 여시니아Yersinia enterocolitica

특징	잠복기 및 증상	원인식품	예방대책
통성혐기성 무아포간균 5℃ 이하의 냉장에서도 생장 진공포장 상태에서도 생장	통상 3~7일 설사, 고열, 복통, 구토, 급성 위장증세	가축, 우유, 오염된 물, 아이스크림	60℃ 이상 가열조리 수돗물 사용, 저온 식품보존에 주의

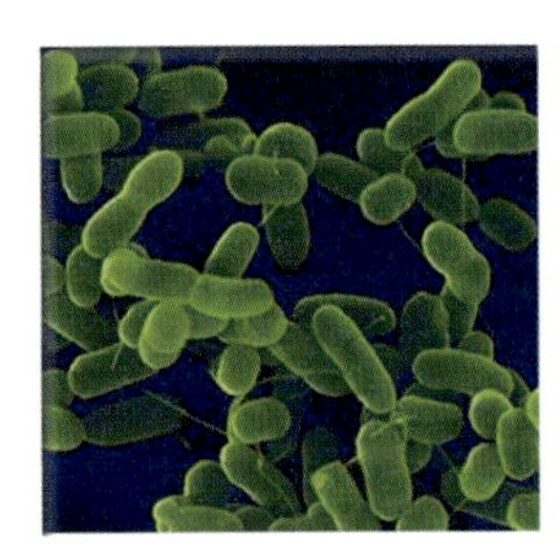

- **특징** : 여시니아Yersinia는 11개 종 중 식중독을 유발하는 여시니아 엔테로콜리티카Y. enterocolitica는 그람음성 간균으로 포자를 형성하지 않는 통성혐기성균이다. 5℃ 이하의 저온에서도 생장하며 냉동 온도를 잘 견디고 반복 냉동과 해동한 식품 속에서도 장기간 생존한다. 또한 진공포장 상태에서도 생존할 수 있는 특징이 있어서 냉장온도에서 생장이 가능하고 저온유통이 잘 발달되어 있는 선진국에서 많이 발생하는 선진국형 식중독이다.

- **잠복기 및 증상** : 잠복기는 통상 3~7일이지만 명확하지 않으며, 사람에 따라 수개월간 지속되기도 한다. 주요 증상으로는 설사는 주로 수양성이고 고열(39℃ 이상), 복통, 구토를 동반하는 급성 위장증세를 보이며, 심할 경우 패혈증을 일으킨다. 어린이들에게 많은 감염이 일어나고 맹장염과 유사하여 오진하는 경우가 많다.

- **원인식품 및 감염경로** : Y. enterocolitica는 도살된 돼지나 소, 설치류, 연못, 약수나 샘물 등에서 검출된다. 식품에 의한 감염은 분명하게 밝혀지진 않고 있지만 보균동물의 분변에 의한 2차 오염식품, 오염된 식육이나 우유, 오염된 음료수 등이 원인식품일 가능성이 높다.
- **예방대책** : 돼지고기 취급 시 충분히 익혀서 섭취하고 사용한 칼, 도마 및 손 세척을 철저히 한다. 저온에서도 생장이 가능하므로 식품보존에 주의해야 하며, 생우유의 섭취를 피하고 가열 조리온도를 철저히 준수하고 가급적 수돗물을 사용해야 한다.

case 여시니아 식중독 사례

Y. enterocolitica는 감염되어 증상이 있는 동안 균을 배출하며, 치료하지 않을 때는 보균자가 되어 2~3개월간 균을 배출한다. 1970년대 캐나다에서 2건, 일본에서 5건, 1976년 미국 뉴욕에서 217명의 학생이 감염된 바 있고, 1989년 미국의 한 시설에서 유아 14명이 감염됐다. 같은 해 소련에서는 이 균에 오염된 오렌지와 귤 섭취로 187건의 식중독이 발생했으며, 우리나라에서는 식품 섭취와 관련된 직접 감염사례는 아직까지 보고가 없으나 돈육, 우육, 닭고기, 냉동식품, 먹는 샘물 등에서 검출된 바 있다.

출처 : 식품음료신문(http://www.thinkfood.co.kr)

2 독소형 식중독

(1) 포도상구균Staphylococcus aureus

특징	잠복기 및 증상	원인식품	예방대책
통성혐기성 무아포구균 화농성 질환 내열성이 강한 독소 생성	1~6시간(매우 짧음) 구토, 복통, 설사, 메스꺼움	우유, 유제품, 조리 식품(떡, 김밥, 도시락, 참치샐러드), 맨손으로 준비된 식품	화농성 질환자의 식품취급 금지, 식품의 저온 보관 및 신속한 섭취, 식품 및 조리 기구의 멸균

- **특징** : 포도상구균Staphylococcus aureus은 그람양성 구균으로 포자를 형성하지 않는 통성혐기성균이며, 내염성으로 수분활성이 낮은 식품에서도 증식 할 수 있다. 잠복기가 매우 짧으며 생성되는 독소enterotoxin는 내열성으로 120℃에서 30분간 가열해도 파괴되지 않고 230℃에서 30분 이상 가열해야 사멸시킬 수 있다.

- **잠복기 및 증상** : 잠복기는 1~6시간으로 매우 짧으며 증상발현이 극히 짧은 시간 내에 나타난다. 구토, 복통, 설사, 메스꺼움이 발생하고 발열은 일어나지 않는다. 대개 24~48시간 이내에 회복되며 독소형식중독 중에서는 치사율이 낮은 편이다.
- **원인식품 및 감염경로** : 외국에서는 포도상구균에 의한 식중독 발병이 높으며 미국에서는 식중독 중 1위이다. 인구의 약 30%가 보균자이며 사람의 콧구멍, 목, 피부에 분포하고 있으고 토양, 하수, 공기 등 자연계에 널리 분포한다. 원인식품은 유가공품(우유, 버터, 크림, 치즈), 조리식품, 크림, 소스, 어육 제품 등에 발생한다.
- **예방대책** : 식품취급자의 손에 화농성질환이 있는 경우 식품취급을 시켜서는 안 되며, 식품을 맨손으로 취급하지 않아야 한다. 식품 및 조리 기구를 멸균시키고 조리된 식품은 신속히 섭취한다.

case 포도상구균 식중독 사례

맥도날드, 식중독균인 '황색포도상구균' 기준치 3배 이상 초과 검출

햄버거를 섭취한 어린이가 용혈성요독증후군에 걸렸다는 주장이 제기되면서 한국소비자원이 시중에 판매되는 햄버거 38종의 위생 상태를 조사한 결과를 10일 발표했다. 조사대상 프랜차이즈 업체는 롯데리아, 맘스터치, 맥도날드, 버거킹, KFC, 파파이스 등으로 소비자원은 각 프랜차이즈의 2개 지점에서 제품 2종을 중복해 샀고 장출혈성 대장균은 어느 제품에서도 검출되지 않았지만, 맥도날드의 불고기 버거에서 식중독균인 황색포도상구균이 기준치(100/g 이하)의 3배 이상(340/g) 초과 검출됐다.

식품 원재료나 물, 조리 종사자의 손이나 옷 등을 통해 식품으로 오염되는 황색포도상구균은 섭취하게 되면 구토, 설사, 복통 등 식중독 증상을 보이며 포도상구균이 분비하는 '장독소'를 없애기 위해서는 100℃에서 60분 이상 가열해야 한다. 연령을 확인할 수 있는 위해 사고 512건 중에는 19세 이하 어린이 사고가 118건(23.0%)을 차지하여서 소비자원은 "햄버거는 상대적으로 면역력이 취약한 어린이가 즐겨 먹는 대표적인 어린이 기호식품이므로 더욱 철저한 안전관리가 요구된다."고 강조했다. 이번 발표는 햄버거병 피해 아동들에게 유리하게 작용할 것으로 전망되며, 장출혈성 대장균 외에 포도상구균 동시감염 가능성이 확인됐기 때문이다. 햄버거 섭취와 질환과의 인과관계를 입증하는 데 직접 증거는 아니더라도 간접 증거가 될 수 있다. 한국소비자원은 이번 조사결과를 토대로 햄버거 제품 관련 소비자 안전 확보를 위해 기준위반 업체에 판매 제품과 매장의 위생관리 강화를 요청했다. 또한 식품의약품안전처에는 식품접객업소 판매 및 즉석섭취식품 햄버거의 위생 관리·감독 강화를 요청할 계획이다.

출처 : 여성소비자신문

(2) 클로스트리디움 보툴리늄Clostridium botulinum

특징	잠복기 및 증상	원인식품	예방대책
편성혐기성간균 포자형성	8~36시간 현기증, 두통, 신경장애, 호흡곤란	육류, 소시지, 생선, 통조림, 병조림, 레토르트식품	통조림, 병조림 식품을 120℃에서 4분이나 100℃에서 30분 가열

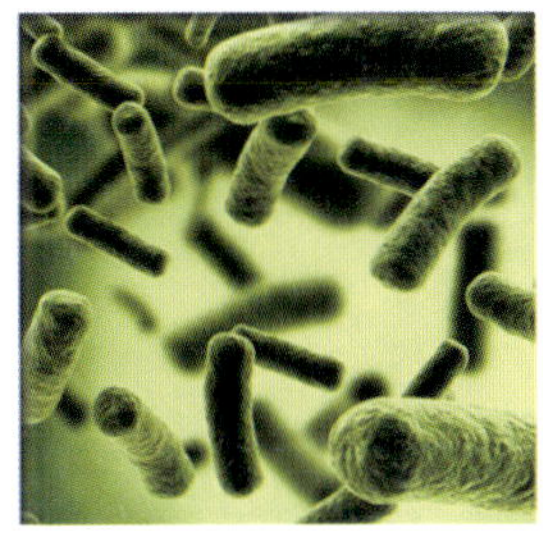

- **특징** : Clostridium botulinum은 그람양성의 편성혐기성 간균이고 내열성의 포자를 형성하며, 증식할 때 매우 강한 신경독소neurotoxin를 생산한다.

  보툴리누스균의 독소는 면역학적 차이에 따라 A, B, C_1, C_2, D, E, F, G까지 8종류가 있고 그 중 사람에게 식중독을 일으키는 형은 A, B, E, F형 이다.

  A, B형 균의 포자는 내열성이 강해 120℃로 4분 이상 가열해야만 사멸시킬 수 있다.

- **잠복기 및 증상** : 잠복기는 8~36시간으로 짧게는 2시간, 길게는 14일 혹은 1년인 경우도 있다. 초기증상은 구토, 권태, 어지러움 등이고 신경계의 증상으로는 시력장애, 동공산대, 안검하수, 연하곤란, 호흡곤란 등이다. 치사율은 40~80%로 매우 높다.

- **원인식품 및 감염경로** : 보툴리눔은 식품의 가열이 부적절하게 처리되었을 경우 포자가 사멸하지 않고 생존해 있다가 혐기적조건(금속캔이나 진공포장)에서 발아하여 증식하면서 식중독을 유발하는 독소를 생성하여 식중독을 일으킨다. 원인식품은 통조림, 병조림, 소시지, 육류, 야채, 과일, 훈연 혹은 염장한 어류 등이고 가정에서 부적절하게 만들어진 캔류나 병조림에서 발생한다.

- **예방대책** : 포자를 형성하는 내열성 균이므로 120℃에서 4분이나 100℃에서 30분 가열하여 식품을 가열, 살균처리하고 캔, 통조림 보관 시 손상된 것은 즉시 폐기처리하고 식품 보관중이나 섭취 전에 생성된 독소는 이열성으로 80℃에서 30분, 100℃에서 2~3분 가열로 보툴리누스 독소를 파괴시켜 예방할 수 있다.

case 보툴리눔 식중독 사례

주름 개선 치료제로 잘 알려진 '보툴리눔 톡신(보톡스)'에 대한 정부 차원의 관리·감독이 중요한 이유는 극소량으로도 대규모 인구를 살생할 수 있는 생화학 무기이기 때문이다. 질병관리본부에 따르면 보툴리눔 독소는 자연계에서 생산되는 가장 강력한 독소로 독소 자체가 가지는 살상 효과만으로도 그 어떤 생물테러 무기보다 가장 강력하다.

보툴리눔 독소는 맹독성 물질로 1g만으로도 100만명 이상을 죽일 수 있는 생화학 무기로 쓰일 수 있다. 문제는 보툴리눔 독소를 악용하는 경우다. 보툴리눔 독소를 생물테러 무기로 사용하기 위해 사람에게 직접 연구를 하거나 테러에 이용한 사례가 보고되고 있으며, 1930년대 초 일본의 731 부대에서 생물테러 무기로서의 보툴리눔 독소를 사용하기 위해 치사량을 측정하고자 죄수들에게 먹였다가 논란이 됐다.

국내에서는 2003년 처음으로 식중독에 의한 보툴리눔 독소증 환자가 발생했고 질병관리본부에 따르면 국내 보툴리눔 독소증 환자는 2003년 3명, 2004년 4명, 2006년 1명, 2009년 1명, 2014년 1명 등 지금까지 모두 10명 발생했다.

지난해 9월 충북 옥천의 한 농장에서 먹이로 준 음식물 잔반이 부패하면서 발생한 보툴리눔 독소로 기러기 2000마리가 집단 폐사하는 사고가 발생했으며, 2014년 서울 마곡지역에서도 철새 500여 마리가 보툴리즘으로 집단 폐사한 바 있다.

자료 : 뉴시스(newsis.com)

3 중간형 식중독

(1) 웰치균Clostridium perfrigens (Cl. welchii)

특징	잠복기 및 증상	원인식품	예방대책
편성혐기성간균 포자형성	8~20시간 복통, 설사, 구토	육류, 닭고기, 칠면조고기, 대형 용기에서 조리된 식품	대형 용기에서 조리된 식품을 신속히 제공, 남은 음식은 먹기 전에 충분히 가열하여 섭취

- **특징** : 클로스트리디움 퍼프린젠스Clostridium perfrigens는 가스괴저를 일으키는 그람양성의 편성혐기성 간균으로 편모는 없고 포자를 형성한다. 웰치균이 생산하는 독소의 면역학적 특성에 따라 A, B, C, D, E, F형의 6종으로 분류되며, A형 균이 사람에게 식중독을 일으키는 원인균이다. A형 균의 포자는 내열성이어서 100℃에서 1~4시간의 가열에도 사멸되지 않는다.

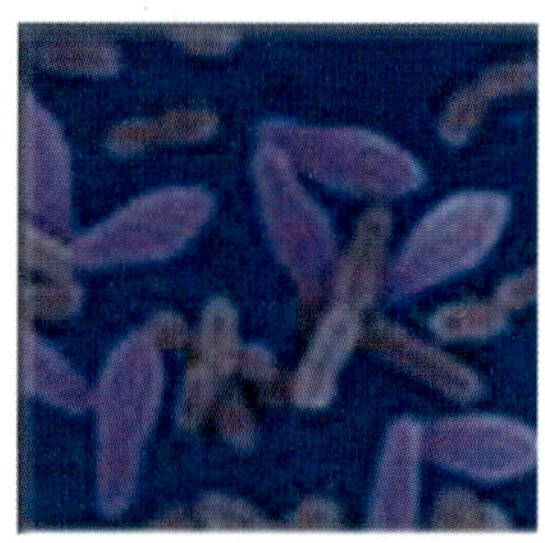

이 균의 생육 최적온도는 43~47℃이고 일반 식중독균에 비하여 높은 편이다.

- **잠복기 및 증상** : 잠복기는 보통 8~22시간, 평균 12시간으로 폭발적인 발생을 일으키는 경우가 많으며, 짧게는 2시간 만에 발생한 보고도 있다.

  주요증상은 복통과 설사이며, 설사는 수양성을 보이며 드물게 점액변이나 혈액변이 배출되기도 한다. 다른 식중독에 비하여 증상은 가벼운 편이다.

- **원인식품 및 감염경로** : 물, 토양, 분변, 하천과 하수 등 자연환경, 가축과 가금류의 장관에 상재하며 건강한 사람의 장관에도 존재한다. 원인식품으로는 육류, 닭고기, 칠면조고기, 어패류 등으로 조리한 식품 및 그 가공품인 동물성 단백질식품이고 가열조리한 후 대형용기에 담아 실온에서 5시간 이상 방치된 식품에서 발생하는데 식품에 원인균이 오염되면 내열성의 포자가 냉각 중에 혐기적조건 하에서 증식 가능하므로 식중독을 일으킨다.

- **예방대책** : 식품 조리 후 상온에서 오래 보관하지 않고 조리된 음식은 신속히 섭취해야 하며 남은 음식은 먹기 전에 충분히 가열(내부온도 74℃ 이상)한 후 섭취해야 한다. 따뜻한 음식은 배식 전 까지 60℃ 이상을 유지하고 차가운 음식은 조리 후 재빨리 식혀 5℃ 이하에서 보관하여야 한다.

case 웰치균 사례

2016년 10월 강원도 ○○예식장 뷔페식당에서 결혼식 피로연에 참석했던 324명이 퍼프린젠스 식중독에 걸렸다. 원인역학조사결과, 한방소갈비찜을 먹은 환자의 분변에서 퍼프린젠스 균이 확인되었으며, 전날 대량조리 되어 냉장고에 보관되었던 갈비찜을 충분히 가열하지 않고 손님에게 제공한 것이 원인이었다. A대학교 매점에서 상온에 보관된 제육 밥버거를 먹고 20명이 식중독이 걸렸다. 또한, 3개 학교 480명 학생이 같은 업체에서 납품한 족발을 먹고 설사, 복통을 호소한 두 사례 모두 대량으로 음식을 조리 한 후 보관온도를 지키지 않아 퍼프린젠스 균에 의해 식중독으로 확인되었다.

(2) 바실러스 세레우스Bacillus cereus

특징	잠복기 및 증상	원인식품	예방대책
호기성간균 포자형성	구토형 : 1~5시간 설사형 : 6~15시간 복통, 설사, 메스꺼움, 구토	구토형 : 쌀밥, 볶음밥, 파스타류 등 설사형 : 향신료를 사용한 요리, 육류 및 채소수프, 바닐라소스, 푸딩	곡류, 채소류는 세척하여 사용 조리된 음식은 장기간 실온방치 금지

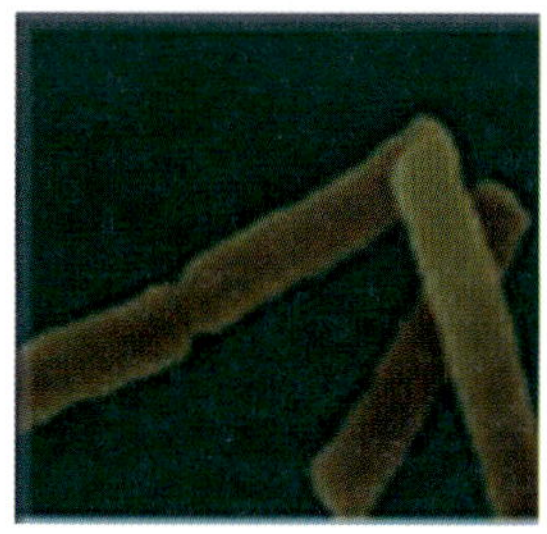

- **특징** : 바실러스 세레우스Bacillus cereus는 호기성 그람양성의 간균으로 타원형의 포자를 형성하며, 주모성 편모를 가지고 있다. B. cereus에 의한 식중독은 장독소Enterotoxin를 원인독소로 하는 구토형과 설사형이 있는데 구토형 독소는 열 저항성이 강하여 126℃에서 90분 동안 생존하는 반면 설사형 독소는 56℃에서 5분이면 불활성화 된다.
- **잠복기 및 증상** : 구토형은 잠복기간이 1~5시간이고 메스꺼움 및 구토가 발생하고 대부분 1~2일 내에 회복되며, 설사형은 잠복기가 6~15시간으로 주 증상은 수양성 설사, 복통, 어지러움 등이 나타나며 구토는 특별한 경우 외에는 거의 없으며 1~2일 정도 지속된 후 회복된다.
- **원인식품 및 감염경로** : 토양, 물, 곡물 등의 자연에 널리 분포하고 식품 원재료와 그 가공조리식품이 식중독 원인식품이다. 구토형은 쌀밥, 볶음밥, 파스타류 등이 원인식품이고 설사형은 향신료를 사용한 요리, 육류 및 채소수프, 바닐라소스, 푸딩 등이 원인식품이다.
- **예방대책** : 곡류, 채소류는 반드시 세척하여 사용하고 대량으로 조리된 음식은 상온에 오래 방치하지 말아야한다. 조리 후 음식은 가능한 빨리 섭취해야 하며, 곧바로 섭취하지 않는 것은 60℃ 정도의 고온이나 냉각시켜 10℃ 이하인 저온으로 보관한다.

03 바이러스성 식중독

바이러스성 식중독은 전 세계에 걸쳐 산발적으로 감염이 발생하고 있고 주로 노로바이러스에 의해 흔히 발생하며, 그 밖에도 로타바이러스나 장아데노바이러스 및 아스트로바이러스 등에 의한 식중독 사례도 보고되고 있다.

바이러스는 생존에 필요한 기본 물질인 핵산(DNA 또는 RNA)과 그것을 둘러싼 단백질 껍질로 이루어져 있다. 자체 증식이 불가능 하므로 반드시 다른 생물의 세포를 숙주로하여 기생하여야 증식할 수 있다.

1 노로바이러스Norovirus

특징	잠복기 및 증상	원인식품	예방대책
바이러스성 감염형 사람의 장관 내에서만 증식 가능	24~48시간 오심, 구토, 설사, 복통, 두통	사람의 분변에 오염된 물이나 식품	음용수 사용 조리자의 위생관리 철저

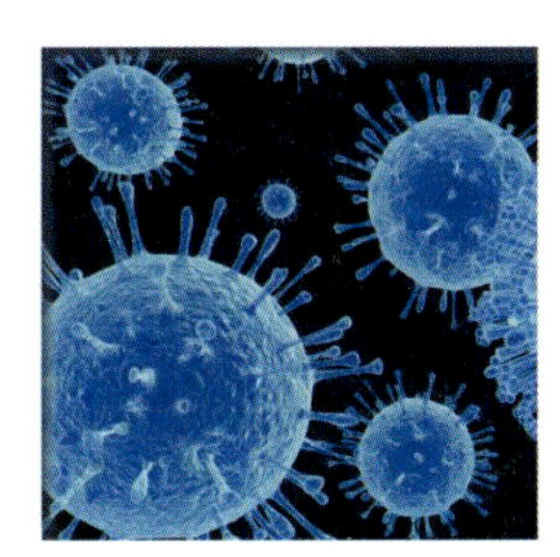

- **특징** : 노로바이러스Norovirus는 노로 바이러스에 의한 유행성 바이러스성 위장염이고 나이와 관계없이 감염될 수 있으며, 전 세계에 걸쳐 산발적으로 감염이 발생하고 있다. 우리나라의 식중독 중에서 발생건수 제 1위, 환자수 제 2위의 원인물질로 연간 전체 환자의 42% 정도가 12~2월에 발생하고 우리나라에서는 특히 겨울철에 많이 발생하는 특징을 보인다.
- **잠복기 및 증상** : 잠복기는 24~48시간에 약하고 간단한 증세가 나타나고 1~3일 정도 지속된다. 증상으로는 메스꺼움, 구토, 설사, 복통 등이 일어나고 분변 중에 바이러스가 대량으로 배설된다.
- **원인식품 및 감염경로** : 감염원은 감염자로부터 배출된 분변이고, 사람 대 사람 감염, 오염된 물이나 식품을 경유한 감염, 오염된 물속에서 농축된 노로바이러스를

함유한 패류를 경유한 감염 등이 있다.

원인식품으로는 패류, 샐러드, 냉장식품, 샌드위치 등이 있고 오염된 물에 의해 주로 발생한다.

- **예방대책** : 과일과 채소는 철저히 씻고, 굴 등의 어패류는 중심온도 85℃에서 1분 이상 가열하여 섭취하고 2차 감염을 막기 위하여 감염자의 변, 구토물에 접촉하지 않으며, 접촉한 경우에는 충분히 세척하고 소독을 하여야 한다. 조리자는 용변을 본 후나 조리하기 전에 반드시 손을 잘 씻고 소독을 하여야 한다.

〈자료 : 식품의약품안전처〉

알아두고 가기 노로바이러스의 주요 감염경로는?

식품	노로바이러스 양성 환자로부터 배출된 분변은 하천을 거쳐 해수로 유입되는데, 이 과정에서 오염된 물로 씻은 채소류 및 패류 등은 바이러스에 오염되게 된다. 이러한 식품을 날로 섭취하거나 충분히 익히지 않고 섭취한 경우 노로바이러스 식중독을 일으킬 수 있다.
음료수	노로바이러스 환자의 분변에 의해 오염된 물(지하수 등)을 끓이지 않고 바로 음용하는 경우 노로바이러스 식중독을 일으킬 수 있다.
조리 종사자	노로바이러스에 감염된 조리종사자는 완치 후 임상증상의 유·무에 상관없이 바이러스를 계속 배출(최소한 7일 이상)하므로 식품 조리 과정에 참여하지 않도록 한다.
호흡기 감염	노로바이러스 환자의 건조된 분비물(분변 및 구토물 등)은 호흡기를 통해 흡입, 감염되어 노로바이러스 식중독을 일으킬 수 있다.

알아두고 가기 노로바이러스 식중독의 주요 원인식품은?

노로바이러스 양성환자의 분변으로 오염된 물로 씻은 채소류 및 과일류, 오염된 패류와 물(지하수 등)은 노로바이러스 식중독 발생의 주요 원인식품이다.

〈자료 : 식품의약품안전처〉

2 로타바이러스Rotavirus

특징	잠복기 및 증상	원인식품	예방대책
바이러스성 감염형	24~72시간 구토, 발열, 물설사	감염된 작업자가 만지는 식품	개인위생 철저, 식품을 다루기 전과 화장실을 다녀 온 후 손 씻기 철저

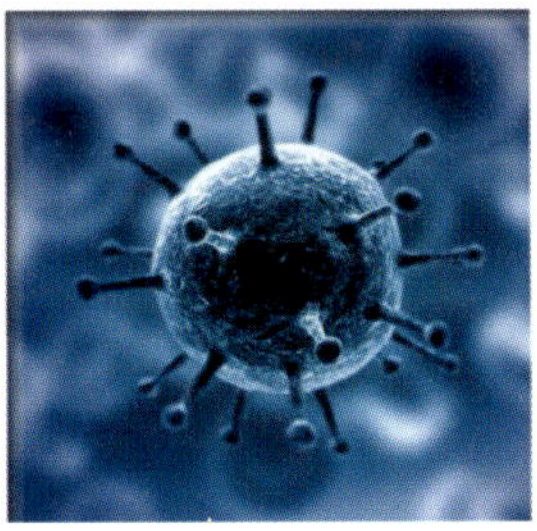

- **특징** : 로타바이러스Rotavirus가 원인이고 현재 사람, 동물에는 A군~G군까지 분류되지만 A군, B군, C군이 보고되고 있다. A군 로타바이러스는 사람 간에 또는 동물에도 유행하지만, 특히 어린 유아를 중심으로 유행한다.
- **잠복기 및 증상** : 잠복기는 24~72시간이고 주요 증상으로는 구토와 발열증상이 나타나고 물 설사를 초래해 탈수증을 일으킨다.
- **원인식품 및 감염경로** : 분변이나 구토물을 통해 배출되는 바이러스의 경구감염이 주된 감염경로로 영·유아나 아동에서 발생하는 질환이나 노인 병동 등에서 집단 발병이 일어나기도 한다.
- **예방대책** : 식품취급자는 개인위생을 철저히 해야 하며, 용변을 본 후나 조리하기 전에 반드시 손을 잘 씻고 소독을 하고 식품을 적절한 온도까지 가열하고 취급하여야한다.

case 로타바이러스 식중독 사례

대구의 한 대학병원에서 로타바이러스에 감염된 신생아가 어제(27일)까지 15명으로 늘었다. 대구시에 따르면 이날 해당 병원 신생아실에 있다가 감염 사실이 알려지기 전 퇴원했던 신생아 1명이 전날 로타바이러스 감염 증상으로 응급실 병원을 찾았고 검사 결과 양성 반응이 나왔다. 병원 측은 이에 따라 잠복기에 퇴원한 다른 6명에 대해서도 감염 여부를 검사하기로 했고, 다만 어제 확진 판정을 받은 이 신생아는 증상이 심하지 않아 퇴원해 집에서 치료 중이다.

이번 사태는 지난 23일 이 대학병원에서 퇴원해 산후조리원에 들어가려고 검사를 받은 신생아가 양성 판정을 받으면서 알려졌다.

23일부터 같은 신생아실을 썼던 20명 가운데 이미 퇴원한 5명과 최종 음성 판정을 받은 1명을 제외하고 현재 14명이 감염으로 격리돼 있고 감염자가 늘자 보건 당국은 해당 병원의 신생아실을 당분간 폐쇄하는 동시에 감염 경로를 밝히기 위한 역학 조사를 실시했으나 정확한 감염 경로나 병원의 과실 여부는 아직 밝혀지지 않고 있다.

로타바이러스는 주로 면역력이 약한 신생아를 비롯한 영유아가 분변, 호흡기 등을 통해 감염되는 질환으로 구토, 설사 등의 증세를 보인다.

출처 : MBN 온라인뉴스팀

3 A형 간염 바이러스Hepatitis A Virus, HAV

특징	잠복기 및 증상	원인식품	예방대책
바이러스성 감염형	2~6주 고열, 전신권태감, 복부통증, 간 팽대, 황달	A형 간염환자의 분변에 의한 오염된 물이나 식품	생수 음용, 생 수산물 섭취 금지 조리자의 개인위생 철저

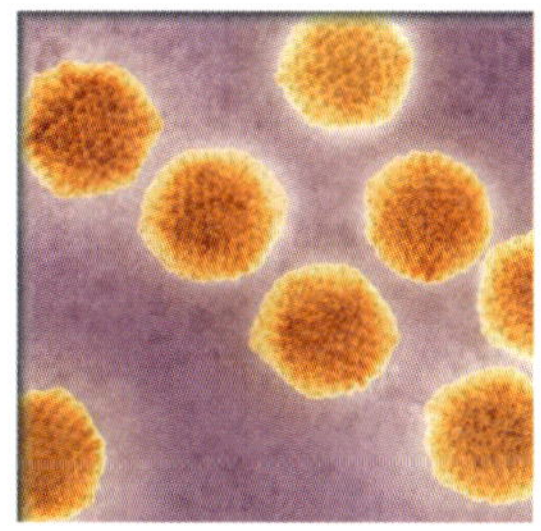

- **특징** : A형 간염바이러스는 감염성 간염이라고 부르기도 하는 간질환으로 기존의 B형 간염이나 C형 간염과 같이 혈액을 통해 전염되는 것이 아니라 A형 간염 바이러스에 오염된 음식이나 물을 섭취함으로써 전염된다.
- **잠복기 및 증상** : A형 간염 바이러스에 감염되면 30일 정도의 잠복기 후에 피로감이나 메스꺼움, 구토, 식욕부진, 발열, 우측 상복부의 통증 등 일차적인 전신증상이 나타난다. 그 후 일주일 이내에 특징적인 황달 징후가 나타나는데 검은색의 소변(콜라색 소변), 탈색된 대변 등의 증상과 전신이 가려운 증상이 여기에 해당되며, 보통 황달이 발생하게 되면 이전에 나타났던 전신증상은 사라지게 되고 황달 증상은 2주 정도 지속된다. 소아에서는 무증상이거나, 가벼운 증상이 나타나더라도 인식하지 못하고 지나가는 경우가 많다.

  A형 간염 사고 발생 시 현 시점에서 2주 이내에 노출된 사람에게는 사후 예방법으로 면역글로불린을 주사하여 발병을 막을 수 있으나 2주 이상 경과한 경우에는 이 주사가 효과가 없다.
- **원인식품 및 감염경로** : 바이러스는 A형 간염바이러스를 가진 식품과 물을 섭취하면 전파된다. 식품 중에는 오염된 물에서 수확한 생식품이나 짧게 조리된 굴과 대합에서 발견되고, A형 간염바이러스에 감염된 작업자가 잘못 취급하면 미생물을 운반할 수 있는데 이런 식품의 예는 준비된 샐러드, 우유와 우유제품, 샌드위치, 빵류 등이다.
- **예방대책** : 식품 취급자는 개인위생을 철저히 하고 용변을 본 후나 조리하기 전에 반드시 손을 잘 씻고 소독을 해야 하며, 식품을 권장 온도로 조리, 취급하고 생 수산물은 섭취하지 않는다.

case A형간염 바이러스 식중독 사례

최근 A형 간염 환자가 급증하고 있는 상황에서 국내에서는 처음으로 수혈을 통한 A형 간염 발병 사례가 보고돼 혈액을 통한 감염 예방 대책 수립이 시급한 것으로 나타났다.

대한적십자사가 한나라당 이애주 의원에게 제출한 자료에 따르면 보건복지가족부는 지난 2월 제 1차 혈액관리위원회를 열고 국내 최초로 수혈로 인해 A형 간염에 감염된 것으로 추정되는 환자에 대해 보상 결정을 내렸다.

보상 결정을 받은 30대 임산부 신모씨는 지난 2008년 6월 4일 헌혈된 적혈구 제제(PRC)를 수혈 받고 A형 간염 증세를 호소했다. 이에 적십자사는 이 환자가 수혈 받은 혈액(보관검체)을 검사해 본 결과 A형 간염 바이러스에 오염된 혈액인 것으로 밝혀졌고 6월 16일 이 혈액에 대해 출고 보류 요청을 했다.

또한 이미 출고된 적혈구 제제(PRC)와 백혈구 제제(PC)에 대해 질병관리본부 혈액안전감시팀에서 역학조사를 벌인 결과 적혈구 제제(PRC)를 수혈 받은 신모씨는 이로 인해 A형 간염에 감염된 것으로 추정됐고 백혈구 제제(PC)를 수혈 받은 환자는 A형 간염 의심소견이 발견되지 않은 것으로 나타났다.

외국에서는 최근 수혈을 통해 A형 간염이 감염된 사례가 보고되고 있으나 국내에서 수혈을 통해 A형 간염이 감염된 사례는 처음이다.

수혈을 통해 일어나는 A형 간염의 전파를 막기 위해서는 선별 검사를 통해 걸러내는 방법과 문진과정을 강화해서 A형 간염 감염자가 헌혈을 하지 않도록 하는 방법이 있다. 하지만 비용상의 문제 등으로 수혈용 혈액에 대한 선별검사를 실시하는 국가는 많지 않으며, 현재로서는 문진 절차의 강화를 통한 예방이 최선책인 것으로 알려지고 있다. 이에 적십자사는 지난 3월 29일부터 단체 헌혈 시에 A형 간염 환자 발생 여부에 대해 사전 조사를 하도록 하는 등 문진 절차를 강화하는 후속조치를 시행했다.

그러나 이애주 의원은 "수혈을 통한 감염보다 국가적으로 더 큰 관심을 기울여야 할 부분은 혈액 중 혈장성분을 이용해 만들어진 의약품(혈장분획제제)을 통한 A형 간염의 전파를 차단하는 것이 문제"라고 지적했다.

최근 대한적십자사가 수행한 연구결과에 따르면 미국, 유럽, 일본 등 많은 나라에서는 원료 혈장이나 혈장분획제제 제품에서 바이러스를 제거하기 위한 불활화 기법으로서 기존의 S/D법(solvent/detergent) 이외에 나노필트레이션(nanofiltration)기법 등을 추가하는 등 이중 불활화 공정을 실시하는 추세다. 특히 일본 후생노동성 가이드라인에서는 A형 간염 바이러스에 대한 분획제제 공정상 가이드라인을 규정해놓고 있으며, 이에 따라 일본 적십자사 역시 원료용 혈장이나 최종 제품에 대해 선별검사도 실시(국내 일부 업체도 실시)하고 바이러스 제거를 위한 이중 불활화 처리를 하고 있다.

이애주 의원은 "수혈을 통한 A형 간염 바이러스 전파를 막는 것도 중요하지만 혈장분획제제의 경우 면역학적으로 취약하고 장기 투약을 받는 경우가 많기 때문에 A형 간염 바이러스에 대한 안전성이 확보된 의약품을 공급하는 것이 중요하다."고 강조했다.

아울러 "국내에서 A형 간염 환자가 급증하고 있는 상황임을 감안할 때 정부부처와 관련 업계가 적극적으로 협의해 국내에서도 이중불활화 공정에 대한 확대 적용을 적극적으로 검토해야 할 것"이라고 촉구했다.

출처 : 국민일보 쿠키뉴스 제휴사 / 메디포뉴스

04 자연독 식중독

자연독은 천연물질 속에 들어 있는 독성물질로 자연독이 있는 식품을 섭취하여 일어나는 질환을 '자연독 식중독'이라 한다. 건강한 사람은 소량의 자연적인 독소물질에 대해 어느 정도 내성을 갖지만 많이 섭취하였거나 유독성이 강한 물질에 노출될 경우는 건강상 문제가 될 수 있다.

자연독 식중독의 발생건수는 세균성 식중독이나 화학적 식중독 등에 비해 발생빈도는 낮지만 사망자수는 제일 많다.

1 식물성 식중독

식물의 유독성분은 항상 함유하는 것과 특정부위나 특정시기에만 유독성분을 함유하게 되는데 이를 식용으로 잘못 알고 섭취하거나 부주의로 식용식물에 혼입된 것을 섭취하여 식중독이 발생한다.

(1) 독버섯류

국내의 버섯 중독 사고는 대부분 야생하는 독버섯을 식용버섯으로 오인하기 때문으로 늦여름에 많이 발생하는데 이는 비온 뒤나 아침, 저녁으로 기온이 하강하여 지면에 이슬이 많이 맺혀 습기가 풍부할 때가 자실체가 형성될 수 있는 가장 좋은 외부환경이 되기 때문이다.

화경버섯

개나리광대버섯

어리알버섯

붉은싸리버섯

마귀광대버섯

맑은애주름버섯

삿갓외대버섯

〈자료 : 농촌진흥청〉

(2) 독버섯에 함유된 유독성분

- **무스카린**muscarine : 광대버섯, 땀버섯, 마귀버섯 등의 유독성분인 알칼로이드로 안구 경련, 순환성 쇼크, 동공축소, 호흡곤란 등의 신경증상을 일으키며, 사망에 이르기도 한다.
- **아마니타 독소**amanita toxin : 광대버섯, 알광대버섯, 독우산광대버섯 등에 함유되어 있는 유독성분으로 중독증상은 콜레라 중독증상에 유사하고 위장마비 후에 허탈, 경련, 혼수로부터 죽음에 이르는 경우가 있다.
- **이보텐산**ibotenic acid : 마귀광대버섯, 뿌리광대 버섯 등에 함유되어 있으며, 구토와 이상흥분, 환각, 정신착란 등을 일으키는 향정신성 독성분으로 치사율은 낮다.
- **팔로톡신**phallotoxin : 알광대버섯, 독우산버섯에 함유되어 있으며, 맹독성으로 적혈구를 파괴하는 용혈작용이 있다. 콜레라와 비슷한 구토와 심한 설사 등의 증상이 나타나고 가열하면 독성분은 파괴된다.

일반적으로 잘못 인식된 식·독버섯 판별방법

식용버섯이란?	독버섯이란?
색깔이 화려하지 않고 원색이 아닌 것	색깔이 화려하거나 원색인 것
세로로 잘 찢어지는 것	세로로 잘 찢어지지 않는 것
대에 띠가 있는 것	대에 띠가 없는 것
곤충이나 벌레가 먹은 것	곤충이나 벌레가 먹지 않은 것
요리에 넣은 은수저가 변색되지 않는 것	요리에 넣은 은수저가 변색되는 것
	가지나 들기름을 넣고 요리하면 독성이 없어진다는 생각

〈자료 : 농사로〉

(3) 유독성분을 함유하는 식용식물

- **감자** : 감자에 함유된 독성물질인 솔라닌solanine은 햇빛에 노출될 때 감자가 녹색으로 변하면서 생긴다. 중독증상은 구토, 현기증, 복통, 설사, 언어장애 등의 증세가 나타난다.
  solanine은 물에 녹지 않고 열에 비교적 안정하며 보통 조리법으로 파괴되지 않으므로 조리 시 감자를 손질할 때 싹은 도려내고 녹색으로 변한 껍질을 잘 제거하여 통풍이 잘되고 그늘진 곳에 보관한다.
- **시안배당체** : 자연계의 식물 중에는 시안배당체들이 널리 분포되어 있으며, 대표적인 시안배당체는 아미그달린Amygdarin, 듀린Dhurrin, 리나마린Linamarin 등이 있다. 시안배당체는 인체에 무해하지만 산이나 효소에 의해 가수분해 되면 청산HCN을 형성하여 독성작용을 나타낸다. 시안배당체를 함유한 것을 많이 먹으면 두통, 구토, 설사, 복통 등 소화기계 증상을 시작으로 호흡곤란, 전신의 강직성 경련을 일으키고 심하면 호흡중추 마비로 사망한다.
- **목화씨** : 목화씨, 뿌리, 줄기에는 Polyphenol화합물인 Gossypol이라는 독성물질이 함유되어 있다. Gossypol은 리신Lysin과 결합하여 리신의 이용도를 감소시키고 제 1철 이온과 불용성염을 형성하여 흡수를 방해하며 피로, 위장장애, 식욕감퇴, 구내건조, 졸음, 정력감퇴 등의 중독증상을 일으킨다.
- **피마자** : 피마자씨에는 리신ricin과 리시닌ricinin이라는 유독성분과 사람에게 allergy성을 일으키는 allegen을 함유하고 중독증상은 구토, 복통, 설사, 알레르기 등이 있다.
- 그밖에 식물로는 고사리, 독미나리, 미치광이풀, 소철, 독보리 등이 있다.

2 동물성 식중독

(1) 복어

- **데트로도톡신**Tetrodotoxin : 복어에는 인체에 매우 치명적인 독소 테트로도톡신이 함유되어 있다. 테트로도톡신은 무색, 무미, 무취의 맹독성 물질로 소금에 절이거나 건

조 또는 106℃에서 4시간 정도 가열하여도 파괴되지 않는다.

복어중독은 동물성 자연독 중 가장 많이 발생하고 산란기(봄~여름)에 가장 많이 생성되며, 그 특성이 청산가리의 약 10배 정도로 치사율은 50~60% 정도이다. 중독증상은 초기에는 두통, 복통, 구토 등 식중독 증상과 입술, 혀 등 안면 부위의 마비 증상이 나타나고 심한 경우 팔, 다리 근육마비, 호흡중추의 마비로 인해서 호흡곤란 등이 나타난다.

예방책으로는 적당한 해독제가 없기 때문에 섭취한 즉시 구토 또는 위세척 및 설사 등을 통해 위장 내의 독소를 제거해야 한다. 또한 복어조리 자격증을 갖춘 조리사가 만든 요리를 먹고 전문가가 아니면 식용이 아닌 맹독성 복어를 구별하기 어려울 뿐만 아니라 국내에서 식용이 가능한 복어(21종)의 경우에도 알(난소), 간, 내장, 껍질 등에도 독소가 있으므로 가정집에서 조리하여 먹는 것은 피하는 것이 좋다.

많이 먹는 식용 복어 도감

까치복(Striped puffer, Yellowfin puffer)

해양생물대백과 Ⅳ.-147p

몸의 등 반쪽에 4~5줄의 뚜렷한 검은색 사선 띠가 있어 다른 복과 구별이 쉽고 각 지느러미는 진한 노란색이다. 자지복의 대용품으로 이용되며, 난소와 간에 강한 독을 갖고 있다.

[주서식지] : 동중국해, 일본중부이남, 한국

황복(River puffer)

복어의 올바른 이해, 2006

황복은 가슴지느러미 후방과 등지느러미 기부에 불명료한 흰테로 둘러진 검은 무늬가 있다. 등은 흑갈색, 배는 흰색을 띠며 몸 중앙에 노란색 세로 줄무늬가 있고 등과 배부위에 작은 가시가 있어 거칠다.

[주서식지] : 서해안, 동중국해, 남중국해

자주복(Ocellate puffer, Tiger puffer)

복어의 올바른 이해, 2006

등 부위는 암록흑색으로 배 부위는 흰색, 체측에는 얼룩점이 많고 가슴지느러미 후방 상부에는 흰테를 두른 큰 검은 무늬가 있다. 뒷지느러미의 색은 백색 또는 선홍색으로 참복과 구별된다.

[주서식지] : 동해, 서해, 동중국해, 일본북해도 남서부 등

졸복(Panther puffer)

복어의 올바른 이해, 2006

채색은 암갈색 바탕에 검은 무늬가 흩어져 있다. 체표에 가시는 없으나 피질의 작은 돌기가 산재해 있어 거칠다. 얕은 바다의 바위지역에 서식하고 봄에 조수웅덩이나 모랫바닥에 산란한다.

[주서식지] : 서해, 동중국해, 일본 세이또 내해, 큐슈 연안

검복(Globe fish, purple puffer)

복어의 올바른 이해, 2006

등 부위는 암녹갈색으로 명확하지 않은 반문(斑紋)이 있고 체측 중앙에 황색선이 뻗어있으나 성장함에 따라 불분명하게 된다. 가슴지느러미 후방 상부에 큰 검은 무늬가 있으나 자주복이나 참복과 같은 흰 테두리는 없다.
우리나라 복어류 가운데 큰 편이다.

[주서식지] : 동중국해, 일본 북해도이남, 한국 연근해

(2) 패류

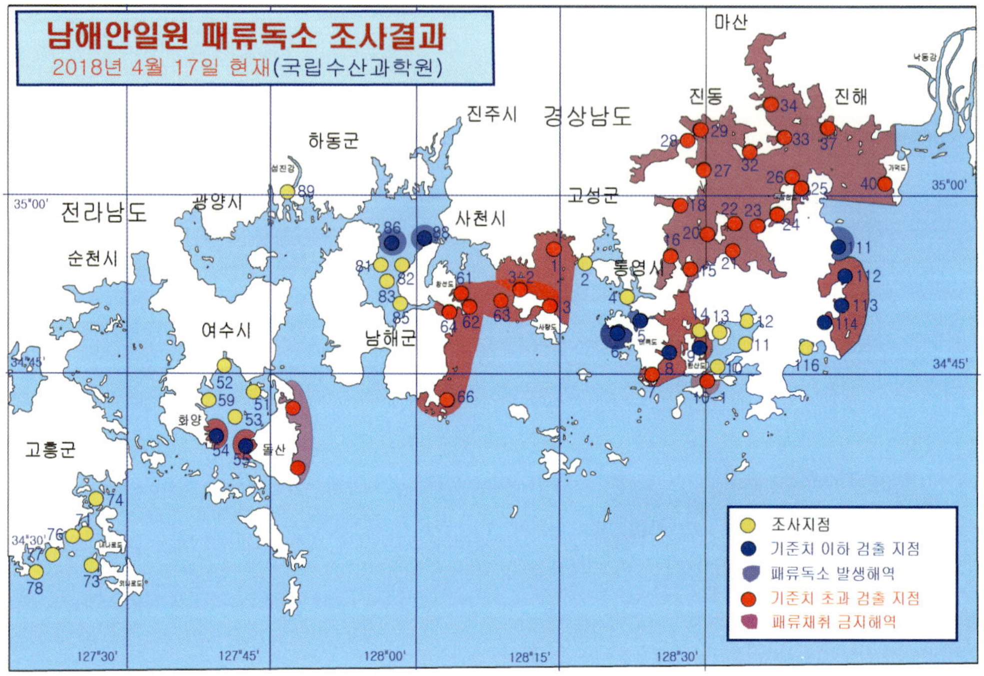

〈자료 : 식품안전나라〉

패류독소란 조개류에 축적되어 있으며, 먹으면 식중독을 일으키는 독의 총칭을 말하고 유독성 플랑크톤을 먹은 조개류(패류)는 체내에 독소가 축적되고 주로 내장에 존재하며, 독소는 냉장 · 동결 등의 저온에서 파괴되지 않을 뿐 아니라 열에 대한 안정성이 있어서 조리 시 열에 의해 잘 파괴되지 않기 때문에 허용기준 이상의 독소가 검출된 패류채취 금지 해역에서는 패류를 채취하여 섭취해서는 안 된다.

- **베네루핀**Venerupin : 베네루핀 중독은 바지락, 굴, 모시조개 등의 이매패에 의한 식중독이다. pH 5~8, 100℃에서 1시간 가열하여도 파괴되지 않지만 pH 9에서는 오랫동안 가열하면 파괴되며, 독성은 계절에 따라 1~4월에 강하고 6~11에는 독성이 없는 것으로 알려져 있다.

보통 1~2일의 잠복기를 거쳐 발생하고 초기증상은 불쾌감, 식욕부진, 복통, 메스꺼움, 구토, 간장비대, 황달 등의 간 기능 저하가 나타나며 피하에 좁쌀만한 크기의 암적색 출혈반점이 생긴다. 중증일 경우 토혈, 뇌증상이 나타나고 의식장애를 일으켜 7일 이내에 사망한다. 경증이라도 회복기간이 길며, 치사율은 50% 정도로 높은 편이다.

- **테트라민**Tetramine : Tetramine은 한류성 심해에 서식하는 육식성 권패인 소라고둥 Neptunea arthritica이나, 조각매물고둥Neptunea intersculpta 등에 있는 Tetramine을 섭취하여 발생하는 식중독이다.

  잠복기는 30분정도이며 두통, 현기증, 배 멀미, 눈 밑 통증, 평형감각 상실, 두드러기와 같은 증상이 있다. 대개 2~3시간에 회복이 되며, 사망하는 예는 없다.

- **마비성 조개중독**paralytic shellfish poisoning : 마비성 조개중독은 섭조개, 진주담치, 대합조개, 홍합, 모시조개 등에 축적된 것을 섭취하여 식중독이 발생한다. 마비성 조개중독은 적조 현상과 관련이 있어서 적조가 지속되는 동안은 독성이 증가하지만 적조가 끝나면 독설을 배설하거나 분해한다. 유독성분은 saxitoxin이며, 시기적으로는 5월~9월, 특히 한여름에 독성이 매우 강하다.

  잠복기는 30분 후에 나타나며 중독증상은 복어독과 마차가지로 나트륨 채널을 막아 독성작용을 나타내며 입술, 잇몸, 혀 등의 마비로 시작하여 안면마비, 사지마비, 언어장애, 보행불능 등을 일으키고 심하면 호흡마비로 사망에 이룰 수 있다. 사망은 1~2시간 이내에 일어나며 치사율은 15% 정도이고 경증인 경우 1~2일 내에 회복되며, 독성은 5~9월에 가장 강력하다.

- **신경성 조개중독**Neurotoxic shellfish poisoning : 신경성 조개중독은 유독 플랑크톤인 등을 진주담치, 대합, 굴 등의 패류가 섭취하여 발생하는 식중독이다.

  섭취 후 수 시간 내에 구토와 설사증상이 발생하며, 1~3시간 내에 입안이 찌릿하면서 얼굴, 목 등의 감각에 이상이 오고 차가운 것과 뜨거운 것을 교대로 만지는 것 같은 감각 등 특이한 증상도 나타나며 운동실조, 동공확대 현상 등의 중독 증상을 보이지만 일반적으로는 1일 이내에 회복되며, 사망하는 경우는 없다.

05 곰팡이독 식중독

곰팡이독Mycotoxin은 곰팡이가 생산하는 2차 대사산물로서 사람이나 동물에게 급성 또는 만성적인 장해를 일으키는 유독물질을 말한다. 이러한 곰팡이독Mycotoxin을 경구적으로 섭취하여 일어나는 급·만성의 건강장해를 곰팡이 중독증 Mycotoxicosis라 한다.

일반적으로 비병원성 곰팡이가 생산하는 비단백질성의 저분자화합물로서 곰팡이의 또 다른 대사산물인 항생물질과는 구별되고, 항원성을 가지지 않으며, 곰팡이 자체는 해롭지 않다.

아스페르길루스Aspergillus속, 페니실리움Penicillium속, 후사리움Fusarium속 등이 마이코톡신Mycotoxin을 생산하는 곰팡이로 알려져 있으며, 현재 100종 이상의 마이코톡신Mycotoxin이 보고되어 있다.

1 아플라톡신Aflatoxin

1960년 영국에서 봄부터 여름에 걸쳐 10만 마리 이상의 칠면조가 간장 장해를 일으켜 대량 폐사한 사고가 발생하였고, 원인은 사료에 혼합된 브라질산 땅콩유박에 Aspergillus flavus가 강한 형광성 독소를 생산하기 때문인 것으로 확인되었다. 곰팡이 이름을 따서 aflatoxin이라고 명명되었다.

Aflatoxin의 최적 생성요건은 온도 25~30℃, 상대습도 80~85% 이상, 수분은 16% 이상이며 쌀, 보리, 옥수수 등의 탄수화물이 풍부한 곡류가 주 오염원이 된다.

Aflatoxin은 강력한 간암 유발물질로서 강산이나 강알칼리에 의해서는 분해되지만 열에 안정하여 270~280℃ 이상 가열해야만 완전히 분해되므로 일반 가열처리에 의해서는 파괴되지 않는다.

2 황변미 중독

쌀이 곰팡이에 오염되면 황색으로 변해 황변미가 된다. 이때 쌀에 함유된 유독성분을 황변미독이라고 한다.

수분을 14~15% 이상 함유하는 쌀에는 페니실리움Penicillium 등의 곰팡이가 잘 생육하며, 황변미는 동남아시아산 쌀에 많은데 기후조건 때문에 저장 곡류의 수분함량 조절에 문제가 많기 때문이다.

황변미 독에는 Penicillium citirinum, Penicillium citreoviride(시트레오비리디), Penicillium islandicum등이 있다.

Penicillium citirinum의 중독 증상은 급성 · 만성의 신장증이 있으며, Penicillium citreoviride의 중독 증상은 호흡장해, 신경장해, 혈액순환장애 등이 있다. 또한 Penicillium islandicum의 중독증상은 간경화, 간암, 간종양 등이 있다.

3 맥각 중독

맥각은 호밀에 번식하는 맥각균의 균핵을 건조한 것으로 맥각 알카로이드는 자궁수축제와 편두통치료재로 쓰인다. 맥각 중독은 의약품으로서의 맥각의 과용 또는 오용으로, 혹은 맥각이 혼입된 곡류 섭취로 일어나는 만성중독, 중축, 경련, 뇌척수증상 또는 일종의 건성괴저 등이 특징이다.

맥각 중독은 0.5~1%의 맥각균 혼입곡류를 섭취시에 일어나며 7% 이상이면 치사량이 된다. 증상은 구토, 복통, 설사를 일으키고 피부가 청백색으로 변하며 신체의 표면에 냉감을 가지는 것이 특징이다. 만성중독은 구토 · 연하곤란 · 난청 · 감각이상 · 두통 등이 있다.

memo 곰팡이의 특징

- 균사를 만들며, 끝에 포자를 형성한다.
- 증식은 균사 또는 포자에 의한다.
- 건조식품을 잘 변질시킨다.
- 발효식품의 제조에 이용되는 것도 있다.
- 세균보다 생육속도가 느리다.

memo

곰팡이 종류

▸ 식품부패 원인 식중독

녹말식품, 채소, 과실의 변패	Mucor속 (털곰팡이)
	Aspergillus속 (누룩곰팡이)
	Penicillium속 (푸른곰팡이)
	Rhizopus속 (거미줄곰팡이)
	Neurospora속 (붉은떡곰팡이)
곰팡이 독 생성	Penicillium속 (푸른곰팡이) 중 일부
	Aspergillus flavus

▸ 식품에 사용되는 곰팡이

된장, 간장, 청주 등	Aspergillus속
효소류의 생산	Aspergillus속
구연산의 생산	Penicillium속
아밀라아제(Amylase)	Aspergillus속, Rhizopus속 (접합균류)
프로테아제(Protease)	Aspergillus속

Chapter 04

식품과 감염병 및 기생충

세균bacteria, 바이러스virus, 리케차rickettsia, 원충protrzoa 등의 병원체가 이에 감염된 인간이나 동물로부터 직접적으로 또는 모기는 같은 매개 동물이나 음식물, 수건, 혈액 등과 같은 비동물성 매개체에 의해서 간접적으로 면역이 없는 인체에 침입하여 증식함으로써 일어나는 질병을 감염병이라 한다.

병원체가 인간이나 동물에 침입해서 장기에 자리 잡고 증식하는 것을 감염이라고 총칭하며, 이러한 감염에 의해서 증세가 발현되는 것을 감염증이라고 한다. 감염은 아무런 증세 없이 면역만 생기는 불현성 감염과 증세가 있는 현성 감염이 있다. 감염증과 감염병을 동일하게 사용하기도 하나, 감염증 중에서도 감염병은 전염력이 매우 강하여 얼마 되지 않는 병원체로도 쉽게 감염이 되고 많은 사람이 쉽게 옮을 수 있는 질병을 말한다.

감염병의 생성과정을 보면 병원체, 병원소, 병원체의 탈출, 전파, 새로운 숙주 내 침입, 숙주의 감수성의 6가지 요소가 반드시 존재해야 하며, 이 중 한 요소라도 결여 혹은 차단될 경우 감염병은 발생하지 않는다. 감염병이 발생하여 유행하기 위해서는 전염원(병원체를 내포하는 모든 것), 전염경로(병원체 전파수단이 되는 모든 환경요인) 및 감수성 숙주가 있어야 하며, 감염병이 유행할 경우, 빠른 진단과 대처방안이 필요하다.

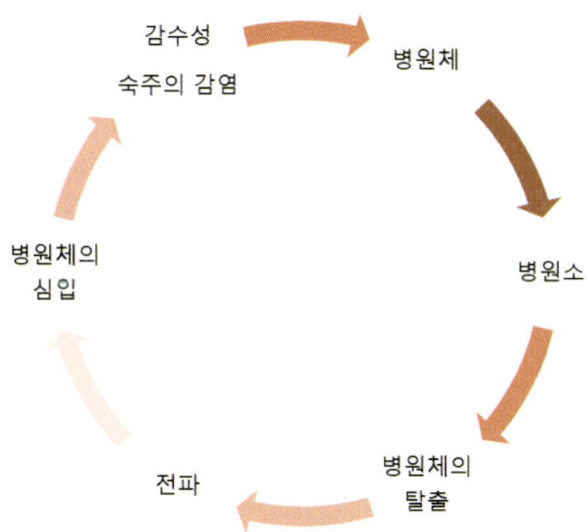

01 감염병의 생성과정

감염병이 유행하기 위해선 감염병의 전파가 필요한데, 전파의 경우 직접전파와 간접전파 두 가지로 나눌 수 있다. 직접전파의 경우 병원체가 매개체에 의한 중간 역할 없이 병원소에서 직접 전염되는 거와 공기 중 감염 두 가지로 나눌 수 있다. 이에 반해 간접전파는 병원체가 어떤 매개체를 통하여 전파되는 경우를 말한다.

법정 감염병의 정의와 종류

종류	정의	질환
제1급 감염병	생물테러감염병 또는 치명률이 높거나 집단 발생의 우려가 커서 발생 또는 유행 즉시 신고하여야 하고, 음압격리와 같은 높은 수준의 격리가 필요한 감염병	에볼라바이러스병, 마버그열, 라싸열, 크리미안콩고출혈열, 남아메리카출혈열, 리프트밸리열, 두창, 페스트, 탄저, 보툴리눔독소증, 야토병, 신종감염병증후군, 중증급성호흡기증후군(SARS), 중동호흡기증후군(MERS), 동물인플루엔자 인체감염증, 신종인플루엔자, 디프테리아
제2급 감염병	전파가능성을 고려하여 발생 또는 유행 시 24시간 이내에 신고하여야 하고, 격리가 필요한 감염병	결핵, 수두, 홍역, 콜레라, 장티푸스, 파라티푸스, 세균성이질, 장출혈성대장균감염증, A형간염, 백일해, 유행성이하선염, 풍진, 폴리오, 수막구균 감염증, b형헤모필루스인플루엔자, 폐렴구균 감염증, 한센병, 성홍열, 반코마이신내성황색포도알균(VRSA) 감염증, 카바페넴내성장내세균속균종(CRE) 감염증, E형간염
제3급 감염병	그 발생을 계속 감시할 필요가 있어 발생 또는 유행 시 24시간 이내에 신고하여야 하는 감염병	파상풍, B형간염, 일본뇌염, C형간염, 말라리아, 레지오넬라증, 비브리오패혈증, 발진티푸스, 발진열, 쯔쯔가무시증, 렙토스피라증, 브루셀라증, 공수병, 신증후군출혈열, 후천성면역결핍증(AIDS), 로이츠펠트-야콥병(CJD) 및 변종크로이츠펠트-야콥병(vCJD), 황열, 뎅기열, 큐열, 웨스트나일열, 라임병, 진드기매개뇌염, 유비저, 치쿤구니야열, 중증열성혈소판감소증후군(SFTS), 지카바이러스 감염증
제4급 감염병	제1급감염병부터 제3급감염병까지의 감염병 외에 유행 여부를 조사하기 위하여 표본감시 활동이 필요한 감염병	인플루엔자, 매독, 회충증, 편충증, 요충증, 간흡충증, 폐흡충증, 장흡충증, 수족구병, 임질, 클라미디아감염증, 연성하감, 성기단순포진, 첨규콘딜롬, 반코마이신내성장알균(VRE) 감염증, 메티실린내성황색포도알균(MRSA) 감염증, 다제내성녹농균(MRPA) 감염증, 다제내성아시네토박터바우마니균(MRAB) 감염증, 관감염증, 급성호흡기감염증, 해외유입기생충감염증, 엔테로바이러스감염증, 사람유두종바이러스 감염증
기생충감염병	기생충에 감염되어 발생하는 감염병 중 질병관리청장이 고시하는 감염병	
세계보건기구 감시대상 감염병	세계보건기구가 국제공중보건의 비상사태에 대비하기 위하여 감시대상으로 정한 질환으로서 질병관리청장이 고시하는 감염병	
생물테러감염병	고의 또는 테러 등을 목적으로 이용된 병원체에 의하여 발생된 감염병 중 질병관리청장이 고시하는 감염병	
성매개감염병	성 접촉을 통하여 전파되는 감염병 중 질병관리청장이 고시하는 감염병	
인수공통감염병	동물과 사람 간에 서로 전파되는 병원체에 의하여 발생되는 감염병 중 질병관리청장이 고시하는 감염병	
의료관련감염병	환자나 임산부 등이 의료행위를 적용받는 과정에서 발생한 감염병으로서 감시활동이 필요하여 질병관리청장이 고시하는 감염병	

02 경구 감염병

경구 감염병은 식품 또는 식기구 · 손가락 · 완구 등을 통하여 경구적으로 감염되는 감염병을 말하며, 일명 소화기계 감염병 이라고도 한다. 즉, 감염병 환자나 보균자로부터 배출된 병원미생물에 오염된 식품을 섭취함으로써 일어나는 것으로 이질, 장티푸스, 파라티푸스, 콜레라 등이 있다. 경구 감염병과 세균성 식중독은 식품이 매개체라는 점과 초기의 임상 증상이 비슷하지만 차이점도 있다.

경구 감염병과 세균성 식중독의 차이점

구분	경구 감염병	세균성 식중독
미생물 균체의 양	미량으로도 감염 가능하다.	다량 있어야 가능하다.
잠복기간	길다.	비교적 짧다.
2차 감염	자주 일어난다.	일어나지 않는다.
예방 조치	거의 불가능하다.	균의 증식을 막으면 가능하다.
면역성	면역성이 있는 경우가 많다.	일반적으로 많다.

1 세균성 이질Shigellosis

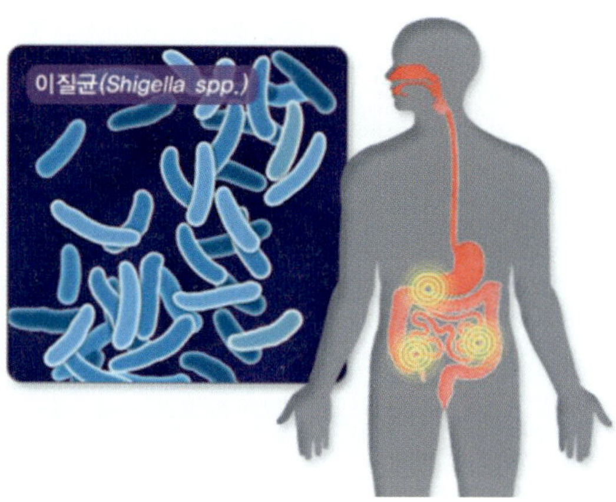

병원체	감염경로	잠복기 및 주요증상	예방법
이질균Shigella는 열에 약하여 60℃에서 10분간 가열로 사멸 저온에서 강하고 운동성 없음	환자와 보균자의 분변, 장내 세균 아님 파리 등의 매개체	1~7일이며, 보통 2~3일 발열과 오심, 구토, 경련성 복통, 설사가 주요증상이며 대개 혈변을 보임	식사 전에 오염된 손과 식기류의 철저한 소독 충분한 식품의 가열

- **특징** : 대장과 소장을 침범하는 급성 감염성 질환으로 제1군 법정 전염병이다. 환자 또는 보균자가 배출한 대변을 통해 구강으로 감염되며, 매우 적은 양(10~100개)의 세균도 감염을 일으킨다.

- **감염원 및 감염경로** : 감염원은 환자와 보균자의 분변이다. 전파시키는 사람들은 배변 후 손톱 밑이나 손을 깨끗이 씻지 않았기 때문이며, 직접적으로는 오염된 식품을 섭취함으로써 일어나는 것이고 간접적으로는 환자나 보균자의 분변으로 오염된 물건, 오염된 음식물 등에 의하여 전염되고 파리가 중요한 매개체 역할을 하고 예방은 장티푸스와 유사하다. 집단 발생은 위생상태가 불량하고 밀집되어 거주하는 보육원 등 사회복지시설, 정신병원, 교도소, 캠프, 선박 등에서 많이 발생한다.

- **잠복기 및 주요증상** : 잠복기는 1~7일로 보통 2~3일이며, 전염기는 급성감염기로부터 대변에서 균이 발견되지 않는 기간, 즉 발병 후 4주 이내이다. 드물지만 보균상태가 수개월 이상 지속될 수도 있고 증상은 잦은 설사, 권태감, 식욕부진, 발열 및 복통 등이 있다.

- **예방대책** : 음식을 만들기 전 또는 배변 후에는 손을 깨끗이 씻어야 하며 모든 우유나 식료품은 살균하고 상업용 우유의 생산 과정, 보관방법, 배달과정을 위생적으로 감독한다. 유행지역에서는 물을 반드시 끓여 먹고 조리사나 식품 유통업자는 식품을 적절히 냉동하고 항상 청결을 유지하며, 청결 정도가 불분명할 때는 식품을 선별하여 조리하거나 익혀서 먹고 과일의 껍질은 벗겨 먹어야 한다. 유아기에는 모유 영양을 장려하고 모든 우유나 물을 소독해야 하며 보균자는 식품을 다루는 업무나 환자의 간호에 종사해서는 안 된다.

세균성이질 감염 사례

최근 필리핀 세부 여행하는 사람들이 주의해야 하는 질환

질병관리본부는 16일 "해외 유입 세균성 이질 환자가 지난해 같은 기간 대비 급증하고 있다."라며 "신고된 환자 중 26명이 필리핀 세부를 여행한 것으로 확인됨에 따라 주의가 필요하다."라고 밝혔다.

질병관리본부에 따르면 지난해 1월 15일 기준 세균성 이질에 걸린 환자는 1명이었으나 올해는 같은 기간 36명에 달한다. 세균성 이질 신고환자들의 역학조사서를 확인한 결과, 26명이 2017년 12월 28일부터 2018년 1월 초까지 필리핀 세부 지역을 여행한 후 설사, 발열, 복통 등의 증상을 보였으며, 우리나라에서는 연 100~300명 정도 발생한다.

출처 : 중앙일보

2 아메바성 이질Amoebic dysentery

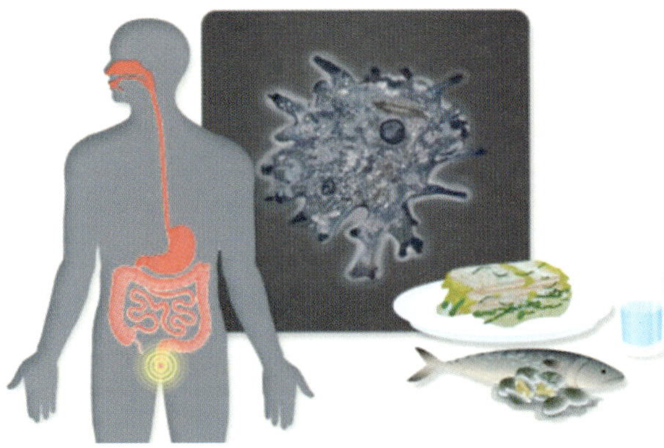

병원체	감염경로	잠복기 및 주요증상	예방법
원충인 이질아메바entamoeba histolytica에 의해 일어남 소장 하부 및 대장 조직 내에 대부분 기생 열이나 건조한 환경에는 약하여 90℃에서 사멸	환자나 포낭보유자의 분변 중에 배출된 원충이나 포낭이며, 채소나 음료수를 통해 감염	보통 3~4주일 복통, 피 섞인 설사, 변이 약간 묽어짐	물은 끓여 먹고 불결한 식품은 피함 개인위생을 철저히 하며, 특히 손을 잘 씻고 분변 후의 청결에 주의

- **특징** : 아메바성 이질이란 제 2종 법정 전염병으로 일종의 설사병으로 이질아메바라고 불리는 기생충이 장에 염증을 일으켜서 발생한다. 열대 지방이나 온대 지방의 위생상태가 좋지 않은 개도국이나 후진국에서 쉽게 볼 수 있는 질환이다.

- **감염원 및 감염경로** : 환자의 대변으로 오염된 물이나 음식을 먹음으로써 감염되며, 따라서 위생 환경이 좋지 않은 개발도상국에서 흔히 볼 수 있고 음료수 · 식품 · 곤충 및 쥐 등에 의해서 감염되며, 장티푸스와 예방이 유사하지만, 면역이 없으므로 예방접종이 필요하다.
- **잠복기 및 주요증상** : 잠복기는 다양하여 수일에서 수개월인데 보통은 3~4주이고 설사는 세균성 이질만큼 심하지 않다. 또한 점액이 혈액보다 많은 변을 보는 것도 세균성 이질과는 다른 점이다.
- **예방대책** : 이질아메바의 근절을 위해서는 감염자 특히 증상이 없는 포낭 배출자를 치료하는 것이 중요하며 상하수도 시설의 정비, 인분 비료의 사용 자제, 파리나 쥐 등 전파 가능한 위생 동물을 구제하는 것 등이 필요하다. 아메바성 이질은 이질아메바에 오염된 물이나 음식을 먹음으로써 걸리게 되므로 유행지역에서는 물은 끓여 마시고 샐러드 등 익히지 않은 채소나 과일의 섭취를 자제하며, 식기를 소독하여 사용하고 개인위생을 청결하게 하여 불결한 식품은 피하는 것이 예방하는 방법이다.

case 아메바성 이질 감염 사례

미국에서 뇌 갉아먹는 아메바 공포 확산

미국에서 올여름 강이나 호수 등에서 수영을 하다가 아메바가 몸속으로 침투하여 일어난 감염으로 3명이 숨져 공포감이 퍼지고 있다. 일단 감염될 경우 치사율이 95%에 이른다.

또한 지난 14일 플로리다주에서는 16세 소녀가 인근 강에서 수영한 뒤 아메바성 감염으로 숨졌다. 그는 숨지기 전 두통을 호소하고 20차례가 넘게 구토를 했으며 40도가 넘는 고열 증세를 보인 것으로 알려졌다. 버지니아주 보건당국도 이달 초 버지니아 중부에 살던 9세 소년이 아메바성 뇌수막염 증세로 숨졌다고 확인했다. 6월에는 루이지애나주에서 올해 첫 희생자가 발생했다.

출처 : 세계일보

3 장티푸스Typhoid fever

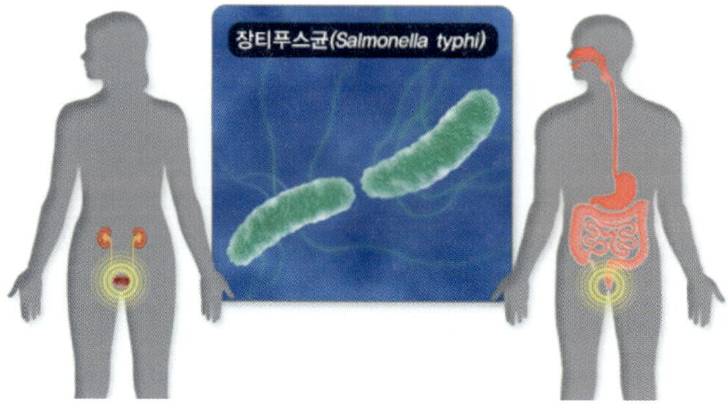

병원체	감염경로	잠복기 및 주요증상	예방법
장내 세균, 그람 음성균열에 약함 아이스크림, 물, 얼음, 우유, 육류, 과일 등에 생존 저온에서 생존할 수 있지만 깨끗한 물에 사멸됨	환자나 보균자의 대·소변에 오염된 음식물과 물을 먹었을 때 주로 감염	3~60일(1~3주) 지속적인 발열과 복통, 오한, 두통, 식욕감퇴, 어지러움, 기침	공공 상수도의 보호 및 염소소독을 깨끗이 함 분뇨를 위생적으로 처리 병원체 보균자는 식품을 취급하지 않도록 함

- **특징** : 장티푸스는 살모넬라 타이피균Salmonella typhi에 감염되어 발생하며 발열과 복통 등의 신체 전반에 걸친 증상이 나타나는 질환으로 살모넬라 타이피균은 장을 통해 몸속으로 침투한다. 복통, 구토, 설사 또는 변비 등 위장관계 증상이 나타나지만 위장관염의 한 종류보다는 발열 등의 다양한 증상을 동반하는 전신 질환이다.
- **감염원 및 감염경로** : 환자나 보균자의 배설물·타액·유즙이 감염원(보균자의 담낭에서 서식)으로 오염된 물이나 음식물, 파리, 생과일, 채소 등의 매개물 또는 환자나 보균자와의 접촉에 의해 감염된다.
- **잠복기 및 주요증상** : 잠복기는 보통 1~3주지만 균수에 따라서 다르다. 발열, 두통, 권태감, 식욕부진, 상대적 서맥, 비종대, 장미진, 건성 기침 등이 주요한 증상이다. 발열은 서서히 상승하여 지속적인 발열이 되었다가 이장열이 되어 해열되는 특징적인 열 형태를 보인다. 치료하지 않을 경우 병의 경과는 3~4주 정도이다.
- **예방대책** : 주위에 환자나 보균자가 있다면 감염의 우려가 있으므로 격리하고 환자가 있었던 곳이나 화장실, 사용한 의류, 식기, 물건 등을 소각하거나 철저하게 소

독한다. 우유 및 유제품은 위생적으로 관리를 해야 하고 어패류의 구매나 판매에 있어 위생적으로 처리를 해야 한다. 또한, 동남아 등 유행지역 여행자나 집단 급식소, 식품위생업소 종사자는 사전에 예방접종을 한다.

case 장티푸스 감염 사례

울주군 장티푸스 지하수 오염으로 감염 추정

울산 울주군 두동면 정신질환자 수용시설인 성애원에서 발생한 장티푸스에 대한 역학조사를 벌이고 있는 국립보건원과 울주군 보건소는 성애원측이 사용중인 지하수가 오염돼 일부 원생이 장티푸스에 감염된 것으로 추정된다고 8일 밝혔다.

역학조사팀은 성애원측이 신관 증축공사를 위해 올 3월 8일 원생들을 구관으로 옮기면서 구관의 정화조 용량이 초과돼 오수가 정화되지 않은 채 지상에 있는 배수로를 따라 지하로 흘러들어 지하수를 오염시켰을 것으로 보고 있다.

한편 이날 원생 5명이 추가로 장티푸스 증세를 보여 장티푸스와 관련해 격리치료를 받고 있는 성애원 원생은 환자 2명을 포함해 모두 34명으로 늘어났다.

출처 : 동아일보

4 파라티푸스Paratyphoid fever

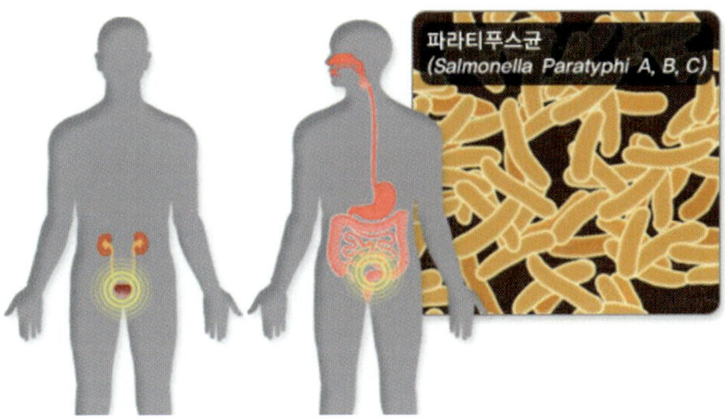

병원체	감염경로	잠복기 및 주요증상	예방법
그람음성 간균 운동성 A, B, C형이 존재 A_청장년 / B_청소년 / C_국내보고 無 A, C형은 사람에게만 감염	환자나 보균자의 대소변을 통한 직접 또는 간접적 접촉으로 전파 보균자의 손에 의해 오염된 식품, 물에 의해 감염	3~60일(1~3주) 지속적인 고열, 두통, 비장종대, 발신, 설사 등 장티푸스와 유사하나 다소 경미함	공공 상수도의 보호 및 염소소독을 깨끗이 함 분뇨를 위생적으로 처리 병원체 보균자는 식품을 취급하지 않도록 함

- **특징** : 파라티푸스는 살모넬라균에 의해 발생하는 1군 법정 전염병으로 급성 전신성 열성 질환이다. 파라티푸스균은 장티푸스균과 마찬가지로 물이나 음식을 통해 전파되며, 주로 환자나 보균자의 대 · 소변에 오염된 음식물이나 물에 의해 전파된다. 여름에 많이 발생하고 때로는 식중독과 같이 급성 위장염을 일으키는데 임상적으로 뚜렷이 구별된다.

- **감염원 및 감염경로** : 사람이 주 병원소이며, 드물게는 가축일 때도 있다. 파라티푸스의 경우 드물게 가축이 병원소인 경우도 있고 급성기 후, 가볍게 앓고 지나간 경우 혹은 불현성 감염 후에도 보균상태가 될 수 있으며, 만성 보균자는 중년 여성이 가장 많다. 전파는 환자와 보균자의 대소변에 오염된 물과 음식을 통해 이루어지며, 일부 국가에서는 오수에 잡힌 조개류(특히 굴) 분뇨를 이용해 재배한 야채, 과일, 날 것, 주로 보균자에 의해 오염된 우유와 가공품 등이 중요한 매개체이다.

- **잠복기 및 주요증상** : 잠복기는 1~3주고 전염기는 병원체가 배설되는 기간인데 보통 초기 증상 발현 시기부터 회복기가 대개 1~2주 정도로 영구보균자가 되는 빈도는 장티푸스보다 훨씬 적다. 지속적인 고열, 두통, 비장증대, 발진, 설사 등 장티푸스와 유사하지만 치사율은 낮은 편이다.

- **예방대책** : 조리에 종사하는 사람의 설사병 유 · 무를 확인해서 설사 등의 증상이 있으면 업무를 제한하고 적극적인 치료를 해야 하며, 음식을 만들기 전 또는 배변 후에는 손을 깨끗이 씻도록 한다. 모든 우유나 식료품은 살균하고 상업용 우유의 생산 과정, 보관방법, 배달과정을 위생적으로 감독하고 조리용 음식물이나 음료수를 적절히 품질 관리한다. 음식물을 통조림 할 때는 냉각수나 염소 소독한 물을 사용하고 갑각류나 어패류는 정기적으로 검사해야 하며, 청결 정도가 불분명할 때는 식품을 선별하여 조리하거나 익혀서 먹고 과일도 껍질을 벗겨 먹는다.

case 파라티푸스 감염 사례

지난달 28일 부산 금정구와 동래구 일대에서 설사와 고열증세를 보이며 현재 격리치료를 받는 11명의 환자는 식중독이 아니라 1군 전염병인 파라티푸스 환자로 밝혀졌다.

시는 "지난달 20일 전후로 고열과 설사증세를 보여 금정구 모 병원에서 치료를 받아오던 조모씨(55 · 여) 등 환자 11명의 가검물을 시 보건환경연구원에 보내 검사를 한 결과 모두 파라티푸스균에 감염된 것으로 나타났다."라고 4일 밝혔다. 또 이날 현재 사하구 2명과 기장군 1명 금정구 1명 등 4명이 같은 증세를 보여 모두 병원에 격리 입원 됐으며 환자 가족 중 2명이 같은 증세를 보여 파라티푸스균에 감염된 환자는 모두 17명으로 늘어났다.

시가 현재까지 환자 주변을 대상으로 67건의 가검물을 수거해 검사한 결과 감염된 환자(양성) 17명을 포함해 음성 22명, 진행 중 34명 등 모두 73명이 이번 사태와 관련이 있는 것으로 나타났다.

출처 : 동아일보

5 콜레라Cholera

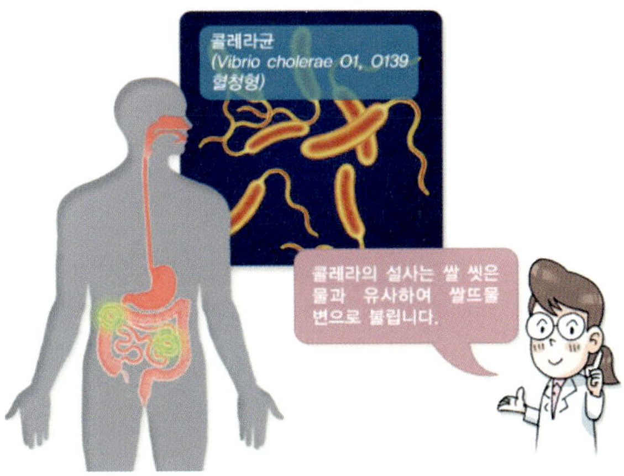

병원체	감염경로	잠복기 및 주요증상	예방법
병원균은 콜레라균(vibrio cholerae), 1개의 편모 가짐 → 운동성 열에 약해 60℃ 15분 가열 시 사멸	환자나 보균자의 구토물, 대변에서 배출된 균에 의해 오염된 식수, 식품, 과일, 어패류를 통해 감염 홍수 후 많이 발생	10시간~5일 구토를 동반한 심한 설사, 탈수 현상으로 사망 가능성 치사율 10~80% (노년층, 유년층은 높음)	철저한 검역관리, 예방접종이 필요, 불충분한 면역 효과, 낮은 비용효과 위험지역 방문 시 예방백신 투여

- **특징** : 콜레라는 전 세계의 많은 지역에서 유행적으로 발생하는 전염병의 하나로 현재에도 후진국이나 개발도상국에서는 유행이 지속하고 있고 노약자나 소아에서는 사망률이 높다. 우리나라에서는 소규모의 유행이나 산발적인 발생이 일어나고

있고 독소에 의해 위장장애, 전신증상을 보이는 급성 설사 질환이다. 끓는 물에서는 순간적으로 죽으며, 실온에서는 약 2주, 물에서는 수일간, 그리고 하천과 해수에서는 더 오래 생존하고 냉장이나 냉동 상태에서는 증식되지 않지만, 균이 죽지는 않는다.

- **감염원 및 감염경로** : 콜레라균은 주로 환자의 대변이나 구토물에 오염된 음식물이나 식수를 먹어서 감염되고 전파가 된다. 또한 날 것과 설익은 해산물을 통해 감염될 수 있다. 환자의 구토물이나 분변 속에 배설된 콜레라균에 의해 경구감염도 가능하고 담수보다는 해수 중에서 오래 생존하여 오염지역의 어패류를 오염시키므로 유행할 때는 어패류의 생식을 금해야 한다.
- **잠복기 및 주요증상** : 잠복기는 12~48시간이며, 최장 5일이다. 주요증상은 갑작스러운 구토와 쌀뜨물 같은 설사로 시작되고 복통은 별로 없다. 하루에 20~30회에 이르는 설사 때문에 체액의 탈실(脫失)이 현저하고 혈압은 하강하여 맥박이 약하며, 피부는 주름져 차갑고 목소리도 쉬고 소변량도 줄며 1~2일 만에 사망하는 수가 있다.
- **예방대책** : 상하수도 시설의 적절한 관리, 식품 및 식수의 소독, 비눗물로 손 씻기, 현증환자의 발견 및 효과적인 치료가 중요하며, 제일 효과적인 방법은 오염된 음식물이나 식수의 섭취를 금하는 것이다. 물은 반드시 끓여 마시고 음식물을 준비하거나 취급할 때 철저히 끓이거나 익혀서 먹어야 하고 특히 음식물을 취급하기 전과 배변 뒤에 손을 꼭 씻어야 한다.

case 콜레라 감염 사례

국내에서 올해 첫 콜레라 환자가 발생했다. 해외 유입 사례로, 인도 뭄바이에서 지난달 30일 입국한 내국인 2명이다. 이들과 같은 항공기를 이용한 승객 중 심한 수양성 설사, 구토 등의 증상이 있는 경우 가까운 병원을 방문해 콜레라 검사를 받을 것을 보건당국은 당부했다.

5일 질병관리본부에 따르면 뭄바이에서 출발, 지난달 30일 오후 2시 25분에 인천국제공항으로 입국한 대한항공 KE656편 탑승자 중 설사 증상자를 채변 검사한 결과 2명에게 콜레라균이 검출됐다. 국내 유입 콜레라의 경우 2000년 이후에는 2001년 영남 지방을 중심으로 전국적 유행이 있어 162명(확진 환자 142명)의 환자가 발생한 이후로는 2003년 이후 해외 유입 환자가 대부분이었다. 최근 5년간 사례를 보면 2014년과 2015년에 환자가 없다가, 2016년 영남 지방에 국내 발생 3명을 포함하여 환자 4명이 발생했다. 지난해에는 해외 유입 환자만 5명이었다.

출처 : 헤럴드경제

6 디프테리아Diphtheria

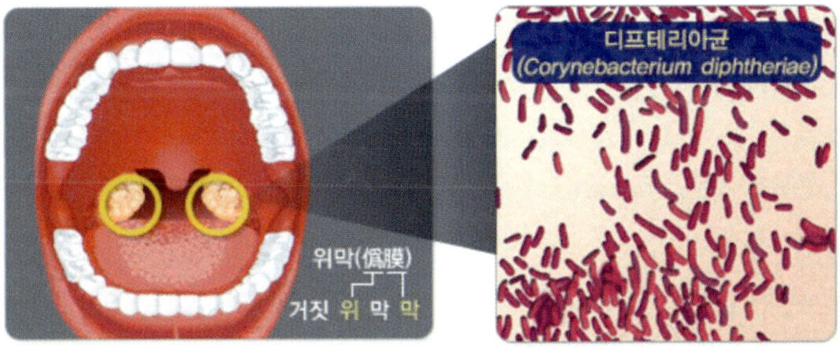

병원체	감염경로	잠복기 및 주요증상	예방법
그람양성, 무포자 간균 일광, 열, 화학 약품에 약함. 독소생산 균주-디프테리아 발병, 독소 비생산 균주-심내막염 60℃에서 10분이면 사멸	환자, 보균자의 콧물, 인후 분비물, 기침 등 환자, 보균자와의 직접접촉 분비물을 통한 간접 감염, 생우유를 통한 경구감염	2~5일 인두, 후두, 코, 피부, 점막 등의 상피세포에서 증식→ 체외독소 생성 환자의 코와 인후 분비물, 기침 등을 통하여 전파	소기신난 환자, 보균자의 접근금지 시기에 적절한 예방접종이 필요

- **특징** : 디프테리아는 우리나라 제 2종 법정 전염병으로 인후, 코 등의 상피조직에 국소적 염증 및 장기조직에 장애를 일으키며, 체외독소를 분비하여 혈류를 통해 신체 각 부위에 운반되기도 한다. 독소 생산성 간균인 Corynebacterium diphtheriae 감염에 의하여 야기되는 급성 전염병으로 주로 코, 목, 후두의 점막을 침범하여 회백색의 가막(假膜)을 형성하는 것이 특징이다. 만 4세 이하의 환자가 전체의 60%를 차지하며, 10세 이상에서는 급격히 감소하고 가을이나 겨울에 빈도가 높다.

- **감염원 및 감염경로** : 디프테리아균C. diphtheriae 자체는 조직을 침범하는 일이 거의 없고 다만 호흡기의 점막표면이나 생식기 또는 눈의 점막에 존재하고 있을 뿐이다. 그러나 상처 또는 화상 등이 있을 때는 감염이 가능하고 호흡기에 병소가 있는 디프테리아 환자의 비인두 분비물에 있는 디프테리아균은 작은 수포droplet의 형태로 기침할 때에 주위에 있는 사람들에게 옮아간다. 잠복기는 2~6일로 발병하기 수일 전부터 전염성이 있고 치료 후 2주일 정도 보균상태이지만 때로는 2~6개월간 보균하면서 피부나 호흡기 감염증의 감염원이 될 수 있다.

- **잠복기 및 주요증상** : 잠복기는 2~6일로 흡수된 세포독소에 의한 후기 증상은 2~

6주 후에 나타나서 뇌신경, 지각을 마비시키고 감염되면 2~5일간의 잠복기를 거쳐 발열과 함께 코, 인두, 편도, 후두 등의 상기도 침범 부위에 염증과 위막이 형성되며 특징적인 위막은 회색을 띠고 인후부 위점막에 강하게 부착되어 억지로 떼어내려 하면 출혈을 일으키기도 한다. 치료하지 않더라도 이 막은 발병 1주일 후부터는 소실되고 이와 동시에 발열 등의 증상도 호전되기 시작한다.

디프테리아균은 드물게는 피부, 결막 등에도 침범하여 증상이 나타나며, 합병증으로는 연구개 및 인두, 근육의 양측성 마비, 심근염, 저혈압 또는 심부전, 단백뇨 및 부종을 동반한 신장 질환 등이 나타날 수 있다.

- **예방대책** : 예방을 위해서는 디프테리아 환자와의 직접 접촉에 의한 전파를 막는 것이 매우 중요하므로 환자에 대해서는 격리가 필요하다. 환자와 접촉한 사람에게는 예방접종의 유·무와 관계없이 항생제의 예방적 투여가 권유되며, 환자가 사용하였거나 환자의 배설물이 묻은 모든 물건을 소독하고 가장 효과적인 예방법은 디프테리아 예방주사를 맞는 것이지만 특히 의사, 간호사, 교사 같은 감염 위험성이 높은 사람들은 유효한 면역을 유지하기 위해 매 10년 성인용 백신을 맞도록 권장해야 한다.

case 디프테리아 감염 사례

터키의 이즈미트 등 지진 피해지역 주민들은 23일 폭우가 내려 전염병이 번질 가능성이 커지자 지진 피해지역을 줄지어 떠나고 있다. 터키의 한 일간지는 이즈미트 인근 골주크지역에 이질 디프테리아 콜레라 등에 감염된 환자가 늘어나고 있으며, 아다파자리에서도 콜레라와 디프테리아 환자가 발견됐다고 23일 보도했다.

터키 당국은 이러한 보도를 부인했으나 주민들은 폭우로 방역작업이 중단되자 전염병 창궐을 우려해 이 지역을 속속 떠나고 있고 지진으로 집을 잃은 20만 명 중 상당수는 이미 안전한 곳으로 떠났다고 외신들이 전했다. 한편 유엔 관계자는 터키 정부가 지진으로 인한 사망자의 시신을 넣을 용기 4만5000개를 구해달라고 요청해 왔다고 23일 밝혔다.

출처 : 동아일보

7 성홍열Scarlet fever

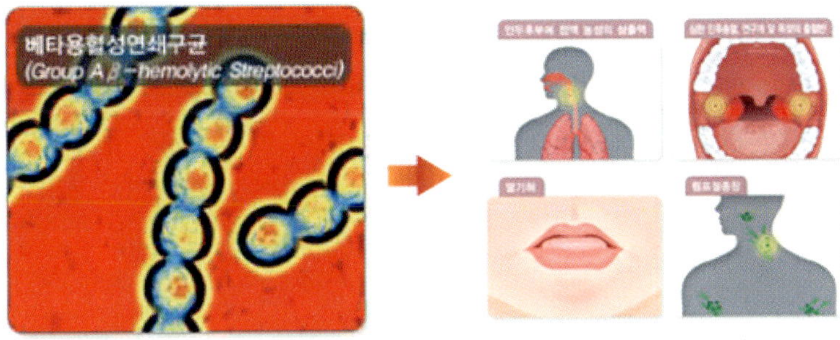

병원체	감염경로	잠복기 및 주요증상	예방법
용혈성 연쇄구균(용련균) 80여 종의 형으로 분류 적혈구를 파괴 하는 용혈성에 따라 α, β, δ 3가지로 나뉨	기침과 재채기를 통해 전염. 학교, 어린이 보호시설, 군대 등에서 유행이 발생	1~7일, 12~48시간 후에 전형적인 발진이 나타남 발열, 두통, 구토, 복통, 오한 및 인후염이 특징	전염병 병동에 격리 입원시켜 치료해야 함 환자가 있었던 곳, 사용했던 의복, 물건 등을 소독

- **특징** : 목의 통증과 함께 고열이 나고 전신에 발진이 생기는 전염병으로 발진이 생긴 피부의 붉은색이 원숭이의 일종인 성성이의 색과 유사한 열병이라 하여 성홍열이라 명명하였으며, 5~10세의 어린이에게 잘 감염되고 계절적으로는 이른 봄(5월)이나 이른 겨울에 많이 발생한다.

- **감염원 및 감염경로** : 호흡기 분비물 비말감염 또는 직·간접적인 환자나 보균자와의 접촉에 의하여 감염되고 비강 보균자는 특히 유행의 원인이 되며, 드물게는 손이나 물건을 통한 간접 접촉에 의해서도 전파되고 균에 오염된 우유, 아이스크림이나 기타 음식물을 통해서 전파될 수도 있다.

- **잠복기 및 주요증상** : 잠복기는 1~7일로 갑자기 시작되는 발열, 두통, 구토, 복통, 오한 및 인두염이 특징이며, 병증이 시작되고 바로 발진이 나타날 수도 있으나 대개는 24~48시간 후에 전형적인 발진이 나타난다. 갑작스럽게 발열이 시작되어 39~40℃까지 이를 수 있으며, 치료하지 않으면 5~7일간 지속하는데 인후는 심하게 충혈 되고 신하고 붉은 고기 색깔을 띠는 수가 많고 목젖 위에 출혈 반점이 나타난다. 혀는 처음에는 회백색으로 덮이다가 며칠 후에는 덮인 것이 벗겨지면서 붉은 고기 색깔을 띠고 유두가 부어 붉은 딸기 모양으로 되는 것이 특징이다.

● **예방대책** : 사람이 많이 모이는 곳은 피하고 환자의 화농성 분비물과 오염된 물건은 소독해야 하며, 감염된 환자와의 접촉은 가능한 피하는 것이 좋다. 평상시 환경위생과 개인위생을 잘 지키고 장난감 등 어린이가 쓰는 물건은 자주 소독하며, 우유나 식품이 매체가 되므로 환자는 목장이나 식품 취급 장소에 종사하지 말고 대처 방법으로는 감마글로불린에 의한 능동면역방법이 있다.

case 성홍열 감염 사례

제3군 감염병에선 성홍열 환자 급증이 눈에 띈다. 2016년 1만1911명이었던 성홍열 환자 수는 지난해 2만2838명으로 91.7% 증가했는데 3~6세가 전체 환자의 71.5%를 차지했다.

질병관리본부 조은희 감염병관리과장은 "감염병 감시 연보를 보건정책, 학술연구 등 다양한 목적으로 활용될 수 있도록 책자나 전자파일 형태로 제작하여 관련 보건기관, 의과대학 도서관 등에 배포할 예정"이라며 "감염병 관리와 감시를 위해 앞으로도 감염병 발생 시 신속한 신고와 적극적인 협조를 당부한다."라고 말했다.

출처 : 뉴시스(newsis.com)

8 유행성간염Infectious hepatitis

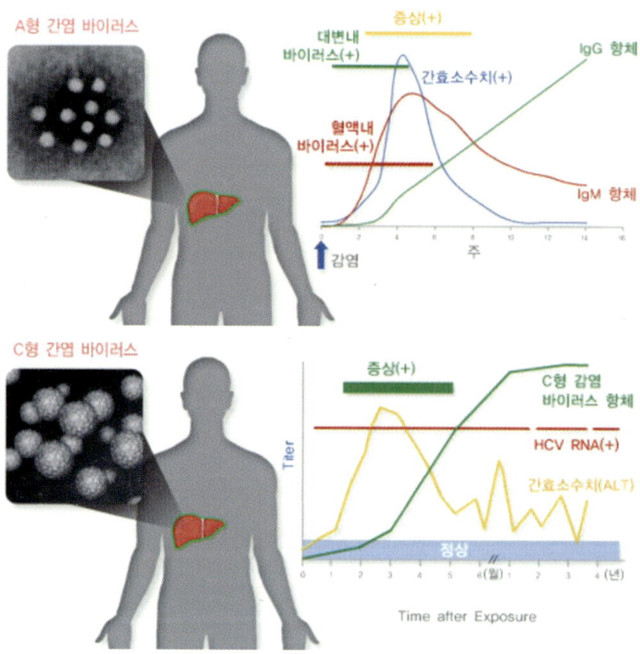

병원체	감염경로	잠복기 및 주요증상	예방법
A형, B형 및 Non-A, Non-B형이 있음 바이러스 A형에 의해 감염	환자의 분변, 음료수나 식품이 오염되어 경구적으로 감염	20~40일, 평균 25일 오심과 구토, 설사, 오한, 발열, 식욕감퇴, 권태감, 황달	평상시 환경위생과 개인위생을 잘 지켜야 됨 장난감 등 어린이가 쓰는 물건은 자주 소독

- **특징** : 감염성 간염이라고도 한다. 집단 발생으로 나타내는 급성바이러스성 간염 acute viral hepatitis : AVH이다. 원인으로는 A형 간염바이러스에 의한 것이 많다. A형 간염바이러스 감염 환자의 분변으로 오염된 음료수(샘물 등)나 음식물(생패류 등)의 흡수로서 경구적으로 감염하기 때문에 집단 발생을 나타내기 쉬우며, 간염은 겨울철에 많이 발생하고 연소자가 걸릴 확률이 높다.
- **감염원 및 감염경로** : 간염원인 환자의 분변을 통한 경구감염, 손에 의한 식품의 오염, 물의 오염 등으로 감염된다. A형 간염은 상한 음식, 날 음식, 침, 분비물로 전염될 수 있고 함께 생활하는 것만으로 전염이 될 수 있다. 특히 집단 활동을 하는 곳에서 전염이 잘되며, 오염된 식수 섭취를 하면 발생할 수 있다.
- **잠복기 및 주요증상** : A형 간염은 15일~45일로써 전염 기간은 증상발현 2주~황달 발생 2주까지이다. B형 간염은 45일~180일이고 C형 간염은 15일~150일이다.

  A형 간염의 주요증상은 발열, 식욕감퇴, 구역, 구토, 쇠약감, 복통, 설사 등 다른 바이러스 간염과 유사하며, 소아는 거의 증상이 없는 불현성 감염(6세 이하에서 약 50%가 무증상)을 보이나 연령이 높아질수록 증상이 심해진다. 급성 B형 간염은 황달, 식욕부진, 오심, 근육통, 심한 피로 등이 나타난다. 급성 C형 간염은 대부분 경미하며, 수혈 후 감염인 경우 70~80%가 무증상 감염이며, 서서히 시작되는 감기몸살 증세, 전신 권태감, 메스꺼움, 구역질, 식욕부진이 나타난다.
- **예방대책** : 일반적인 방법으로는 손 씻기와 일회용 주사침과 주사기 사용 후 뚜껑을 닫지 않고 일회용 용기에 버리고 혈액 접촉 시 장갑을 착용해야 되며, 칫솔과 면도기를 공동으로 사용하지 않는다.

case 유행성간염 감염 사례

질병관리본부 감염병 통계시스템 자료에 따르면 2014~2016년 3년간 A형 간염 환자를 월별로 집계했을 때 1월 4.0%, 2월 7.8%, 3월 13.8%, 4월 12.1%, 5월 13.1%로 3~5월 봄철에 최고조를 기록한 후 6월 9.1%를 시작으로 점차 줄어들기 시작해 12월까지 6~7%를 유지하는 것을 확인할 수 있다.

A형 간염은 간염바이러스의 한 종류인 A형 간염바이러스(HAV)에 의해 발생한다. 전염력이 매우 높아 여러 사람이 한꺼번에 걸리는 경우가 많기 때문에 과거에는 유행성간염이라고 불리기도 했다.

출처 : 국민일보

B형 간염은 술잔으로도 옮는다?

우리나라 사람 10명중 1명은 B형 간염 바이러스 보균자!

잘못된 상식

술잔 돌려마시기, 국이나 찌개 함께 떠먹기 등을 통해 B형 간염이 옮을 수 있다.

바로잡기

전염경로 : 보균자의 혈액, 정액, 타액 3가지.
이들의 전염성은 혈액에 비하면 정액이나 타액에는 매우 극소량의 감염균이 존재하며, 다량의 타액이 전해지지 않는 이상 단순 접촉으로는 전염되지 않는다.

9 급성회백수염Acute anterior poliomyelitis

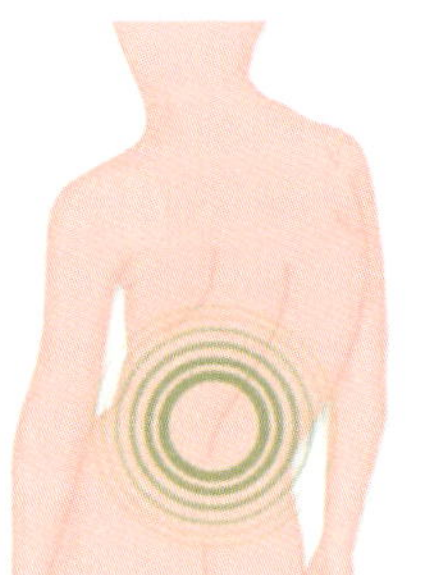

척추측만

하지의 위축과 변형

병원체	감염경로	잠복기 및 주요증상	예방법
폴리오 바이러스 poliovirus type 1, 2, 3 척수전각감염증의 일종	환자와의 접촉 및 분변 바이러스가 입을 통하여 침입	7~12일 감기와 비슷한 증상 가벼운 발열, 권태감, 두통, 구토나 설사 등 마비 형의 경우 신경 증상과 근육 마비	경구 생백신에 의한 예방접종이나 주사용 불활성화 백신이 모두 유용

- **특징** : 소아마비 또는 폴리오polio라고도 하며, 척수전각 감염증의 일종이다. 인지되는 형에 있어서는 중추신경계통의 증상을 나타내고 때로는 영구적인 마비를 초래하는 급성의 열성전신질환이다. 감염은 위생상태가 불량한 지역에 거주하는 영·유아나 소아에게서 발생하며, 여름이나 가을 동안에 많이 발생하나 특징적인 계절 유행 양상을 보이지는 않는다.
- **감염원 및 감염경로** : 환자 및 불현성 감염자의 분변이나 인후 분비물에 바이러스가 포함되어 배출되고 오염된 음식물을 통하여 경구전염과 비말감염에 의하며, 즉 환자와의 접촉을 통하여 감염된다. 유행지역에 있어서는 환자의 배설물과 관계가 있는 파리나 하수도에서도 바이러스가 검출되며, 불현성 감염이 많아서 감염자 수백 명 중 발병자는 한 명 정도로 발생하여도 불완전형(감기와 같은 증상)이나 비마비형이 많다.
- **잠복기 및 주요증상** : 잠복기는 1~3주이며, 평균 12일이다. 처음에는 가벼운 감기 증상으로 시작하여 발열이 2~3일간 계속되며 두통, 식욕감퇴, 구토, 요통, 복통이 있는 동안이나 때로는 열이 내리기 시작할 무렵 사지의 마비가 일어난다.
- **예방대책** : 정해진 시기에 예방접종을 실시한다. 환자의 장내 배설물을 격리해야 하며, 환자의 목 분비물, 대변과 이에 오염된 물품을 소독해야 하며, 세이비 백신Sabin Vaccine, 생백신이나 주사용 불활성화 백신이 모두 유용하다.

case 급성회백수염 감염 사례

질병관리본부는 최근 세계보건기구(WHO)가 아프리카 및 아시아 일부 국가의 폴리오 전파를 국제보건상 위기로 선포하고 예방접종을 권고함에 따라, 폴리오 감염국가 여행 예정자에게 출국 전에 폴리오 예방접종을 완료할 것을 당부했다.

또한, 폴리오 감염국가에서 4주 이상 체류한 뒤 국내에 입국할 경우에도 최근 12개월 동안 폴리오 예방접종을 받지 않았다면 현지에서 1회 추가 예방접종을 받고 입국해야 한다.

폴리오 바이러스 감염국은 파키스탄, 카메룬, 시리아, 아프가니스탄, 적도기니, 이라크, 에티오피아, 이스라엘, 소말리아, 나이지리아 등 10개국이다.

출처 : 국민일보

key point 2015년도 국내를 강타한 메르스

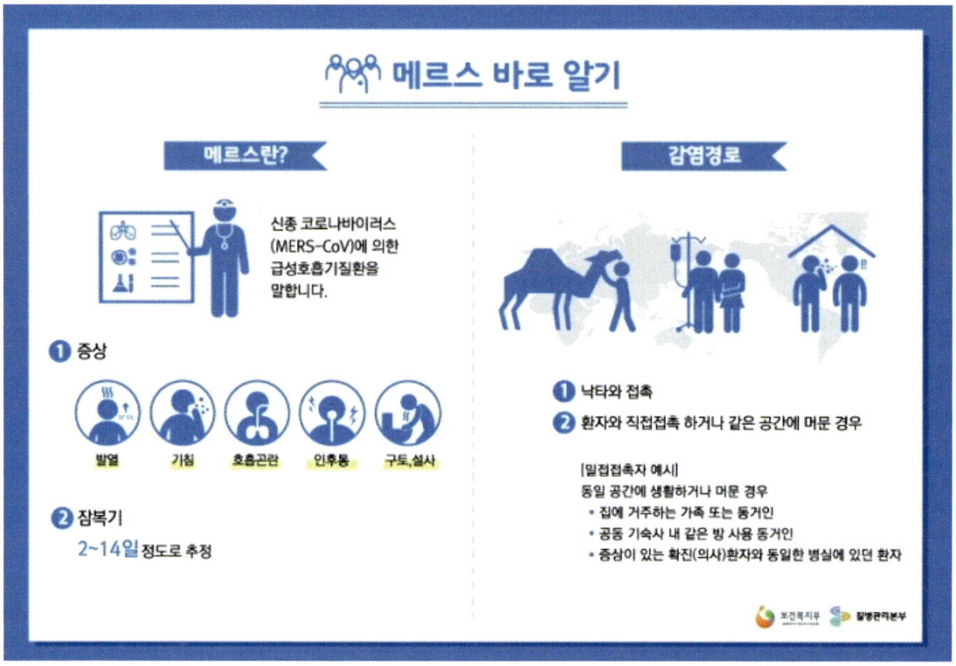

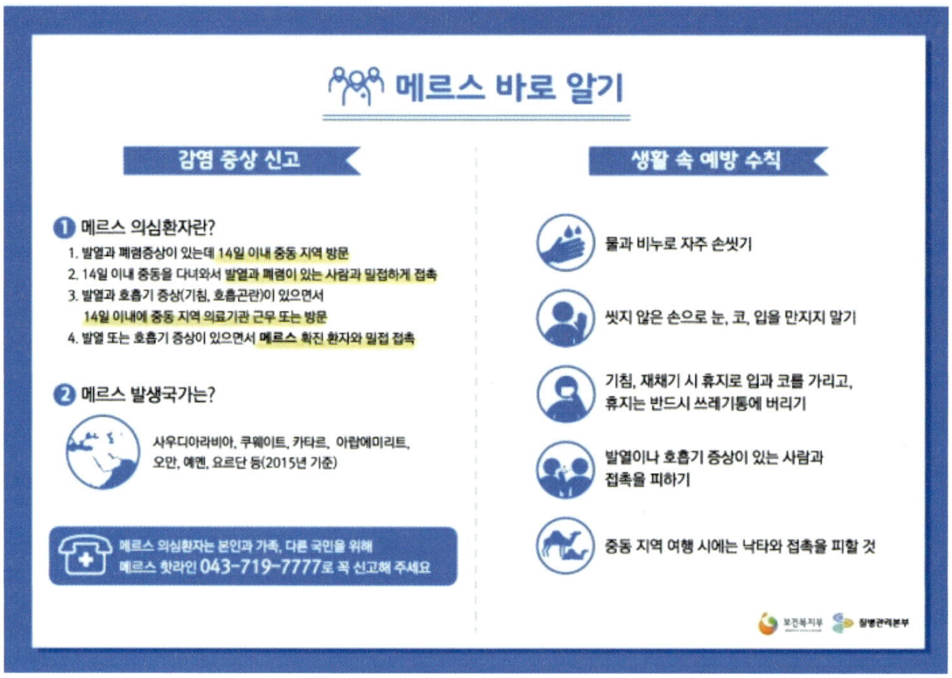

메르스 꼭 알아야 할 10가지

정의	증상	전염	전파	예방

메르스는 중동에서 발생된 급성 호흡기 감염병으로 신종 코로나 바이러스가 원인이다.	발열, 기침, 호흡곤란 등 일반적인 호흡기 증상 외에도 메스꺼움, 구토, 설사 등이 있을 수 있다.	증상은 감염 후 최소 2일에서 14일 사이에 나타나며, 증상이 나타나기 전에는 전염력이 없는 것으로 알려져 있다.	일반적으로 2m 이내에서 기침, 재채기를 할 경우 나오는 분비물로 전파한다.	자주 비누로 손을 씻고, 씻지 않은 손으로는 눈, 코, 입을 만지지 않아야 하며, 기침할 때는 입과 코를 휴지로 가리고 발열이나 기침이 있는 사람과는 접촉을 피해야 한다.

자가격리	진료	진단	치료	장비
			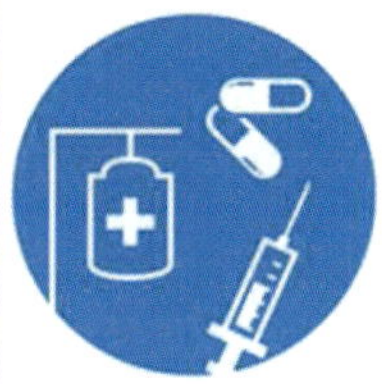	
환자와 밀접한 접촉을 한 경우, 증상이 없더라도 보건소에 연락하고 가족과 주변 사람을 위해 접촉일로부터 14일간 자가 격리를 해야 한다.	환자와 밀접 접촉을 하였거나, 중동지역을 방문한 후 14일 이내에 메르스 의심 증상이 있으면 의사의 진료를 받아야 한다.	메르스는 가래, 기관지 세척액의 유전자를 검사(RT-PCR)하여 진단한다.	환자는 증상에 따른 치료를 받게 되며, 중증의 경우에는 인공호흡기, 혈액투석 등 집중치료를 받는다.	의료진은 손 씻기, 일회용 가운과 장갑, N95 마스크, 눈 보호 장비를 갖추어야 한다.

key point 2009년도 국내를 강타한 신종플루

신종인플루엔자 A(H1N1) 인체감염 Q&A

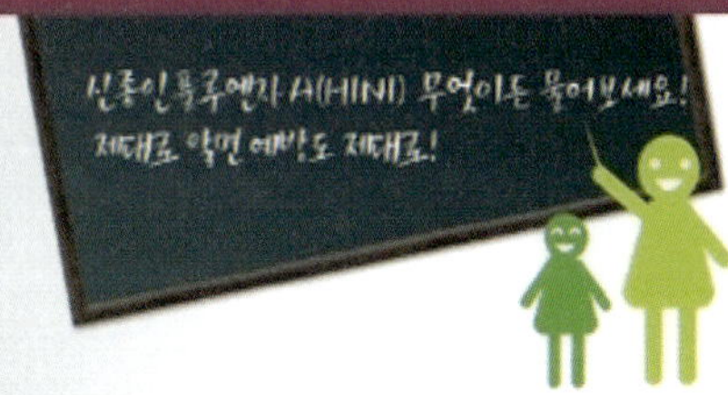

Q 신종인플루엔자 A(H1N1) 바이러스란 무엇입니까?

돼지에서 발생하는 호흡기 질환으로 현재 전 세계적으로 사람에게 감염을 일으키고 있는 호흡기 질환의 원인 바이러스입니다.

Q 신종인플루엔자 A(H1N1) 사람 간 감염이 되나요?

세계보건기구(WHO)와 미국 질병통제예방센터(CDC)에 의하면 사람 간 전염이 가능한 것으로 보고되고 있습니다. 감염된 환자의 기침이나 재채기를 통해서 감염될 수 있습니다.

Q 신종인플루엔자 A(H1N1) 증상은 어떤가요?

일반적 계절인플루엔자 증상과 크게 다르지 않으며, 발열, 콧물, 인후통, 기침 등의 증상이 발생합니다. 사람들에 따라서는 오심, 무력감, 식욕부진, 설사와 구토 증상이 함께 나타나기도 합니다.

Q 신종인플루엔자 A(H1N1) 치료는 어떻게 하나요?

미국 질병통제예방센터(CDC)에 의하면 인플루엔자 치료제인 오셀타미비르(Oseltamivir, 상품명 타미플루)와 자나미비르(Zanamivir, 상품명 릴렌자)가 신종인플루엔자 A(H1N1) 인체감염증 치료제로 효과가 있다고 보고되었습니다.

Q 신종인플루엔자 A(H1N1) 전염기는 어떻게 되나요?

신종인플루엔자A(H1N1) 증상발현 후 7일까지 전염이 가능한 것으로 보고되고 있으며, 어린이의 경우에는 더 길어질 수도 있습니다.

Q 신종인플루엔자 A(H1N1) 인체감염을 막기 위해서 어떻게 해야 하나요?

- 재채기나 기침을 할 경우에는 화장지로 입과 코를 가리고, 화장지를 버린 후 손을 깨끗하게 씻으십시오.
- 손을 자주 씻고, 손으로 눈, 코, 입을 만지는 것을 피하십시오.
- 발열이나 호흡기 증상 등이 있는 사람과는 접촉을 피하십시오.

Q 돼지고기는 안심하고 먹어도 되나요?

신종인플루엔자 A(H1N1) 바이러스는 식품으로 전파되지 않기 때문에, 돼지고기나 돼지육가공품을 섭취하는 것으로는 신종인플루엔자 A(H1N1)에 감염되지 않습니다.
또한 신종인플루엔자 A(H1N1) 바이러스는 70℃ 이상 가열하면 사멸됩니다.

Q 질병관리본부는 현재 신종인플루엔자 A(H1N1) 인체감염증 예방을 위해 어떠한 조치를 취하고 있나요?

- 해외로부터 유입되는 신종인플루엔자 A(H1N1) 인체감염증 환자 사례를 차단하기 위해 각 공항마다 입국자에 대해 발열감시를 실시하고 검역 질문서를 받는 등, 환자 조기 발견을 위한 감시체계를 강화하고 있습니다.
- 보건소 및 의료기관에 '돼지인플루엔자 인체감염 예방 및 관리지침'을 배포하고, 항바이러스제와 N95 마스크 등 환자관리에 필요한 물자를 충분히 확보하도록 조치하고 있습니다.
- 국민들에게 필수적인 인플루엔자 예방수칙을 홍보하고, 외국을 여행하는 국민들에게 국제 SMS 문자 등을 통해 홍보하고 있습니다.

> **※ 신종인플루엔자 A(H1N1)[Swine Influenza]란**
> 현재 '돼지독감', '돼지인플루엔자' 등으로 불리고 있는 호흡기질환입니다. 세계보건기구(WHO)에서는 신종인플루엔자 A(H1N1)를 Influenza A(H1N1)로 2009년 4월 30일 기준으로 명명 하였습니다.

보건복지가족부
질병관리본부
신종인플루엔자 예방수칙
신종인플루엔자로부터 우리 모두가 안전할 수 있는 예방수칙을 준수합시다!
가리고
재채기를 할 경우에는 화장지로
입과 코를 가리고 하고
버리고
사용한 화장지는 바로
쓰레기통에 버리고
손씻고
손은 비누를 이용해
깨끗이 자주 씻고
신고하고
37.8℃이상의 발열, 기침, 목아픔, 콧물, 등의
증상이 있으면 선생님께 말하거나 가까운
보건소 및 의료기관에서 진료를 받아야 합니다.
신종인플루엔자 검색 www.cdc.go.kr

〈출처 : 질병관리본부〉

03 인수공통 감염병

인수공통 감염병은 사람과 동물 사이에서 상호 전파되는 병원체에 의한 전염성 질병으로 사람과 척추동물 사이에 전파되는 질병이다.

현재까지 알려진 인수공통 감염병은 세계적으로 약 200여 종이며, 1967년 국제 전문위원회에서는 동물로부터 사람으로 감염되어 위생상 중요한 문제를 일으키는 감염병을 90여 종으로 분류하였고 그 중에서 식품위생상 문제가 되는 것은 10여 종이다. 우리나라에서 주로 문제가 되는 것은 결핵, 탄저, 브루셀라증, 야토병, 돈단독, 렙토스피라증 등이다.

병원체에 따른 인수공통 감염병의 분류

병원체	인수공통 감염병
세균	결핵, 탄저, 브루셀라증, 돈단독, 리스테리아, 야토병
리케차	발진열, 발진티푸스, Q열, 쯔쯔가무시병
바이러스	일본뇌염, 인플루엔자, 광견병, 유행성출혈열
기타(변형 프리온 단백질)	광우병(소해면상 뇌증 : BSE)

1 결핵 Tuberculosis

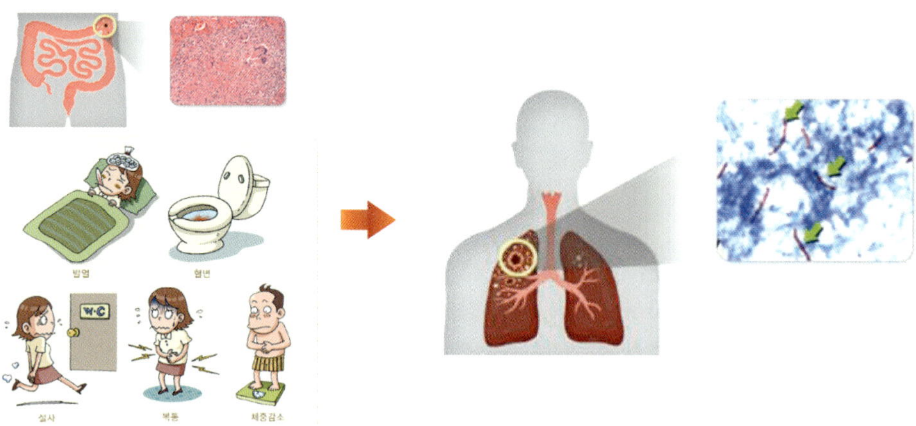

병원체	감염경로	잠복기 및 주요증상	예방법
Mycobacterium, Tuberculosis 호기성이 가늘고 긴 간균으로 아포와 편모가 없음 건조 기타 환경요소에 대한 내성이 큼	결핵에 걸린 소에서 생산된 우유나 고기를 섭취하거나 감염된 소나 돼지의 고기를 섭취	불분명 발열, 기침, 식은땀 등 감기와 비슷한 증상 경부 림프샘 결핵 발생	정기적으로 투베르쿨린 검사(PPD) 실시 모든 영유아 대상으로 BCG 예방접종을 해야 함

- **특징** : 다른 균에 비해 지질함량이 25% 이상 많아서 건조한 환경에서도 잘 견디고 알코올, 알칼리, 산이나 살균제 및 일반 항균제에도 저항성을 나타내며, 열과 빛에 대해서는 약하다. 결핵균에 대한 면역력이 약하거나 감소된 상태에서 주로 발생하고 혈행성 또는 림프성으로 전신에 확산되어 다양한 장기에 결핵 병소를 만들어 중증의 전신적 감염을 일으킨다.

- **감염원 및 감염경로** : 우형균의 경우에는 결핵에 감염된 소에서 생산된 우유나 고기를 섭취함으로써 인형균은 기도 이외에 감염된 소나 돼지의 고기를 섭취함으로써 감염될 수가 있다. 결핵은 공기를 통해 호흡기로 전파되기 때문에 결핵 환자와의 접촉 정도와 기간, 환자의 전염력 개인의 면역력에 따라 다르게 증상이 나타나며, 결핵 환자와 같이 음식을 먹거나 의류에 의한 전염은 되지 않지만 공기를 통한 기침의 경우에는 전염될 수 있다.

- **잠복기 및 주요증상** : 잠복기는 불분명하며, 주요증상은 가벼운 기침 등의 증상을 나타내지만, 폐결핵 환자의 대부분은 만성경과를 보이고 병변이 상당히 진행될 때까지는 뚜렷한 증세가 없다. 결핵은 초기에는 감기와 비슷하여 초기 파악이 어려우며, 대표증상으로는 기침과 발열, 발한이 나타난다. 식욕부진에 체중감소와 수면 중 식은땀을 흘리고 기침이 2주 이상 나타나면 결핵을 의심해야 한다.

- **예방대책** : 국내에서는 모든 영유아를 대상으로 BCG 예방접종을 받도록 하고 있으며 BCG 또는 우행 결핵균의 약독생균이 결핵 예방을 위해 경구적으로 쓰이고 있다. 또한, 정기적으로 투베르쿨린tuberculin 반응을 실시하여 결핵 감염 여부를 조기에 발견하는 것이 중요하고 우유에 의한 감염을 막기 위해서는 우유의 살균을 철저히 하여야 한다.

case 결핵 감염 사례

어린이집 원아 집단 잠복 결핵…결핵 사실 숨긴 교사에 옮아

경기도 고양시의 한 어린이집에서 어린이 11명이 집단으로 잠복 결핵 상태인 것으로 확인됐다.

보건소 관계자는 14일 "역학조사 결과 어린이들이 교사로부터 결핵균에 감염됐으며, 아직 발병하지 않은 잠복 결핵 상태로 최근 확인됐다."라고 밝혔다.

보건당국은 지난 3월 해당 어린이집에서 교사로 근무하는 A씨가 결핵 환자로 확인되자 전체 원아들을 상대로 역학조사를 했다. 잠복 결핵은 몸 안에 결핵균이 들어왔지만 발병은 하지 않은 상태로 전염성은 없다. 이 중 10%는 나중에 결핵으로 발병할 수 있다. 그러나 영유아들은 성인에 비해 발병률이 5배가량 높아 초기 발병을 막기 위해서는 아홉 달 동안 매일 약을 먹어야 한다.

당시 해당 교사는 병원에서 결핵 의심을 알게 됐지만 어린이집에 이런 사실을 바로 알리지 않고 결핵 확진 통보를 받기 3일 전까지 2주일 넘게 아이들을 돌본 것으로 확인됐다.

출처 : 중앙일보

2 탄저 Anthrax

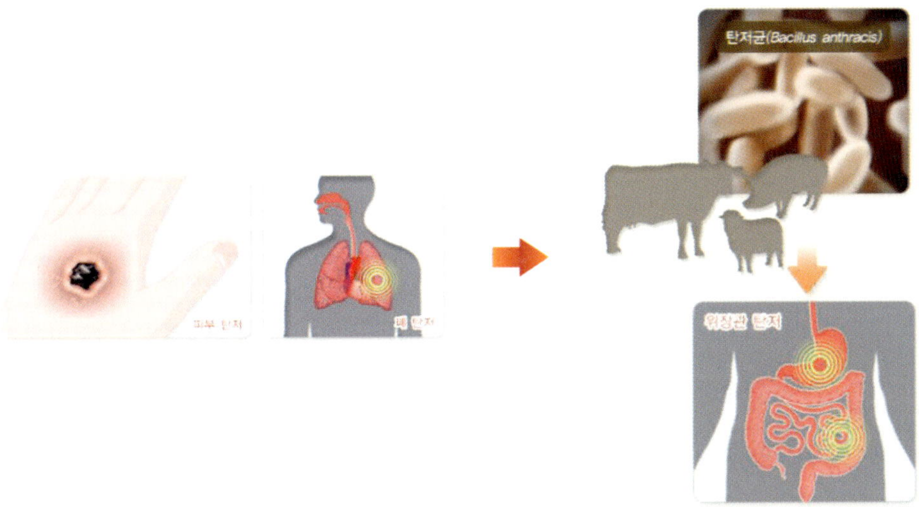

병원체	감염경로	잠복기 및 주요증상	예방법
Bacillus anthracis Gram 양성 간균, 아포를 형성할 수 있음, 저항력이 강해 고압멸균 필요	농부, 목축업자, 도살업자, 피혁업자, 양모취급자, 수의사 등	1~4일 정도 복통, 복수, 설사, 복부 압통, 수포 심한 경우 궤양, 림프절, 패혈증, 폐렴	이환 동물의 조기발견, 격리, 치료를 시행 동물을 다루는 업무의 경우 주의가 필요

- **특징** : 주로 소, 말, 양 등 초식동물 사이에 유행하는 급성열성질병으로 크게 호흡기형, 피부형, 소화기형의 3가지가 있지만 사람에 나타나는 피부형은 다른 동물에

는 없다. 이 병에 걸리면 피부에 물집이 생기고 검은 딱지가 앉기 때문에 이런 이름이 붙었고 육식동물이나 사람에게는 비교적 적지만 급성이어서 일단 감염되면 동물이 죽고 난 뒤에야 발증을 아는 경우가 많다.

- **감염원 및 감염경로** : 감염은 세계적으로 널리 퍼져 있는데 소, 말, 돼지, 면양, 산양 사이에 유행을 일으킨다. 농업이나 축산업 종사자, 동물 처리업자나 수의사 등에서 발생하며, 수육(獸肉)을 취급하는 사람은 병든 고기에 의하여 경구감염으로 장탄저를 일으킬 수가 있다. 소, 양, 염소, 말 등 초식동물이 보유 숙주이며, 가축이나 야생 동물도 보유 숙주이며, 탄저로 동물이 사망하였을 때 균을 주위에 퍼뜨리게 된다. 피부 감염은 감염 동물이 죽었을 때 사체와 접촉하여 발생하지만 파리가 매개되는 경우도 있으며, 오염된 털, 모피 제품을 통해서도 가능하지만 사람과 사람 사이의 전파는 매우 드물다.
- **잠복기 및 주요증상** : 잠복기는 보통은 1~4일이며, 탄저병은 급성 감염성 질환으로 대부분 피부를 침범하고 감염 부위에 따라서 피부탄저, 폐탄저 및 장탄저로 나누어진다. 피부탄저는 균이 상처를 통해 침입하여 악성농포malignant pustule를 만들고 주위에 침윤, 부종, 중심부의 궤양, 주위에 림프선염을 일으켜 혈액으로 들어가 패혈증을 일으키므로 사망한다. 폐탄저는 양모취급자 등이 아포를 흡입하여 일으키는데 혈류 중에 들어간 균에 의한 전신증상의 하나라고 생각되며, 장탄저는 이환 동물의 고기를 통해 아포를 섭취하여 일으키며 복통, 복수, 설사, 복부 압통 등의 위장증상이 나타난다.
- **예방대책** : 탄저병이 의심되는 동물 사체는 처리하기 전에 혈액을 채취하여 탄저병의 유·무를 확인해야 하며, 아포는 장기간에 걸쳐 감염성을 가지기 때문에 탄저균에 감염된 동물 사체는 소각하거나 깊게 묻도록 해야 한다. 또한, 도축장에서 이환 동물의 발견과 처리가 필요한데 아포는 내열성이기 때문에 사체나 오염물건의 소독은 가열 또는 고압증기소독에 의한다.

case 탄저병 감염 사례

중국서 탄저병 발생 22명 감염…소 9마리 죽어

중국 최근 네이멍구자치주와 헤이룽장성에서 동물 탄저병이 생겨 총 22명이 감염된 것으로 확인됐고 감염된 소 9마리가 죽은 것으로 알려졌다. 13일 중국 중신왕에 따르면 네이멍구자치구 퉁랴오시 커얼친구 동물 방역지휘본부는 지난 7일부터 현지에서 탄저병이 발병해 8명이 감염됐고 소 9마리가 죽었다고 밝혔다.

탄저병을 일으키는 원인균인 탄저균의 포자에서 생성되는 독소가 혈액 내 면역세포에 손상을 입혀서 쇼크를 유발하며, 심하면 급성 사망을 유발할 수 있다. 발병 하루 안에 항생제를 다량 복용하지 않으면 80% 이상이 사망할 정도로 치사율이 높다.

이에 앞서 최근 들어 헤이룽장성에서도 탄저병이 발생해 14명이 감염된 것으로 알려졌다.

출처 : 중앙일보

3 브루셀라Brucellosis

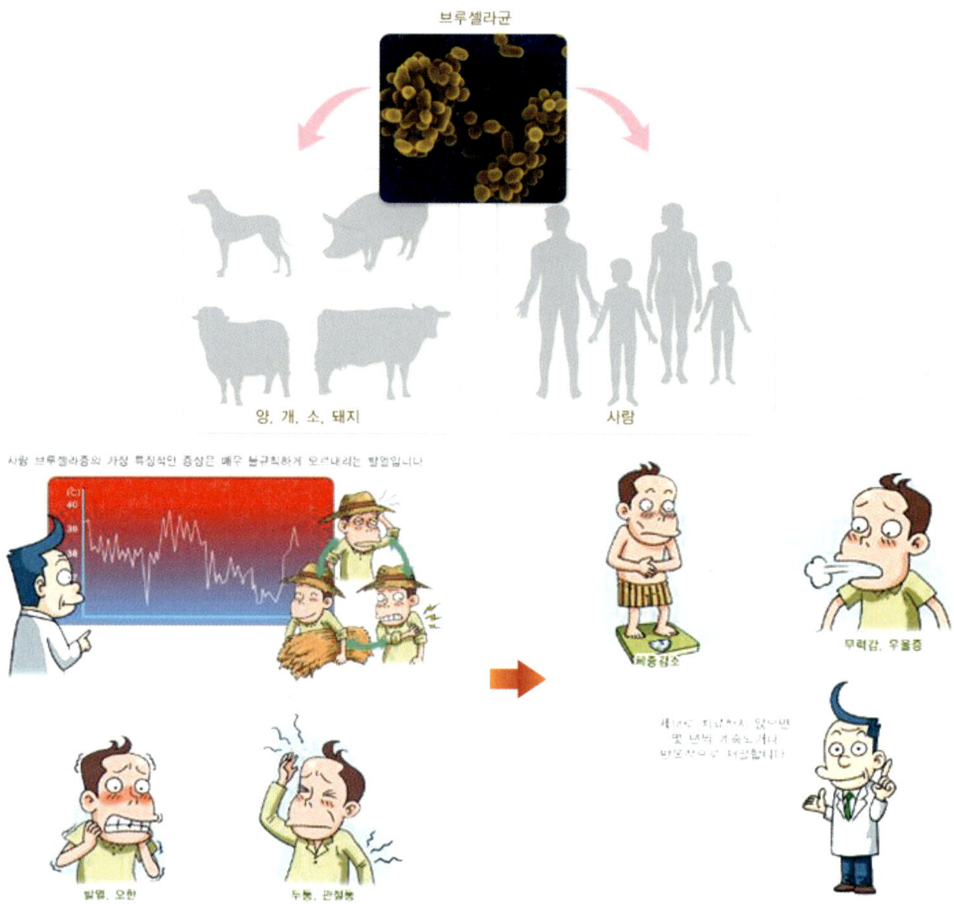

병원체	감염경로	잠복기 및 주요증상	예방법
소 유산균(B. abortus), Malta열균(B. melitensis), 돼지 유산균(B. suis) 3종이 원인균임	동물의 혈액, 대소변, 태반 등 경피감염 또는 식품 매개로 감염	3~60일 정도 오한, 발열, 발한, 관절통, 체중감소 등	가축의 예방접종, 이환 동물의 조기발전, 도살 또는 격리

- **특징** : 파상열이라고도 하며 소, 돼지, 양, 염소 등에 전염성의 유산을 일으키는 질환으로 사람에게는 열성 질환을 일으킨다. 주로 유럽이나 미국 등에서 많이 발생한다.
- **감염원 및 감염경로** : 감염된 동물 혹은 동물의 혈액, 대소변, 태반 등에 있던 병원균이 상처 난 피부나 결막을 통해 전파되기도 하며, 사람은 주로 다음의 세 가지의 경로에 의해서 감염된다. 브루셀라균에 오염된 유제품을 섭취하거나 호흡기를 통해 균체를 흡입하거나 피부 상처를 통해 인체 내에 침입하기도 한다. 이중 가장 흔한 감염경로는 균에 오염된 유제품을 섭취하는 경우이다. 소나 양, 염소, 낙타 등이 감염되면 유제품(특히 젖 또는 우유)은 브루셀라균으로 오염되며, 이러한 유제품을 섭취하거나 오염된 소 간이나 육회 등의 생식 섭취에 의해서 감염될 수 있다.
- **잠복기 및 주요증상** : 잠복기는 대체로 5~21일이며, 인체에 감염될 경우 급성인 경우에는 발열, 식욕부진, 두통, 근육통 등의 감기와 비슷한 증상이 생긴다. 대개 8주 이내에 호전되는데 아급성은 1년 미만의 경과를 밟으며, 젊은 남자에서 발열, 관절통, 고환-부고환염 등이 발생할 수 있다. 1년 이상 지속되는 만성 감염증에서는 만성피로증후군과 비슷한 증상, 우울증 등이 생기기도 한다. 사람에게는 다 같이 전염성이 있으며 소, 양, 돼지 등에서는 자궁점막과 태막의 염증 그리고 유산을 일으키는 것을 특징으로 하여 제 2차적으로는 사람에게 침해한다.
- **예방대책** : 예방법은 탄저의 경우와 비슷하며, 소, 산양, 돼지 등의 관리를 철저히 하여 가축의 예방접종, 이환 동물의 조기발견, 도살 또는 격리를 해야 한다. 또한 유산된 태아, 분뇨, 축사 등을 소독하며 젖, 고기, 그 가공품에 대한 살균이 중요하다.

case 브루셀라증 감염 사례

제주지역에서 올해 처음 '브루셀라증' 환자 발생

제주지역에서 올해 처음으로 사람과 동물에 공통으로 감염되는 브루셀라증 환자가 발생한 사실이 뒤늦게 드러났다. 제주도는 지난 1월 서귀포시에 거주하는 A씨(83)가 '브루셀라아보투스균'에 감염된 사실을 확인했다고 20일 밝혔다.

A씨는 평소 앓던 복통이 심해져 서울 모 종합병원에 입원한 뒤 혈액배양 검사를 통해 브루셀라 감염 확진 판정을 받았다. A씨는 "수년 전부터 시장이나 식당에서 간과 천엽을 날것으로 먹어왔다." 라고 말한 것으로 알려졌다.

출처 : 국민일보

4 야토병 Tularemia

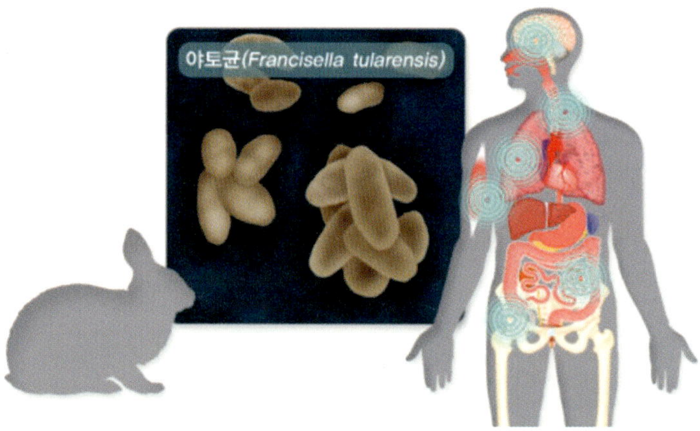

병원체	감염경로	잠복기 및 주요증상	예방법
Francisella Tularensis Gram음성 작은구·간균으로서 호기성 편모가 없어서 운동성 없음	산토끼나 설치류 동물 사이에 유행	1~10일(보통 3~4일) 두통, 오한, 전열, 발열	상처에 주의 유원지에서 생수 마시지 않기 토끼 고기 조리 시 충분히 가열

- **특징** : 산토끼나 설치류 사이에 유행하는 전염병이다. 병에 걸린 산토끼나 동물에 기생하는 진드기에 의해서 사람에게도 전염되며, 이 균은 야외 활동할 때 접하는 자연 상태의 흙이나 물, 부패한 동물 사체에서도 생존력이 강해 수 주~수 개월까지 생존할 수 있다. 또한 성별, 인종, 연령에 관계없이 모든 사람에게 걸릴 수 있으며, 여성보다 남성이 더 흔히 감염된다. 사람에서 사람으로 전파되지 않기 때문

에 환자의 격리나 검역 조치는 필요하지 않으며 미국, 유럽, 아시아 등 각지에 널리 퍼져 있다.

- **감염원 및 감염경로** : 동물 사이에는 흡혈 곤충인 이, 파리, 진드기 등에 의하여 전파되며, 동물과 산토끼의 상호 간 접촉에 의해서도 감염된다. 사람의 감염은 병원균을 보유하는 곤충에 물렸을 때, 병에 걸린 산토끼의 혈액, 오줌, 침 등을 상처가 있거나 건강한 손으로 만지거나 가죽을 벗길 때, 그리고 고기를 조리할 때 손에 상처가 있으면 균이 침입하여 감염되므로 주의하여야 한다.

- **잠복기 및 주요증상** : 잠복기는 1~10(보통 3일)일이며, 이 기간이 지나면 오한, 전율과 함께 열이 난다. 주요증상으로는 갑작스러운 발열, 두통, 설사, 근육통과 관절통, 마른기침, 쇠약감, 그리고 임파선이 붓는 현상 등이 나타나고 감염된 경로에 따라 다른 증상들이 나타닐 수도 있으며, 피부나 입이 헐고, 목이 아프고, 뉴, 또는 목, 겨드랑이, 사타구니의 임파선이 붓거나 아플 수 있다. 또한 폐렴에 걸리거나, 숨 가쁨, 가슴 통증, 기침을 할 때 피 섞인 가래가 나오는 것과 같은 다른 증상이 나타날 수 있으며 심한 경우 호흡 부전으로 사망하는 환자도 있다.

- **예방대책** : 비누와 온수를 사용해서 손 씻기를 철저히 해야 한다. 산토끼 고기를 취급하거나 조리할 때 손의 상처로부터 균이 침입하여 감염되므로 상처가 있을 때는 특히 주의하여야 하며, 냉동육으로부터의 감염 위험성이 있으므로 산토끼나 위험성이 있는 수육(獸肉)을 섭취할 때에는 충분히 가열하여 식용하고 깨끗한 물을 음용하도록 한다.

case 야토병 감염 사례

야생토끼에서 주로 전염되는 이른바 야토병(Tularenia) 감염 환자가 국내에서는 최초로 경북 포항지역에서 발생했다.

병원 측은 환자를 상대로 역학 조사한 결과 지난해 12월 27일 포항시 북구 흥해읍 마을 앞 야산에서 죽은 지 며칠째 되는 야생토끼 1마리를 요리해 먹은 사실을 확인했다고 밝혔다. 환자 황씨는 야생토끼를 요리하는 과정에서 상처를 입은 맨손으로 껍질을 벗겨 토끼가 보균하고 있던 야토균이 상처 부위를 통해 침투한 것으로 병원 측은 추정하고 있다.

황씨는 야생토끼를 먹은 지 사흘 만에 양팔과 갈비뼈 부위에 심한 통증이 생긴 데 이어 10여 일이 지나자 손과 팔, 간 부위에서 고름이 생기기 시작했다.

출처 : 연합뉴스

5 돈단독증swine erysipelas

병원체	감염경로	잠복기 및 주요증상	예방법
돈단독균(Erysipelothri Rhusiopathiae) Gram양성의 간균 포자를 만들지 않으며, 편모도 없다. 55℃에서 15분 정도 가열하면 사망	돼지의 패혈증 소, 말, 양, 닭에서도 볼 수 있음	10~20일 병원균 침입 부위가 빨갛게 부음 발열, 임파절에 염증	이환 동물의 조기발견, 격리치료 및 철저한 소독 필요

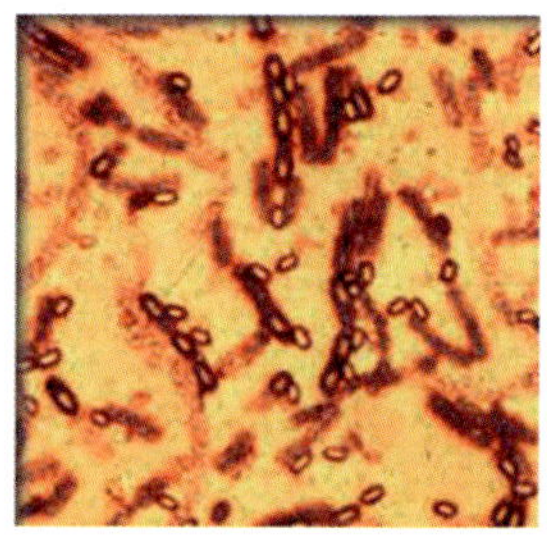

- **특징** : 주로 3~12개월 된 돼지가 걸리는 세균성 전염병이며, 단독 특유의 피부염이나 패혈증을 일으키는 질병이고 돼지의 귀나 목 등에 붉은 반점이 생긴다. 또한 여름철에 많이 발생하고 때로는 사람에게도 감염된다. 세계 각지에서 볼 수 있고 우리나라의 돼지에게도 유행되고 있다.
- **감염원 및 감염경로** : 돼지와 관계있는 직업인이 많이 감염되는데 수의사, 도살장 종업원, 식육판매자 등이 취급 중에 상처를 입고 이 상처 부위를 통하여 균이 침입함으로써 감염되는 경우가 많다. 한국에서는 여름철에 많이 발생하며, 오염된 사료 등에 의한 경구감염, 피부의 상처, 파리, 감염된 쥐에 의해서도 전파가 가능하다.
- **잠복기 및 주요증상** : 잠복기는 10~20일이며, 주요증상은 급성패혈증형, 다이아몬드 피부병이라고도 하는 두드러기 모양의 피부형, 다발성 관절염이 특징인 관절염형이나 심장장애로 나타나기도 한다. 사람의 경우에는 병원균의 침입 부위가 빨갛게 붓거나 아픔을 느끼며, 가끔 발열이 있을 때도 있다. 보통 증상은 가벼워서 1~4주 정도면 회복이 되지만 심할 경우 패혈증을 일으켜서 사망하게 된다.
- **예방대책** : 이환 동물의 조기발견, 격리, 치료, 소독과 예방접종 등을 철저히 해야 한다. 원인균은 일반 돈사 환경 내의 어느 곳이나 존재 가능하며, 임상적으로 건강한 돼지에 의해서 전파가 이루어지기 때문에 완전한 예방대책은 없다.

6 리스테리아증Listeriosis

병원체	감염경로	잠복기 및 주요증상	예방법
리스테리아균(Listeria) 그람(Gram) 음성이며, 무포자 간균임 5℃ 이하에서도 생존	오염된 사료를 통한 구강 점막 사람은 동물과 직접 접촉	3일~수 주일 태아 사망, 임산부는 자궁 내 패혈증	가축의 예방접종과 위생관리를 철저히 해야 함 식품을 위생적으로 가공 및 유통

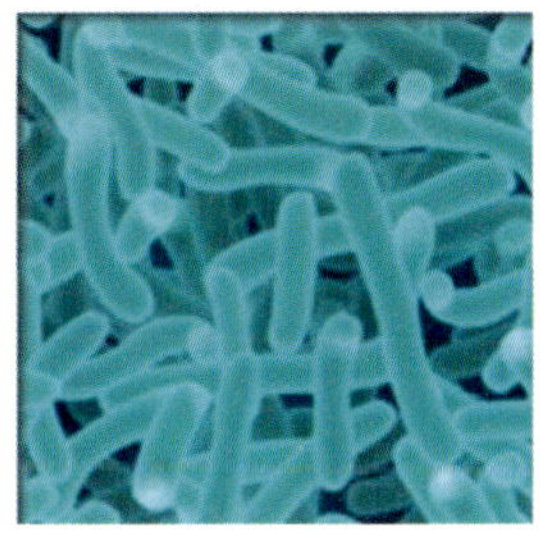

- **특징** : 소, 양, 말, 돼지, 산양 등의 가축이나 닭, 오리 등의 가금류에 감염되어 수막염과 패혈증을 일으킨다. 특히 임신부의 경우 건강한 성인이 리스테리아균에 감염되는 것보다 20배나 높은 확률로 감염되는 것으로 알려져 있으며, 건강한 사람에게도 감염되지만 세포성 면역이 낮은 환자, 유아, 고령자에서 높은 빈도로 발생한다. 농촌보다 도시에서 계절 면에서는 여름철에 산발적으로 유행한다.
- **감염원 및 감염경로** : 사람은 감염 동물과 직접 접촉 감염 및 리스테리아균에 오염된 생조류 고기, 육류, 생우유, 치즈, 또는 잘 씻지 않은 채소 등을 먹거나 이 균에 오염된 생고기를 요리할 때 쓴 칼, 칼판 등에서 리스테리아균에 감염될 수 있으며, 때로는 오염된 먼지의 흡입을 통하여 감염되기도 한다.
- **잠복기 및 주요증상** : 잠복기는 보통 12시간~21일로 주요증상은 열, 근육통, 구토, 설사, 두통, 목이 뻣뻣해지고 신체의 균형을 잃거나 경련 등의 증상이 생길 수 있다. 임산부가 감염되면 독감을 앓을 때 생기는 증상과 비슷한 증상이 생기고 태아에게 감염되면 유산되거나 때로는 미숙아로 태어날 수 있고 자신은 증상이 없더라도 태반을 통한 태아감염으로 자연유산, 조산 및 사산을 일으킨다. 또한, 임산부의 자궁 내 패혈증과 수막염을 일으켜 치명률이 높다.
- **예방대책** : 가축의 예방접종 실시와 위생관리를 철저히 해야 하며 농부나 수의사들은 유산된 새끼를 취급할 때 주의하며, 가축에 노출되지 않도록 한다. 또한, 핫도그나 소시지 같은 육가공품, 훈제된 해산물, 살균과정을 거치지 않은 우유, 편의점에서 판매하는 샐러드, 브리치즈나 페타치즈와 같은 연질 치즈 등에는 리스테리아 박테리아균이 들어 있을 수 있으므로 되도록 피하는 것이 좋다.

case 리스테리아 감염 사례

호주 보건당국은 3일(현지시각) 뉴사우스웨일스주에서 재배된 멜론의 한 종류인 록 멜론을 먹고 3명이 사망했으며 12명이 감염 증상을 보인다고 밝혔다. 감염자가 더 늘어날 수 있다고 덧붙였다.

리스테리아에 감염돼 숨지고 앓고 있는 15명은 대부분 노인이다. 먼저 숨진 2명은 뉴사우스웨일스 출신이고 세 번째 사망자는 빅토리아주에서 나왔다. 보건당국은 노인, 임산부, 영유아를 상대로 잘라서 보관했다가 판매되는 멜론 섭취를 삼가야 한다고 경고했다.

멜론을 통한 리스테리아균 감염은 2011년 여름 미국에서 '죽음의 멜론' 공포를 퍼뜨렸다. 캘리포니아 콜로라도 등 미국 18개 주에서 70명 이상이 리스테리아균에 감염돼 16명이 사망했다. 한국 질병관리본부는 미국 여행자들에게 멜론을 먹지 말라는 경보를 발령했었다.

출처 : 국민일보

7 렙토스피라증Leptospirosis, Weil's disease

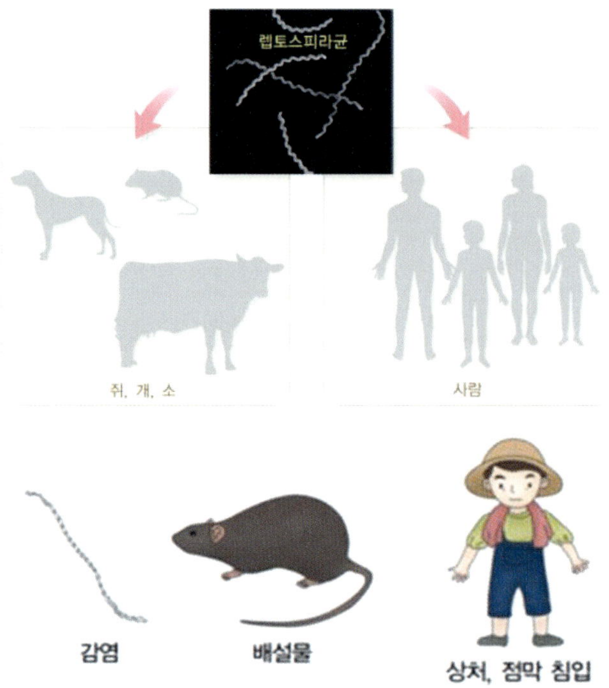

| 렙토스피라증의 전파경로 |

병원체	감염경로	잠복기 및 주요증상	예방법
렙토스피라(Leptospira) 건조에 의해 급속하게 사멸, 물의 염소소독에 의해 완전히 파괴됨	쥐의 오줌으로 오염된 물, 식품 등에 의해 경구적으로 감염	7~12일 고열과 오한, 두통, 요통, 근육통, 식욕감퇴, 림프샘 종양, 점막의 출혈, 신장 장애	쥐의 구제 오염된 물에 넣었던 손·발의 세척 및 소독

- **특징** : 렙토스피라증은 북극과 남극 외의 어느 지역에서나 발생할 수 있는 감염증이며 쯔쯔가무시증, 신증후군출혈열과 함께 제 3군 감염병으로서 지정된 급성 발열성 질환이다. 또한, 사람과 동물이 감염되는 가장 흔한 인수공통전염병의 하나이다. 세계적으로 분포하고 있으나 특히 동남아시아와 극동지역에서 발생하고 우리나라에서는 전국적으로 산발적인 발생을 보인다. 주로 7월에서 11월 사이로 특히 9~10월에 자주 발생한다.

- **감염원 및 감염경로** : 감염된 동물(주로 쥐)의 소변이나 조직으로 오염된 하천이나 호수를 여러 명이 함께 이용할 때 집단 발생할 수 있으며, 특히 쥐는 중요한 병원소로 이환된 쥐의 오줌으로 오염된 물, 식품에 의해 경구적으로 감염된다. 농부, 하수 청소부, 광부, 수의사, 축산업자, 군인 등이 고 위험군이고 특히 농촌에서 홍수로 인해 쓰러진 벼를 세우는 작업을 할 때 집단 발생하는 경우가 많다.

- **잠복기 및 주요증상** : 잠복기는 보통 7~12일 정도이며, 렙토스피라증의 초기증상에는 심한 두통, 눈 충혈, 근육통, 피로감, 구토, 메스꺼움, 39℃ 이상의 고열, 피부발진 등이 일어나고 이어서 불면, 식욕감퇴, 소변량의 감소, 림프선종창 등이 1~5일간 계속되어 발병 후 6일경에는 황달기에 들어간다. 황달이 심할 때는 점막의 출혈, 간이 붓고, 발진 등도 나타나며 심장, 순환계, 신장, 간에 기능장애를 일으키기도 한다.

- **예방대책** : 벼 베기 작업 시에는 손발 등에 상처가 있는지를 확인하고 반드시 긴 옷을 입고 장화, 장갑 등 보호구를 착용해야 하고 가능한 노경지의 고인 물에는 손발을 담그지 않도록 주의한다. 가급적 논의 물을 빼고 마른 뒤에 벼 베기 작업을 하도록 해야 하며 비슷한 증세가 있으면 반드시 의사의 진료를 받도록 하고 들쥐, 집쥐의 방제를 해야 한다.

case 렙토스피라증 감염 사례

가을철 질환인 렙토스피라 감염 환자가 예년 보다 2개월 정도 빨리 전남지역에서 처음으로 발생했다.

조선대병원은 최근 비를 맞으며 밭일을 한 뒤 고열을 동반한 폐렴 유사 증세를 보여 입원한 김모 씨(50 · 농업 · 전남 담양군)의 검사 결과 렙토스피라 환자로 최종 확인됐다고 23일 밝혔다.

병원 관계자는 "렙토스피라는 주로 늦여름과 초가을에 발생하는데 올해는 6월에 비가 잦는 등 기후 조건이 좋지 않아 예년보다 발생이 빨라진 것 같다."고 말했다. 렙토스피라는 주로 가을철 벼 베기 등을 하면서 들쥐 등 야생동물의 배설물을 통해 감염되며 치사율은 5~10%이다. 지난해 광주 전남지역에서 43명의 렙토스피라 환자가 발생했으나 사망자는 없었다.

출처 : 동아일보

8 Q열Q-fever

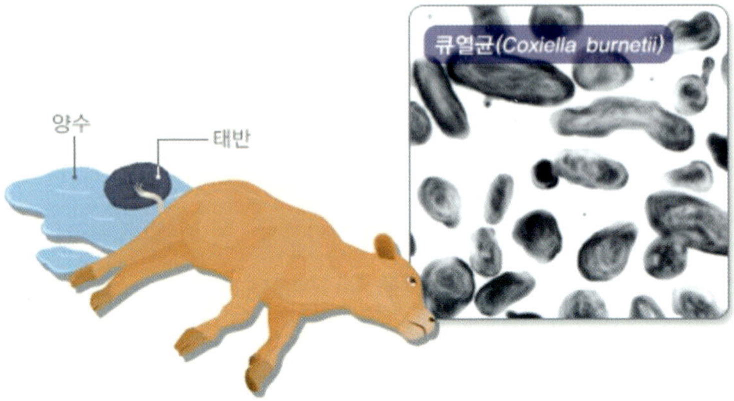

병원체	감염경로	잠복기 및 주요증상	예방법
Coxiella burnetii 구상, 간상으로 운동성이 없음, 발생란의 난황에서 잘 자람, 균은 건조에 저항력이 강함	감염 동물의 젖, 대소변, 태반, 양수 등으로 배설된 병원체가 공기 중에 섞여, 분진과 함께 흡입하게 되면 감염됨	14~26일 갑작스런 고열, 심한 두통, 전신 불쾌감, 근육통, 혼미, 인후통, 오한, 발한, 가래 없는 기침, 오심, 구토, 설사, 복통, 흉통 등이 발생	흡혈 곤충의 박멸, 우유의 살균, 소의 감염진단 필요

- **특징** : Q열은 Q열균에 의한 인수공통감염질환이다. 전 세계적으로 분포하지만 정확한 발생 규모는 알려져 있지 않으며, 동물의 증상이 비교적 뚜렷하지 않으나 사람에게는 발열과 함께 호흡기계 증상을 나타낸다. 국내에서는 매년 10여명의 환자가 감염되는 것으로 보고되고 있다.
- **감염원 및 감염경로** : C. burnetii에 감염된 소, 양, 염소 등의 출산 시 양수 및 태반을 통해 병원체가 고농도로 배출되므로 이들 태반물질, 양수, 기타 체액 등에 오염된 먼지를 흡입했을 때 감염위험이 높아진다. 따라서 Q열의 고 위험군은 도살장 인부, 수의사, 그리고 감염된 가축, 특히 갓 태어난 동물이나 태반물질, 양수와 같은 수태 부산물과 접촉하는 사람들이며, 또한 멸균처리 안된 유제품, 오염된 음식의 섭취를 통해서도 감염될 수 있지만 진드기에 물려서 감염되는 경우나 사람간의 전파는 드문 편이다.
- **잠복기 및 주요증상** : 잠복기는 3~30일 사이로 감염된 사람의 약 반 정도에서만 증상이 있다. 급성 Q열은 열, 심한 두통, 전신 불쾌감, 근육통, 혼미, 인후통, 오한,

발한, 가래 없는 기침, 오심, 구토, 설사, 복통, 흉통 등이 발생할 수 있다. 또한 1주~2주 지속되고 체중감소가 상당기간 지속될 수 있으며, 환자의 30% 내지 50%는 폐렴으로 진행하고 상당수의 환자에서 간염이 발생한다. 만성 Q열은 6개월 이상 지속되는 경우로서 흔한 경우는 아니지만 보다 중증의 임상양상을 보이며, 전에 심장판막질환이 있었거나 면역억제 환자, 장기 이식환자, 암환자, 만성신장질환 환자는 만성 Q열 발생 가능성이 높고 성감염자의 경우 처음 감염된 1년에서 20년 후에 만성 Q열에 이환될 수 있다.

- **예방대책** : 사람 간 전파의 위험성이 없기 때문에 환자의 격리는 필요하지 않으나 환자의 객담이나 혈액 또는 이것에 오염된 물건은 소독이 필요하며 Q열의 고 위험군에 대해 Q열에 감염되지 않도록 교육하는 것이 중요하다. 양이나 염소 등의 태반, 태아막, 유산된 태아와 같은 출산 적출물의 적절한 처리가 필요하고 멸균 처리된 우유 및 유제품을 사용하도록 한다. 또한 우유는 62.7℃에서 30분, 71.6℃에서 15초간 살균 처리하면 균을 죽일 수 있다.

case Q열 감염 사례

전북에서 처음으로 신종 인수공통전염병인 Q열 환자 발생

전라북도 보건당국은 18일 최근 생고기를 날것으로 먹은 30대 남자가 제4군 법정 전염병인 Q열 환자로 판명됐다고 밝혔다.

Q열은 소나 염소의 젖을 통해 전염되는 병으로 발열, 두통, 가벼운 기침, 담(痰), 흉통 등이 유발되며, X선 사진에는 폐렴의 병상이 나타난다. Q열을 예방하기 위해서는 진드기류를 구제하고 유행지에서는 가축이나 가축과 접촉한 사람에게 백신 접종을 시행해야 한다. 아울러 우유는 멸균한 후 마셔야 한다. 올해 들어 Q열에 의한 환자는 전국적으로 12명이 발생했으며, 전북은 이번이 처음이다.

출처 : 뉴시스(newsis.com)

04 식품과 기생충

기생충은 주로 음식물과 함께 경구감염 되어 소화기계나 그 밖의 내장 여러 기관에 기생한다. 경구감염경로는 동물성 식품을 통한 감염과 채소 등 일반 식품을 통한 감염으로 나눌 수 있다.

기생충에 기생하고 있는 동물을 숙주라고 하고 이를 다시 나누어 기생충의 성충이 계속적으로 기생하는 경우를 고유숙주Definitive host 또는 종말숙주Final host라고 한다. 기생충 중에는 유충시대의 숙주를 바꾸는 경우가 있는데 이 경우 유충시대의 숙주를 중간숙주라고 하며, 성충시대의 숙주를 종말숙주라고 한다. 그리고 유충시대에 숙주를 2번 바꾸는 경우에 처음 숙주를 제1중간숙주, 나중숙주를 제2중간숙주라 한다.

기생충은 종류에 따라서 숙주가 다르고 특이한 상호관계를 가진다. 이때 정해진 종류의 숙주에서만 기생하는 것을 숙주특이성이라 한다. 또한 기생충은 주로 음식물과 함께 경구감염 되어 소화 기계나 기타 내장의 여러 기관에서 기생되며, 기생충이 식품으로부터 감염되는 기생충의 감염경로를 크게 분류하면 다음과 같다.

1 채소를 통해 감염되는 기생충

우리나라에서는 이전부터 분변을 채소의 재배에 이용하였기 때문에 분변 속에 존재하는 기생충란이 채소에 부착하는 기회가 많이 있으며 오염된 채소를 생식하거나 충분한 열처리를 하지 않고 섭취함으로써 여러 가지 기생충에 감염되어 왔다. 기생충에 의한 감염병은 어패류, 육류보다 야채류로부터 감염되는 경우가 가장 많은데 이는 분뇨를 비료로 사용하기 때문이다. 분뇨는 채소의 성장을 촉진하는 역할을 하며, 다른 비료에 비해 경제적인 속효성 비료로 사용하고 있지만, 생식으로 섭취하게 되면 기생충의 감염원이 되는 경우가 많다. 이를 예방하기 위해선 분뇨를 완전 숙성시켜 사용하거나 충분히 가열한 채소를 섭취하는 것이 가장 좋다.

(1) 회충*Ascaris lumbricoides*

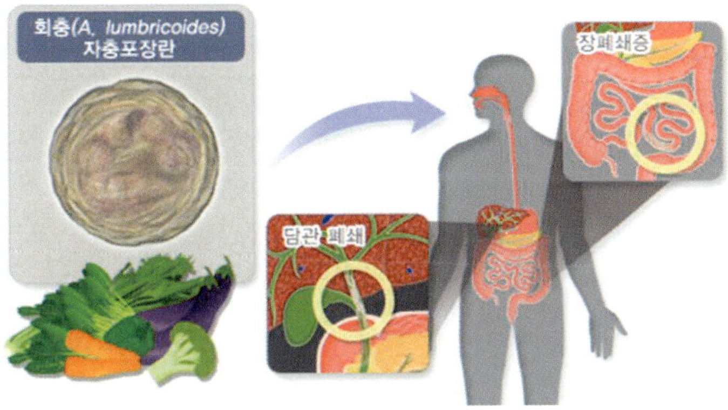

우리나라의 대표적인 기생충이며, 기생충 충란에 감염된 채소를 생식하거나 가열처리를 충분히 하지 않고 섭취하기 때문에 감염된다. 회충은 전 세계적으로 분포되어 있으며 북극지방 보다는 습하고 따뜻한 지방에서 감염률이 높고 일반적으로 성인보다는 어린이의 감염률이 높다.

회충은 회충목의 회충과에 속하는 선형동물이며, 수컷 성충의 길이는 15~30cm에 넓이는 3~4mm 정도이며, 암컷 성충의 길이는 25~35cm, 넓이는 4~6mm 정도이다. 회충 수정란이 변과 함께 배출되어 채소밭에 사용되면 파리, 불결한 손등의 매개물로 음식물이 오염되며, 회충의 특징은 경구 침입과 장내 군거 생활을 하는 것이다. 또한, 회충의 유충이 장벽을 통과하여 폐로 이동해 기계적으로 모세혈관을 파괴하여 출혈을 일으키거나 2차 감염 등으로 회충성 폐렴을 일으킨다. 그리고 유충은 순환계통을 따라서 뇌, 척수, 신장 등으로 이행하기도 한다. 성충은 소장에서 소화 물질을 갈취하며 소화불량, 식욕 항진 또는 감퇴, 설사, 복통, 두통, 구역, 구토, 두드러기 같은 증상, 기침, 천식 발작, 빈뇨, 특히 어린이에게 이미증 등의 증상이 나타난다. 예방대책으로는 위생적인 분변처리와 식사개선 및 위생적 조리법이 필요하고 집단 구충에 의한 감염방지, 보건교육을 시행한다.

(2) 요충*Enterobius vermicularis*

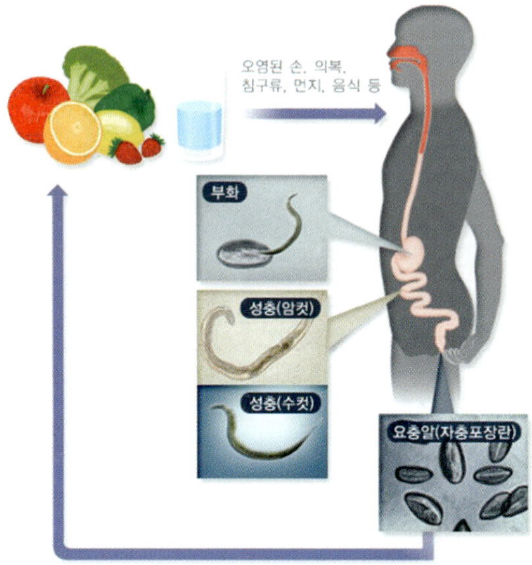

요충은 인류 고유의 기생충으로 세계 각지에 분포되어 있으며, 특히 연소자에게 많이 감염되고 집단 감염이 잘 되는 것이 특징이다. 충란의 크기는 약 0.06×0.03mm이며, 감씨 모양으로 외충은 단백막으로 형성되어 있고 산란된 충란 내에는 이미 제1기 유충이 포함되어 있다. 성충은 암컷이 8~13mm, 수컷이 2~5mm로 희고 가는 충체로서 암컷은 꼬리가 뾰족하고 수컷은 꼬리가 말려져 있다.

성숙한 충란이 불결한 손이나 음식물을 통해서 경구적으로 침입되면 소장 상부에서 부화하여 사람의 맹장에서 성충이 될 때까지 발육하여 장강 내로 나와 45일 전, 후면 항문주위에 나와 산란한다. 소양감 때문에 항문주위를 긁은 자신의 손가락에 의해 경구적 감염이 이루어지고 드문 일이나 회음부에서 부화하여 소양증이 생긴다.

항문주위 회음부에 기어 나와 충란을 산란할 때 심한 소양감이 일어난다. 이로 인해 발적을 일으키고 2차적 세균감염을 유발할 수 있어 어린아이는 수면 장애, 식욕 감소, 불쾌감, 신경과민, 발작까지 초래, 위장 장애로는 복통, 구역, 설사와 직장부 괴양, 만성 충수돌기염의 원인이 될 수 있다. 예방대책으로는 회충과 같으나 집단적 구충을 시행하고 내의와 손의 청결, 침실의 청결이 필요하다.

(3) 편충Trichuris trichiura

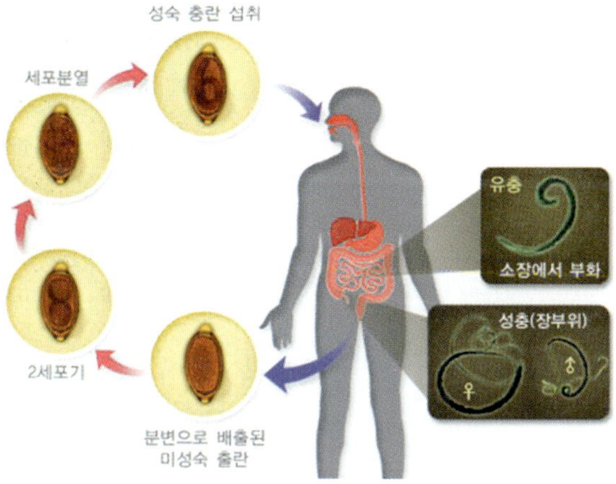

성충 모양이 말채찍 모양으로 1761년 Roederer가 Trichuris라고 불렀고 Whip Worm이라고 부르는 본 충은 세계 각지에 분포되어 있으며, 회충과 같이 감염 검출되는 경우가 많고 76년에 감염률이 가장 높은 것으로 집계된 바도 있다. 충란의 모양은 흡사 술통처럼 생겼으며 제일 밖의 층은 담즙으로 착색되어 황갈색으로 보이나 양쪽 끝은 담즙에 착색되지 않는 점막전mucoid plug의 존재가 특이하다. 성충은 암컷이 4.5~5cm이고 수컷이 3~4.5cm 정도이며, 상당히 가늘고 후방은 굵은 채찍 모양을 하고 있다.

충란이 경구적으로 침입하여 소장 상단부에서 부화하고 이 자충이 십이지장 벽에 침입하여 일정 기간 성장 발육 후 맹장에 기생하여 인체에 감염 후 성충이 되기까지 약 90일이 소요되며, 평균 수명은 2~3년이다. 성숙 암컷이 하루 5~7천개 충란을 산란한다.

분변으로 탈출된 수정 충란이 외재에 배출되면 약 2주경과 후 충란 내에 자충을 형성하고 그 후 오염 야채를 통해 섭식되어 소장에서 부화하여 점차 대장의 맹장, 충수돌기 결장 등으로 내려와서 성숙 정착한다. 보통 10마리 미만이 감염되어 있어 증상을 나타내지 않을 경우가 많으나 200마리 이상 감염 시 충체의 가늘고 긴 전반부가 장점막에 매몰하여 조직을 손상, 출혈을 일으키고 흡혈이 가능한 특성으로 인해 충혈과 염증, 혈뇨, 이질 증상 등을 나타내기도 하며 보통 소화불량, 복통, 충수염, 식욕감퇴, 체중감퇴 빈혈 등이 나타난다. 예방대책으로는 충란은 외계에서 저항력이 강하여 흙 속에 오래 생존 가능하므로 인분 처리를 철저히 하고 개인위생을 철저히 하도록 해야 한다.

(4) 십이지장충*Ancylostoma duodenale*

십이지장충은 구충과에 속하며, 경피감염경로를 가지는 선충의 일종으로 구충이라고 한다. 특히 위생시설이 좋지 않은 온대와 아열대지방에 많고 우리나라에서도 이 기생충에 감염되고 있다. 인체에 기생하는 구충으로는 병원성이 강한 두비니 구충과 아메리카 구충의 두 종류가 있다.

기생 부위는 소장 상부, 특히 공장 상부에 기생하며, 인체 감염경로는 경구감염과 경피감염 두 가지로 대변과 함께 배출된 충란은 적당한 온도(30℃ 전후)와 환경에서 24~48시간에 부화하여 인체에 감염성이 강한 사상 유충(500~600μ)이 되고 노출된 인체의 피부와 접촉으로 감염된다. 성숙 기간은 5주 정도로 자충 한 마리의 1일 산란 수는 10,000~20,000개로 숙주 체내에서의 수명은 5년 정도이다. 사상 유충이 피부를 뚫고 침입할 때 피부염, 소양증 등을 수반하고 홍반, 구진 수포, 괴양 등을 일으킨다. 소장에 기생하는 성충은 장점막에 구강낭을 부착시키고 흡혈하며, 흡혈 시에는 항응고 물질을 분비, 흡혈의 장소를 자주 바꿈으로써 계속적인 출혈과 이차적인 세균을 감염시키며, 흡혈로 인한 혈액의 손실, 충체의 독성물질 분비로 인한 인체 조혈(造血) 기능의 저하, 철분의 결핍, 장의 흡수장해 빈혈, 복통, 설사, 궤양과 같은 소화 장애와 심한 부종, 심장의 비대, 속맥, 저혈압, 토식증 등이다. 많은 사상 유충이 경구적으로 침입할 때에 채독증(목구멍 부위가 가렵고 천식과 같은 기침을 하며, 손발에 피부염이 나거나 구토, 설사 등의 증세)이 발생한다.

개인 예방으로 유충의 경구 및 경피감염을 피하고 인분을 비료로 사용한 밭에 맨발로 들어가지 않는다. 집단관리로는 감염자의 색출 및 이들의 치료를 정기적으로 시행하는 집단검사 - 집단구충계획이 수립되어야 한다. 환경요인의 개선으로는 화장실의 개량, 배변습관의 교정, 분뇨의 위생적 처리, 인분비료 사용금지 등 토양의 오염을 방지하는 방법을 마련하여야 한다. 또한 상수도, 하수도, 고무장갑 및 장화, 화학비료의 보급을 뒷받침한다.

(5) 동양모양선충Trichostrongylus orientalis

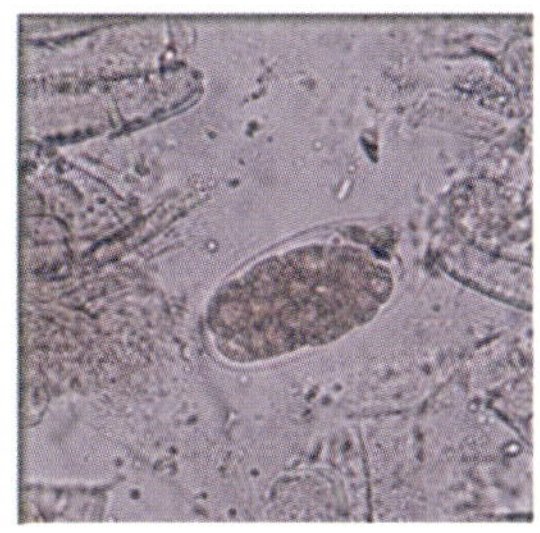

세계 공통으로 모양선충은 초식동물에서 흔하게 관찰되는 선충류로 사람을 감염시키는 10여 종이 알려져 있다. 하지만 국내에는 동양모양선충 한 종만 확인되어 있다. 또한, 몸 밖으로 배출된 충란은 적당한 온도와 습도에서 부화한 다음 3~4일 이내에 2회 탈피를 하여 감염형인 제 3기 사상 유충이 된다. 이 사상 유충은 주로 경구 감염되고 피부를 뚫는 힘이 미약하여 경피감염은 잘 이루어지지 않으며, 경구적으로 침입되면 위장을 지난 다음 소장에서 기생한다. 감염 후 25일 정도면 성충으로 성숙하며 폐 이행은 없다. 모양은 장타원형으로 한쪽 끝이 뾰족하고 비대칭적 · 충란 내에는 많은 난세포가 포도알처럼 존재하는데 상실 분열기 상태로 변과 함께 배출되는 것을 관찰할 수 있다. 성충은 수컷이 3.8~4.8mm, 암컷이 4.9~6.7mm 반투명한 회백색이며, 아주 가늘고 긴 털처럼 생겼고 머리 부위에 구강낭은 없으며, 3개의 유두, 암컷의 음문은 충체 후방 1/5 부위에 위치하고 수놈의 꼬리 쪽에는 교접낭이 있다. 소장 점막에 부착하여 독소를 분비하여 흡혈한다. 소수의 감염으로는 별 증상이 없는 경우가 많으나 다수의 감염 시에는 소화장애와 빈혈 등 구충증과 비슷한 증상을 보인다.

2 어패류의 기생충

우리나라를 포함한 동아시아 지역에서는 대부분 가열 처리한 제품을 섭취해야 하는 육류식품에 비해 익히지 않은 어패류를 섭취하는 생식문화로 어패류 혹은 갑각류에 매개되는 기생충에 감염되는 경우가 대부분으로 심각한 문제가 야기되기도 한다. 식생활에서 단백질의 보급원 중 어패류가 상당히 높은 비율을 차지하고 있고 특히, 우리나라 사람들은 생선회를 섭취하는 경우가 많아 어패류를 통한 기생충의 감염이 국민 보건상 중요한 문제로 대두되고 있다.

(1) 간디스토마간흡충 : Clonorchis sinensis

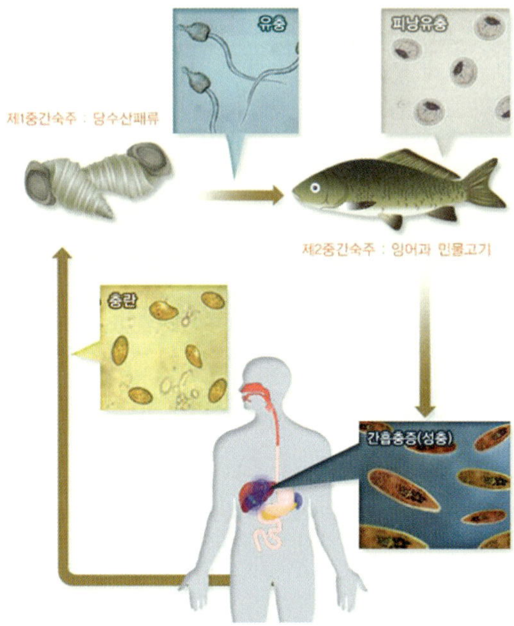

간디스토마는 간토질 또는 간흡충이라고도 하며 성충은 사람, 고양이, 개 등 포유류의 간에 기생하는 것이 특징이지만 때로는 쓸개관이나 쓸개 내에서도 기생하는 것으로 알려졌다. 성충의 길이는 10~25mm, 너비 3~6mm로 육안으로 보면 대부분이 홍색이지만 자궁 안의 충란 수가 줄어들면 흰색, 나이가 많아지면 전체적으로 점점 검은색으로 보이는 것이 특징이다. 물속에 섞인 분변을 제 1중간 숙주인 왜우렁이가 먹으면 그 몸속에서 스포로시스트로 발육하게 되고 이어서 20~50개의 레디아로 발육한다. 이후 제 2중간 숙주인 잉어, 붕어 등의 잉어과 물고기에 침입하여 피낭유충Metacercaria 주머니를 형성한 형태가 된다.

이것이 사람에게 들어오면 탈각되어 유충이 되고 유충은 담즙의 흐름의 좇아 역행하여 간의 담관세지에 자리 잡아 25일 만에 성숙하며 기생한다.

간디스토마에 감염될 경우, 감염 초기에는 담관염이 발생하고 감염이 지속되면서 만성으로 중감염되면 담관의 병변이 형성되면서 소화기계 증상이 생긴다. 가장 흔한 증상으로 담관 폐색에 의한 둔통, 소화 장애, 묽은 변 등이 특징적이며, 담관에 이차적인 세균감염이 동반되면 농양을 형성하는 때도 있다.

이를 예방하기 위해서는 담수어를 충분히 가열하여 섭취하고 유행하는 지역의 왜우렁이를 없애는 것도 효과적이다.

〈출처 : 네이버 지식백과 – 임상 기생충학 '간흡충'〉

(2) 폐디스토마폐흡충 : Paragonimus westermani

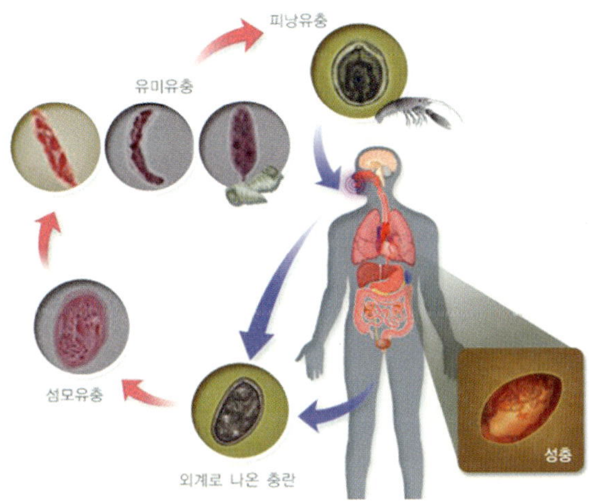

폐디스토마는 폐흡충이라고도 불리며 주로 한국, 일본, 만주, 타이완 등 극동아시아와 베트남, 중국 남부지역에서 유행한다. 또한, 잠행성 증상이 나타나는 것이 특징으로 민물게장, 덜 익힌 참가재, 참게즙 혹은 가재즙을 섭취하고 감염되는 경우가 대부분이다. 감염자의 대변으로 배출된 충란이 환경을 오염시킬 수 있고 인체에 감염될 경우 피낭 유충은 십이지장에서 복강으로 나와 횡격막과 늑막을 뚫고 폐 조직으로 침입한다. 폐디스토마는 제 1중간 숙주가 다슬기, 제 2중간 숙주가 갑각류인 게나 가재, 최종 숙주는 사람이나 돼지이다.

임상 증상으로는 오한과 미열이 서서히 발현되며, 급성감염 시 피로감, 전신 쇠약 등이 나타나고 심한 기침과 객혈, 피가 섞인 가래를 배출하며, 합병증으로 기관지염이나 기관지 확장증, 늑막염, 기흉, 농흉 등이 발생하는 경우도 있고 심한 경우 반 마비, 언어장애, 실명까지 발생한다. 폐흡충은 참게나 참가재를 완전히 익혀 먹는 것이 확실한 예방법이며, 게장의 경우 근육이 풀어진 완전숙성단계에 반찬으로 섭취하는 것이 좋다.

〈출처 : 네이버 지식백과 – 임상 기생충학 '폐흡충'〉

(3) 요코가와흡충장흡충 : Metagonimus yokogawai

우리나라를 비롯한 극동지역에서 주로 유행하고 러시아 동부, 시베리아, 발칸 반도와 스페인 등지에서 보고되었으며, 우리나라의 경우 동해안과 남해안으로 유입되는 하천유역에서 유행하여 민물고기 생식 습관 때문에 세계적인 감염유행지역으로 알려져 있다. 본 흡충은 제 1중간 숙주인 다슬기에 먹혀 간흡충과 비슷하게 발육되는 것이 특징이며 성충의 길이 2.0~7.5cm, 너비 0.8~2.0cm로 작은 타원형이고 머리 부분의 윤곽이 둥글다.

포유류의 경우 감염된 은어 혹은 황어를 날것으로 섭취했을 때 감염되는 것이 대부분으로 감염자의 분변에 섞여 나온 충란이 인체감염에 치명적인 것으로 나타났다. 제1 중간숙주인 다슬기(조개), 제2 중간숙주인 은어, 붕어를 거쳐서 최종 숙주(인축)에 감염된다. 감염 시 감염 충체 수에 따라 증상이 다르며 1,000마리 이상 감염될 경우 임상 증상인 설사와 복통이 나타나며, 힘이 없고 쉽게 피로해지며, 입맛이 소실되는 등의 증상이 동반되기도 한다. 이에 예방대책은 은어나 황어를 생식하지 않는 것만이 확실한 예방법으로 이에 대한 보건교육이 필요하며, 분변으로 인한 강물의 오염을 방지하는 것이 관리에 큰 도움이 된다.

〈출처 : 네이버 지식백과 – 임상 기생충학 '요코가와흡충'〉

(4) 아니사키스고래회충 : Anisakis

'고래회충'이라고도 불리며, 선형동물 속의 미생물로 유충이 인체에 기생하여 발병하는 것이 특징적으로 선형동물의 속의 미생물로 유충이 인체에 기생하여 고래회충증을 일으킨다. 고래회충의 경우 제 2기 유충이 제 1중간 숙주인 새우류에 의해 먹여 제 3기 유충이 되며, 이 유충을 먹은 갑각류가 제 2기 중간 숙주인 다른 물고기나 오징어 등에 의해 먹힌다. 이 과정에서 사람이 제대로 조리되지 않은 물고기를 섭취함으로써 위장에 기생하거나 물고기에 남아있던 기생충 분비물을 섭취했을 경우 면역 글로불린이 생성되어 과민성 쇼크와 같은 알레르기 반응을 일으키는 것이 대부분이다.

고래회충의 경우 저온에서 저항력이 약하므로 냉동 혹은 냉장 보관된 어패류를 완전히 조리해서 먹어야 하고 다른 조미료엔 저항력이 있지만 겨자에는 저항력이 낮은 특이성을 보이기 때문에 겨자와 함께 먹는 방법도 하나의 예방책이라고 할 수 있다. 하지만 무엇보다 생식하지 않는 것이 가장 좋은 예방책이다.

아니사키스Anisakis, 고래회충란?

아니사키스는 흰색 또는 노란색을 띤 가늘고(0.3~1.0mm) 짧은(2~3cm) 선충이며, 살아있는 어류의 내장에서 기생하다가 어류가 죽으면 내장 주변의 근육을 뚫고 들어가 있다.

〈모식도〉고래회충의 생활사

제 1중간 숙주(소형 갑각류) → 제 2중간 숙주(오징어, 해산어류) → 종숙주(해산 포유류)를 거치며, 기생한 어류를 먹으면 사람에게 이행되나 인체 내에서는 유충상태로 있다가 사멸한다.

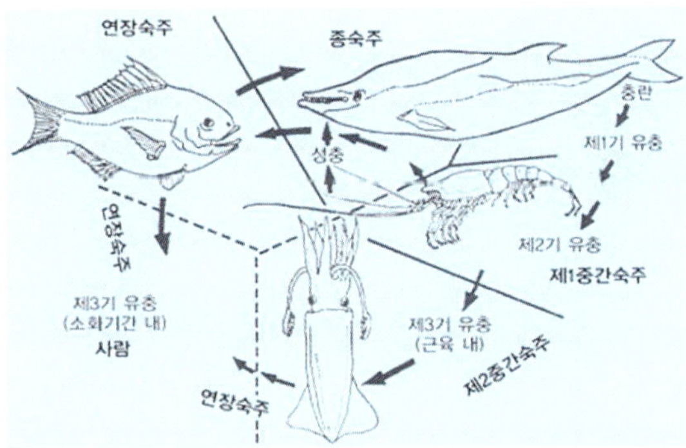

신선한 생선

신선한 생선의 아니사키스는 내장 속에 있으므로 손질할 때 걸러진다.

오래된 생선

오래된 생선의 경우 아니사키스는 근육으로 이동하기 때문에 사람이 섭취할 우려가 있다.

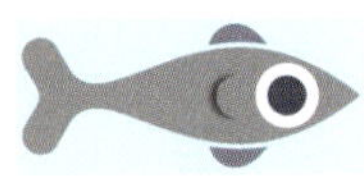

〈출처 : 위키백과 '고래회충'〉

(5) 광절열두조충긴촌충 : Diphyllobothrium latum

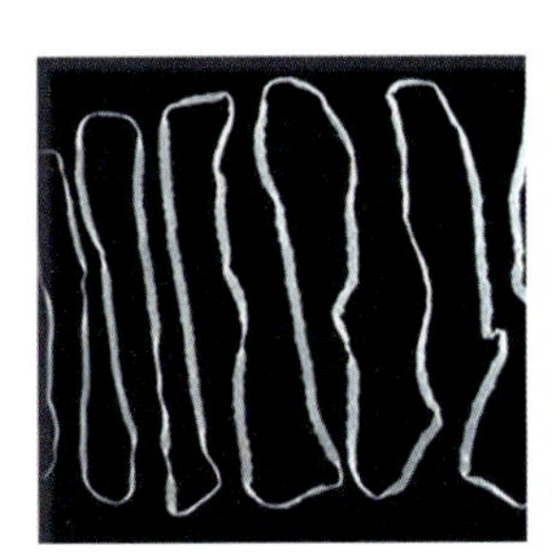

동해긴촌충 혹은 회백색 촌충이라고 불리는 광절열두조충은 러시아, 스칸디나비아 같은 북극에 가깝게 분포하는 촌충의 일종으로 다른 어패류 기생충과는 다르게 종숙주가 사람이며, 연어 혹은 송어, 농어 등 어패류를 생식으로 섭취했을 때 감염된다. 긴촌충은 대변으로 배출된 충란이 물속에서 성숙하여 육구유충으로 발육한다. 이 유충은 코라시디움coracidium이라 부르며, 제 1중간 숙주는 물벼류(수서갑각류), 제 2중간 숙주는 연어, 송어 등의 민물고기로 감염은 이들 어류의 생식에 의한다.

이 충미충은 인체에서 수십년 이상의 수명을 가지며, 충체가 길어 덩어리가 커지면 소장을 기계적으로 막기도 한다. 대개 한 마리에 의해 감염되지만 증상이 나타나지 않아 감염을 모르는 경우가 많으며, 일시적으로 비특이적인 소화기 증상이나 충체가 배출하는 항원에 의한 알레르기 반응으로 두드러기가 나타나기도 한다.

긴촌충을 예방하기 위해서는 감염된 담수어 혹은 반담수어 등을 섭취하지 않으며, 연어와 송어를 생식하지 않는 것이 가장 좋은 방법이다.

〈출처 : 네이버 지식백과 - 임상 기생충학 '광절열두조충, 동해긴촌충'〉

3 육류의 기생충

육류의 경우 대부분 가열 처리해야 하는 제품들이 대부분이기 때문에 기생충에 의해 감염되는 경우가 적지만 육회와 같은 생식제품을 섭취하는 경우 드물게 기생충에 감염되어 감염증이 발병하는 경우가 있으며, 이로 인해 무구조충에 감염되는 사례가 있다. 이 외에도 우리나라에서는 개와 같은 촌충류를 섭취하는 문화로 간혹 만손열두촌충에 감염되는 사례도 있다. 또한, 충분히 가열하지 않고 설익은 것이나 육회로 날것을 섭취하게 되면 육류를 중간숙주로 이용하는 기생충에 감염될 수 있다.

(1) 무구조충민촌충 : Taenia saginata

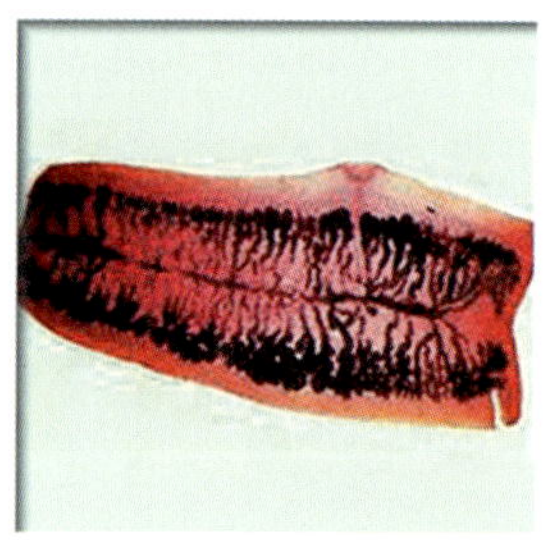

민촌충 혹은 쇠고기 촌충이라고도 부르며, 충체가 한데 뭉쳐 실타래 같은 형태로 기생하는 점과 성충이 사람의 소장과 소의 근육이나 피부에 기생하는 점이 특징이다. 성충은 산란할 때가 다가오면 수태편절(다른 생식기가 거의 퇴화하고 자궁만 남아 있는 충란의 주머니에 낱개 혹은 여러 개로 뭉쳐 탈락하면서 자궁이 찢어져 산란한다.) 산란된 충란은 중간 숙주에게 섭취되어 육구유충으로 발육하며, 이가 탈각하여 혈액 혹은 림프를 타고 근육으로 옮겨가 낭미충으로 발육한

다. 이 과정에서 감염된 쇠고기를 생식하거나 덜 익혀 먹을 때 성충에 감염되고 감염된 인체에는 대부분은 증상이 나타나지 않지만 드문 경우 편절이 스스로 항문으로 기어 나오면서 이물감이나 항문소양증이 나타나기도 하며, 또한 두드러기가 생기거나 쉽게 배가 고파지는 증상이 나타날 수 있다.

민촌충은 소에게 선 감염되어 인체에 2차 감염이 진행되는 과정을 가지고 있기 때문에 소의 사료 혹은 목초 등이 생 분뇨에 오염되지 않도록 관리하는 것이 가장 큰 예방책이며, 쇠고기 생식을 피하고 충분히 가열조리 하여 섭취하는 것 또한 좋은 예방책이라고 할 수 있다.

〈출처 : 네이버 지식백과 – 임상 기생충학 '무구조충'〉

(2) 유구조충갈고리촌충 : Taenia solium

갈고리촌충은 우리나라뿐만 아니라 아시아와 중남아메리카 지역에서도 감염자가 다분히 발생하며, 돼지의 사료를 분뇨로 사용하는 사육지역에서 만연하다. 또한, 돼지고기 촌충이라고도 불리고 서식 장소는 돼지고기나 사람의 소장에 기생하며, 주로 돼지고기를 생식으로 섭취하거나 충분히 가열조리 되지 않은 돼지고기를 섭취했을 때 감염된다. 우리나라뿐만 아니라 아시아와 중남아메리카 지역에서도 감염자가 다분히 발생하며, 돼지의 사료를 분뇨로 사용하는 사육지역에서 만연하다.

유구조충은 무구조충과 달리 수태편절의 궁측지 수가 적은 점을 비롯해 두절에 갈고리가 있는 점, 질 벽에 근육성 괄약근이 없는 점, 편절의 운동성이 낮은 점, 성숙 편절에 보조 난소엽이 있는 점으로 구별할 수 있지만, 충란만으로는 구별할 수 없다. 충체의 편절이 적어 전체 길이가 2~3m 정도에 이르며, 대개 한 마리로 인해 감염된다. 감염 후에는 소화기 증상이 임상 증상으로 초래될 수 있으나, 무구조충보다 운동성이 거의 없고 대변에 섞여 배출되므로 감염자가 감염 여부를 모르는 경우가 대부분으로 성충의 감염보다는 유충의 감염이 임상적으로 더 문제가 된다.

유구조충을 예방하기 위해서는 돼지고기를 생식으로 섭취하지 않거나 충분한 가열조리가 가장 좋은 예방책이지만 돼지고기가 함유되는 햄, 소시지와 같은 가공식품에 의해 감염되는 사례도 있으므로 주의를 요해야 한다.

〈출처 : 네이버 임상 기생충학 '유구조충'〉

(3) 선모충Trichinella spiralis

선모충은 돼지, 개, 쥐 등 많은 포유동물과 사람 간에 감염되는 인축공통기생충의 하나로 암컷과 수컷으로 구별할 수 있는데 이는 성충의 길이와 교미침의 여부로 알 수 있다. 수컷의 경우 길이가 1.4~1.6mm이고 교미침이 없는 반면 암컷은 길이가 3~4mm로 복측에 생식공이 위치하며, 생식공과 가까운 부위의 자궁 내에는 유충이 들어있지만 후방 자궁의 경우 충란이 들어 있는 것이 특징이다.

다른 기생충에 비해 선모충은 한 숙주 내에서 유충기와 성충기를 영위하며, 숙주의 특이성이 매우 낮아 거의 모든 포유동물을 숙주로 삼을 수 있다. 중간숙주는 돼지이며, 인체에 감염될 시 3단계를 거쳐 감염기가 진행되는데 이는 인체에 치명적인 손상을 입힐 수 있다.

감염 초기에는 성충이 산출한 유충이 장 점막을 자극하여 병변을 일으키면서 구토 혹은 복부 경련, 복통, 설사 등의 소화기 증상이 일어나며, 식중독으로 오인할 수 있다. 감염 중기에는 발열, 호산구증다증, 근육통, 심한 경우 심근, 폐, 중추신경계의 염증과 합병증으로 인하여 사망할 수 있고 감염 말기엔 근위축, 전신부종, 심근염, 각종 중추신경계 증상과 호흡기 장애가 나타날 수 있으며, 합병증으로 세균성 폐렴, 뇌 침범, 폐전색, 심장마비 등을 일으킨다.

선모충은 설익은 돼지 혹은 야생동물의 근육을 섭취하거나 생식으로 섭취했을 때 나타나기 때문에 충분한 가열조리가 필요하며, 생식하지 않는 것을 예방책으로 권하고 있다.

〈출처 : 네이버 임상 기생충학 '선모충'〉

(4) 만손열두촌충Diphyllobothrium mansoni

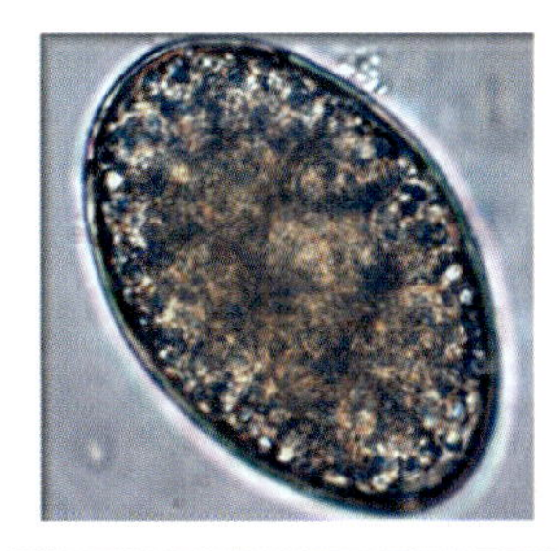

촌충류에 속하는 내부 기생충이며, 성충은 고양이, 개, 호랑이, 너구리 등에 기생하며, 세계 각지에서 볼 수 있고 인체에는 유충만이 기생하는 것이 특징이다.

프로세르코이드가 있는 물벼룩이나 개구리, 뱀, 닭 등의 고기를 생식으로 섭취했을 때 혹은 충분히 가열 조리 되지 않은 상태로 섭취했을 때 인체감염이 진행되며, 인체 내에 침입한 유충이 복강에 가까운 피하조직 혹은 복막하, 음낭 등에 기생한다.

인체 감염될 경우에도 임상 증상이 나타나지 않아 감염자가 감염 여부를 확인하기 어려우며, 만약 감염되었을 경우 외과적 수술로 적출해야 한다. 만손열두촌충의 유충은 제 1중간 숙주인 물벼룩을 통해 영양분을 섭취하며, 제 2중간 숙주인 양서류, 파충류, 조류 및 사람을 포함한 포유류를 통해 성충으로 발육하지 않고 숙주에 기생하는 것이 가장 큰 특징이라고 할 수 있다.

〈출처 : 두산백과 '만손열두촌충'〉

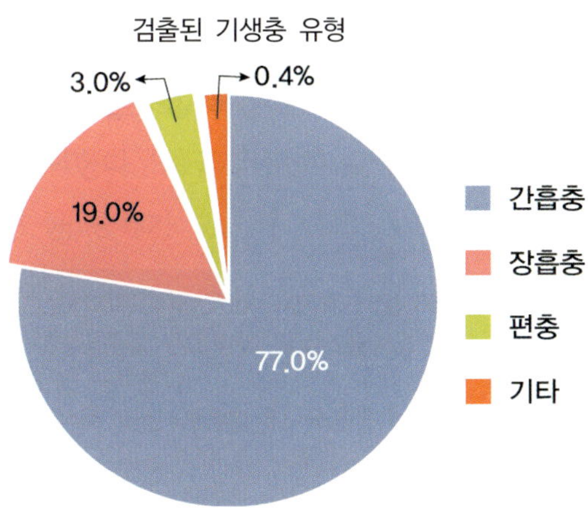

〈출처 : 질병관리본부 '2014년 장내기생충 감염 실태조사 결과 분석'〉

질병관리본부의 '2014년 장내 기생충 감염 실태조사 결과 분석' 보고서에 따르면 검사 대상사 4만1909명 중 6.6%가 기생충에 감염됐다. 이는 2005년부터 2014년까지 10년간 평균 10.3%에 비해 3.7% 포인트 낮은 수치다. 장내 기생충 양성률은 2005년부터 2011년까지 평균 10% 수준을 유지하다가 2012년부터 하락세를 보였다.

연구팀은 감염자가 많은 지역의 보건소를 통해 검사 대상자의 배변 샘플을 채취해 그 안에 충란(기생충 알)이 있는지 살펴보는 방식으로 연구·조사를 진행 했다. 연구 내용을 보면 검출된 기생충 유형은 간흡충(간디스토마)이 전체 77%에 달했고 간흡충의 주요 감염원이 민물고기임을 고려할 때 섬진강 등 국내 5대강 유역에 거주하는 주민들의 감염이 향을 준 것으로 연구팀은 분석했다. 이어 장흡충과 편충이 각각 19.6%, 3% 순이었다. 이들 3개 기생충은 검사 대상자가 거주하는 대부분 지역에서 검출됐으나 회충이나 폐흡충 등은 특정 지역에서만 감염자가 나왔다.

Chapter 05

식품첨가물 & GMO

01 식품 첨가물이란?

1 식품첨가물의 정의

식품 위생법에서 식품첨가물이란 “식품의 제조, 가공, 조리 또는 보존하는 과정에서 감미(甘味), 착색(着色), 표백(漂白) 또는 산화방지 등을 목적으로 식품에 사용되는 물질”이다. 기구(器具), 용기, 포장을 살균·소독하는 데 사용돼 간접적으로 식품으로 옮아갈 수 있는 물질도 포함된다. 국제식품규격위원회CODEX는 식품첨가물Food Additives을 “통상 그 자체로 식품으로 섭취하지 않고, 양적 가치의 유·무에 관계없이 식품의 통상적인 원료로 사용되지 않는 물질”로 정의하고 있다. 또 “식품의 제조, 가공, 조리, 처리 외 포장, 개별포장, 운송 또는 저장 시 의도적으로 첨가해 기술적(관능적 목적 포함) 목적을 달성할 수 있거나 그 자체 혹은 그 부산물이 그 식품의 성분이 되거나 또는 그 식품의 특성에 향을 줌으로써(직접 또는 간접적으로) 목적을 달성할 수 있을 것으로 기대 되는 물질”로 규정하고 있다. 오염물질 또는 양적 품질을 향상시키거나 유지하기 위해 첨가되는 물질은 식품첨가물로 간주하지 않는다.

(1) 나라별 식품첨가물 정의

- **한국** : 식품을 제조, 가공, 조리 또는 보존하는 과정에서 감미(甘味), 착색(着色), 표백(漂白) 또는 산화방지 등을 목적으로 식품에 사용되는 물질을 말한다. 이 경우 기구(器具), 용기, 포장을 살균·소독하는 데에 사용되어 간접적으로 식품으로 옮아갈 수 있는 물질을 포함한다.

〈출처 : 식품위생법 제2조〉

- **일본** : 식품의 제조 과정에 사용되거나 혹은 가공, 보존 목적으로 식품에 첨가, 호화, 침윤, 기타의 방법으로 사용되는 물질을 말한다.

〈출처 : 일본 식품위생법 제4조 2항〉

알아두고 가기 CODEX

식품첨가물은 일반적으로 그 자체를 식품으로서 섭취하지 않고 영양적 가치에 상관없이 식품의 일반 성분으로서 사용되지 않는 물질을 의미하며, 식품의 제조, 가공, 조리, 처리, 포장 및 보관 시에 기술적인 목적을 달성하기 위해 식품에 첨가하여 효과를 나타내거나 직접 또는 간접적으로 식품에 효과를 나타낼 것으로 기대되거나 그 부산물이 식품의 구성성분이 되거나, 식품의 특성에 영향을 끼칠 수 있는 물질을 말한다. 다만, 오염물질, 영양적 품질 개선을 목적으로 첨가하는 물질은 제외된다.

출처 : CODEX STAN 192-1995

- **미국** : 식품첨가물은 식품의 구성 성분이 되거나 식품의 특성에 직접 혹은 간접적으로 영향을 끼치기 위해 의도적으로 사용되는 물질을 의미하며, 식품의 제조, 가공, 처리, 보존, 포장, 수송 등에 사용되는 물질을 말함. 다만, 잔류농약, 살충제, 동물용의약품, 영양강화제 및 식품첨가물 법령이 발효되기 이전인 1958년 이전에 승인된 물질 혹은 축산물가공법에 따라 승인된 물질은 제외된다.

〈출처 : Federal FD&C 201(s)〉

- **유럽연합** : 식품첨가물은 일반적으로 그 자체를 식품으로서 섭취하지 않고 영양적 가치에 상관없이 식품의 일반 성분으로서 사용되지 않는 물질을 의미하며, 식품의 제조, 가공, 조리, 처리, 포장 및 보관 시에 기술적인 목적을 달성하기 위해 식품에 첨가하여 효과를 나타내거나 직접 또는 간접적으로 식품에 효과를 나타낼 것으로 기대되거나 그 부산물이 식품의 구성성분이 되거나 식품의 특성에 영향을 끼칠 수 있는 물질을 말함. 다만, 가공보조제, 착향료, 영양강화제, 살충제는 제외된다.

〈출처 : Council Directive 89/107/EEC〉

이렇게 정의되는 식품첨가물은 식품에 부가되는 비 영양 물질로서 식품 내 자체 성분 이외에 미량으로 첨가하는 비식품을 의미하며, 첨가물 단독으로 사용할 때에는 의약품이나 화학물질이고 식품과 공존할 때만 식품첨가물로서 의미를 갖는다.

또한 식품첨가물은 우리나라 식품위생법상 규제의 대상으로서 식품첨가물에 대한 물질의 범위를 규정하는데 식품의 제조, 가공, 보존의 측면과 식품의 첨가, 혼입, 침유, 훈증의 방법 면에서 사용되는 물질로서 양측면의 동시적인 조건을 충족시킬 때 식품첨가물로 취급한다.

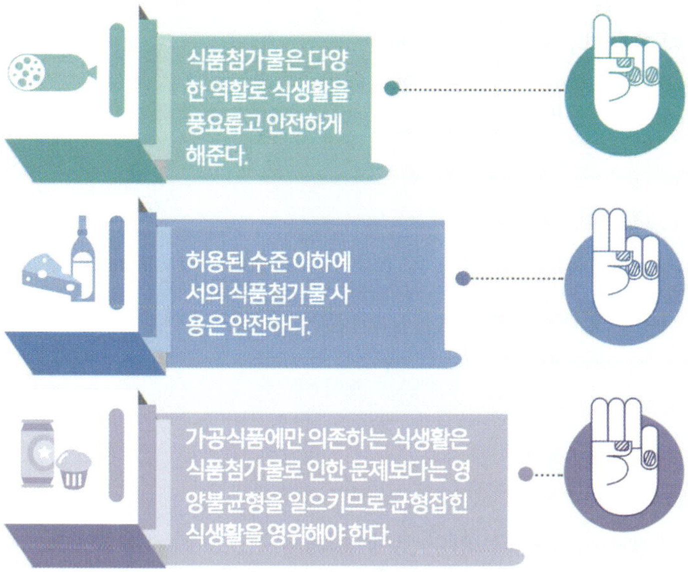

❙ 식품첨가물 바르게 알기 ❙

〈출처 : 식품의약품안전처 자료〉

2 식품첨가물의 종류와 특성

식품첨가물은 크게 천연물과 화학적합성품으로 구분한다. 화학적합성품이란 화학적 수단으로 원소 또는 화합물에 분해반응 외의 화학반응을 일으켜서 얻는 물질을 말한다. 식품산업에서 많이 사용되고 있는 것은 천연물보다는 화학적합성품이다. 보존성, 생산성, 가공성, 실용성 등에 있어서 화학적합성품이 경제적이나 천연물은 오랜 식생활을 통해 유독성, 유해성이 이미 검증되었거나 경험으로 인지되어 있기 때문에 안전하게 사용하고 있다.

식품에 첨가되는 물질은 사용목적, 기능, 용도, 효과 등에 따라 현행 법규상 천연물보다는 위해 가능성이 큰 화학적합성품에 대한 법적 규제가 인체에 무해한 조건에서만 허용된다.

식품위생법에 따르면 천연물과 동일한 화학구조를 갖는 것이지만 화학적으로 합성되는 것과 단순한 조염 반응에 의하여 얻는 물질도 포함된다.

화학적합성품은 화학적인 방법에 의해 합성된 것 이외에 동물, 식물, 광물 등의 천연물이나 이의 화학반응에 의한 추출물까지도 포함하고 있으며, 화학반응 중 분해반응에 의해 얻어진 물질은 화학적합성품에서 제외시키고 있다.

(1) 식품첨가물의 구비조건

- 인체에 무해하거나 유독성이 없어야 한다.
- 체내에 축적되지 않으면서 잔류하지 않아야 한다.
- 값이 저렴하고 경제적이어야 한다.
- 식품의 영양가를 유지하고 외관상 좋아야 한다.
- 미량으로도 효과가 있어야 한다.
- 물리화학적인 변화에 안정한 것이어야 한다.
- 사용하기 간편하고 품질특성이 양호해야 한다.

(2) 식품첨가물과 화학물질

식품첨가물뿐만 아니라 우리가 섭취하는 모든 식품은 자연식품이라도 화학물질로 구성되어 있다. 식재료들이 자연에 존재할 때부터 여러 화학물질의 집합체인 것이다. 우리의 식생활을 보다 풍요롭고 안전하게 하기 위해 수많은 물질 중에서 식품첨가물로 사용할 수 있는 것들을 찾아내어 안전성을 평가한 뒤, 다양한 가공식품 제조에 사용하는 것이다.

- **식품첨가물과 식품산업**

우리가 먹는 식품은 자연 식품 아니면 가공 식품이다. 식품업체 · 식품산업은 식품첨가물 없이는 존재가 불가능하다. 실제로 우리가 먹는 모든 가공식품엔 다양한 식품첨가물이 들어있고 식품첨가물을 일체 섭취하지 않으려면 오렌지 · 사과 등 천연 식품을 먹는 방법 외엔 없다.

오렌지주스, 사과주스를 즐긴다면 이미 식품첨가물을 섭취한 셈이다. 주스를 만드는 과정에서도 몇 가지 식품 첨가물의 사용은 불가피하기 때문이다.

식품의 외양, 색, 향 등을 바꿔 상품성을 높여주는 물질이란 뜻이다. 식품첨가물은 두부, 햄, 과자 등 다양한 가공식품의 대량 생산을 도우며, 식중독 사고와 식량자원의 손실을 방지하는 순기능도 있다. 식품첨가물에 대한 소비자의 시선은 부정적으로 다수의 소비자가 '건강에 해롭다.', '암을 일으킬 수 있다.' 등 첨가물에 대해 우려하고 있어 올바른 인식이 필요하다.

3 식품첨가물의 분류

식품첨가물의 분류는 화학구조별 · 기능별 · 용도별 · 사용목적별에 따라 국가별로 다양한 관점에서 분류하고 있다.

우리나라는 식품첨가물 기능에 따라 32개로 나누어지고 용도 및 목적에 따라 나음 표와 같이 나타나 있다.

용도	정 의
감미료	식품에 단맛을 부여하는 식품첨가물
고결방지제	식품의 입자 등이 서로 부착되어 고형화 되는 것을 감소시키는 식품첨가물
거품제거제	식품의 거품 생성을 방지하거나 감소시키는 식품첨가물
껌기초제	적당한 점성과 탄력성을 갖는 비영양성의 씹는 물질로서 껌 제조의 기초 원료가 되는 식품첨가물
밀가루개량제	밀가루나 반죽에 첨가되어 제빵 품질이나 색을 증진시키는 식품첨가물
발색제	식품의 색을 안정화시키거나 유지 또는 강화시키는 식품첨가물
보존료	미생물에 의한 품질 저하를 방지하여 식품의 보존기간을 연장시키는 식품첨가물
분사제	용기에서 식품을 방출시키는 가스 식품첨가물
산도조절제	식품의 산도 또는 알칼리도를 조절하는 식품첨가물
산화방지제	산화에 의한 식품의 품질 저하를 방지하는 식품첨가물
살균제	식품 표면의 미생물을 단시간 내에 사멸시키는 작용을 하는 식품첨가물
습윤제	식품이 건조되는 것을 방지하는 식품첨가물
안정제	두 가지 또는 그 이상의 성분을 일정한 분산 형태로 유지시키는 식품첨가물
여과보조제	불순물 또는 미세한 입자를 흡착하여 제거하기 위해 사용되는 식품첨가물
영양강화제	식품의 영양학적 품질을 유지하기 위해 제조공정 중 손실된 영양소를 복원하거나, 영양소를 강화시키는 식품첨가물
유화제	물과 기름 등 섞이지 않는 두 가지 또는 그 이상의 상(phases)을 균질하게 섞어주거나 유지시키는 식품첨가물
이형제	식품의 형태를 유지하기 위해 원료가 용기에 붙는 것을 방지하여 분리하기 쉽도록 하는 식품첨가물

응고제	식품 성분을 결착 또는 응고시키거나 과일 및 채소류의 조직을 단단하게 또는 바삭하게 유지시키는 식품첨가물
제조용제	식품의 제조, 가공 시 촉매, 침전, 분해, 청징 등의 역할을 하는 보조제 식품첨가물
젤형성제	젤을 형성하여 식품에 물성을 부여하는 식품첨가물
증점제	식품의 점도를 증가시키는 식품첨가물
착색료	식품에 색을 부여하거나 복원시키는 식품첨가물
청관제	식품에 직접 접촉하는 스팀을 생산하는 보일러 내부의 결석, 물 때 형성, 부식 등을 방지하기 위하여 투입하는 식품첨가물
추출용제	유용한 성분 등을 추출하거나 용해시키는 식품첨가물
충전제	산화나 부패로부터 식품을 보호하기 위해 식품의 제조 시 포장 용기에 의도적으로 주입시키는 가스 식품첨가물
팽창제	가스를 방출하여 반죽의 부피를 증가시키는 식품첨가물
표백제	식품의 색을 제거하기 위해 사용되는 식품첨가물
표면처리제	식품의 표면을 매끄럽게 하거나 정돈하기 위해 사용되는 식품첨가물
피막제	식품의 표면에 광택을 내거나 보호막을 형성하는 식품첨가물
향미증진제	식품의 맛 또는 향미를 증진시키는 식품첨가물
향료	식품에 특유한 향을 부여하거나 제조공정 중 손실된 식품 본래의 향을 보강시키는 식품첨가물
효소제	특정한 생화학 반응의 촉매 작용을 하는 식품첨가물

식품첨가물의 식품공학적인 기능별 분류

명칭	용도 및 특성
식품기능성에 영향을 주는 화학물질	식품의 물성 및 코로이드성의 조절, 경화제기능
식품가공용 화학물질	식품의 위생 및 관능특성 향상, 소포제, 킬레이트제 효모영양제
수분조절용 화학물질	왁스 성분이나 항조해작용
영양강화제	식품의 영양성분을 보강, 비타민류, 아미노산류, 무기염류 등 영양강화
보존료	식품의 부패나 변질방지, 방부제 기능
착색료	식품의 본래 색을 고정, 변색 및 퇴색방지, 색깔개량
향미료(착향료)	특유한 방향으로 식품의 기호성과 식욕을 증진
품질관련 생리적 기능조절 화학물질	생리적인 기능과 성숙촉진작용
pH조절용 화학물질	산류, 염류, 알칼리류 등으로 조절작용
기타	

4 식품첨가물의 일반사용 기준

(1) 식품 중에 첨가되는 식품첨가물의 양은 물리적, 영양학적 또는 기타 기술적 효과를 달성하는데 필요한 최소량으로 사용하여야 한다.

(2) 식품첨가물은 식품제조·가공과정 중 결함 있는 원재료나 비위생적인 제조방법을 은폐하기 위하여 사용되어서는 안 된다.

(3) 식품 중에 첨가되는 영양강화제는 식품의 영양학적 품질을 유지하거나 개선시키는데 사용되어야 하며, 영양소의 과잉 섭취 또는 불균형한 섭취를 유발해서는 안 된다.

(4) 이 고시에서 품목별로 정해진 주용도 이외에 국제적으로 다른 용도로서 기술적 효과가 입증되어 사용의 정당성이 인정되는 경우에는 해당 용도로 사용할 수 있다.

5 식품첨가물의 보존 및 유통기준

(1) 식품첨가물은 위생적으로 보관 판매하여야 하며, 그 보관 및 판매장소가 불결한 곳에 위치하여서는 안 되며, 방서 및 방충 관리를 철저히 하여야 한다.

(2) 식품첨가물의 취급 장소는 비, 눈 등으로부터 보호될 수 있어야 하며, 인체에 유해한 화공약품, 농약, 독극물 등과 같은 것을 함께 보관하지 말아야 한다.

(3) 이물이 혼입되지 않도록 주의하여야 하며, 식품첨가물의 풍미 등 품질에 영향을 줄 수 있는 다른 식품첨가물과는 분리 보관하여야 한다.

(4) 흡습의 우려가 있는 식품첨가물은 흡습되지 않도록 주의하여야 한다.

(5) 식품첨가물의 운반 및 포장과정에서 용기, 포장이 파손되지 않도록 주의하여야 하며, 가능한 한 심한 충격을 주지 않도록 하여야 한다.

(6) 따로 규정이 없는 한 서늘한 곳에서 보관, 유통하여 식품첨가물을 넣은 용기, 포장의 물리적인 변형이나 녹 등이 발생되지 않도록 하여야 한다.

6 식품첨가물의 안전성과 허용량

식품첨가물은 인체에 유해하거나 건강에 해가 되는 경우에는 제조, 사용, 판매를 할 수 없으며, 사람이 매일 섭취해도 장애가 없어야 한다. 사용목적에 대한 효과가 커야 하고 가격이 저렴해야 하지만, 가장 중요한 것은 첨가물의 안전성이다.

식품안전성 평가는 필요하며, 그 기본이 되는 것은 실험동물을 이용하여 독성 여부를 확인하게 된다. 각 나라별로 안전성의 허용기준을 달리하고 있지만 오늘날의 식품 유통은 국경이 없는 관계로 국제 통상간의 마찰이나 위해여부, 사용의 기준이 논란의 대상이 되어 국제관계기구를 중심으로 통일화 방안이 활발하게 진행되어 왔다.

우리나라에서 식품첨가물로서의 신규 지정은 지정의 필요성이 인정될 때 안전성 검토, 사용효과, 외국의 사용 예 등 관련 자료를 종합, 검토, 분석하고 그 결과를 전문가들로 구성된 식품위생심의위원회의 자문을 구하여 지정 고시하며, 첨가물의 품질보장 및 안전성 확보를 위하여 사용기준을 포함한 기준과 규격을 동시에 고시한다.

식품첨가물의 안전성 확인을 위한 일반적인 독성시험방법으로는 급성·아급성·만성독성의 3단계 시험법으로 분류하고 있으며, 인간과 실험동물의 차이, 인간의 남녀노소의 차이, 건강인과 환자의 차이 등 서로 차이가 있지만 쥐나 토끼 등 실험동물을 대상으로 판단하고 있다.

일반적으로 식품첨가물은 미량의 독성분으로도 장기간 섭취 시에는 독성분의 체내 축적으로 인해 만성독성이 일어나기 때문에 이의 허용한계량(허용치)을 설정할 필요가 있다. 즉, 안전성 평가 자료를 근거로 한 독성평가에 있어서 1일 섭취 허용량acceptable daily intake : ADI이라 함은 평생 동안 섭취하여도 건강상 위해를 초래하지 않는 양을 의미하며, 사람의 체중 kg당의 mg(mg/kg/day)으로 표시하는데 이는 만성독성 시험결과에서 무해성, 모독성이 인정되는 최대무작용량maximum no effect level : MNEL을 결정하고 이 값에 FAO와 WHO에서 인정한 식품첨가물별 안전계수(보통 100~200)로 나눈 것을 말한다. 하지만 국가별로 식습관과 식문화 그리고 인체 내 내성이 다르기 때문에 ADI를 허용기준으로 하여 강제성이 없는 상태에서 권장만 하고 있을 뿐이다.

미국 FDAfood and drug administration : FDA는 오랫동안 사용되어 온 첨가물은 외견상 안전하다는 판단 하에 식품첨가물 개정법(1958)에서 이른바 GRAS 목록제도를 도입하였다.

GRAS란 'generally recognized as safe'를 지칭하는데, GRAS 물질이 되기 위한 기준

은 1958년 이전에 건강상의 위해나 유해성이 없이 상용되어 온 것이나 적절한 과학시험에 의하여 안전성이 확립된 것 2가지로 요약할 수 있다. 오늘날 미국에서는 안정성 검토가 완료된 GRAS 물질인 경우 안전한 첨가물로 간주되고 있으며, 첨가물 분류에서 GRAS목록으로 기재된다.

식품첨가물의 안전성은 자체의 독성뿐만 아니라 그것이 불순물을 함유하고 있으면 인체에 악영향을 끼치는 수도 있으므로 순도에 대해서도 세심한 주의가 필요하다.

식약처는 JECFA, EFSA 등의 공신력 있는 국제기구에서 엄격한 기준에 근거하여 안전성을 입증한 식품첨가물에 대해서만 사용을 허용하고 있다. (현재 607개 품목)

식품첨가물로 사용되고 있다는 말은 이미 안전성이 확인된 물질이라는 뜻이며, 지나치게 불안해하지 않아도 된다.

| 식품첨가물1일 허용량 |

〈출처 : 식품의약품안전처〉

7 식품첨가물의 법적 규제사항

식품위생법에서 식품첨가물의 안전성확보를 위해 천연물이든 화학적 합성품이든 보건복지부장관의 지정, 규격과 기준, 제품검사, 표시기준 등에 대해 규제사항으로 규정되어 있다. 식품첨가물로 지정받기 위해서는 보건복지부장관의 자문기관인 식품위생심의위원회의 심의를 거친 다음 식품첨가물로서 타당성 여부를 평가한 후 이를 지정하도록 되어있다.

한번 지정된 식품첨가물이라 해도 최신의 과학을 근거로 안전성을 검토한 결과 안전성에 의문이 생기거나 식습관의 변화로 인해 필요성이 부족한 경우에는 사용금지가 내려질 수 있다.

(1) 식품첨가물의 지정 시 고려사항

- 식품첨가물의 안전성이 실증되었거나 확인된 것
- 사용상의 이점이 있을 것
- 식품의 영양가를 유지시키는 것
- 식품의 제조, 가공에 필요한 것
- 소비자에게 이점을 줄 수 있는 것
- 식품의 부패, 변질, 화학변화를 방지하는 것
- 식품을 아름답게 하고 매력을 증대시키는 것
- 기타 식품에 첨가 시 화학분석 등에 의해 확인할 수 있는 것
- 동일목적의 첨가물과 비교하여 동등 이상의 효과가 있을 것
- 사용목적에 충분한 효과가 기대되는 것

8 식품첨가물의 올바른 사용법

가공식품의 다양화로 인간의 삶의 질을 높이고 윤택하고 풍요롭게 하는 대신 식품첨가물을 사용하는 가공식품이 사용목적이나 사용방법의 잘못으로 인해 위해성이 발생하면 체내 악영향을 미치게 되므로 식품첨가물의 올바른 사용법을 알고 유의사항에

관심을 가져야 한다.

(1) 식품첨가물의 올바른 사용법

- 식품첨가물 취급자는 모든 첨가물에 대한 전문지식을 갖고 올바르게 사용할 것.
- 식품위생법규상의 규정을 준수하고 확인할 것.
- 가급적 최소량을 사용하고 첨가물이 필요치 않을 겨우는 사용하지 말 것.
- 식품에 첨가 시 균일한 혼합이 되도록 할 것.
- 효과적이고 경제적인 측면에서 활용할 것.
- 사용기준에 적합해야 하며, 첨가물의 효과를 과신하거나 남용하지 말 것.
- 첨가물에 대한 자가 규격이나 공인기관에서 정기적 혹은 수시로 성분분석을 할 것.
- 첨가물별 특성에 맞는 장소에서 보관하고 관리할 것.
- 사용기준이 규정되어 있지 않는 첨가물이라도 과용하지 말 것.

(2) 식약처의 식품첨가물 관리

식약처에서는 매년 식품첨가물 사용 수준 및 섭취량에 대한 모니터링을 실시하고 있다. 이를 통해 식품첨가물이 안전한 수준에서 사용되고 있는지 또한 우리 국민의 식품첨가물 섭취 수준이 안전한 범위에 있는지 지속적으로 관리하고 있다. 식약처에서는 매년 모니터링 결과를 공개하고 있으며, 우리 국민의 식품첨가물 섭취는 안전한 수준으로 유지되고 있다.

(3) 식품첨가물 관련 궁금증 풀이(Q&A)

Q : 식품첨가물이 소비자에게 주는 이익은 무엇인가?

A : 식품첨가물은 식품의 안정성 등 품질을 유지하거나 관능적 품질을 높여준다. 식품의 영양적 품질 향상에도 기여한다. 식품의 제조, 가공, 포장, 운송, 저장 시 원료물질의 결함이나 비위생적 취급을 은폐하기 위해 식품첨가물이 사용되어선 안 된다.

Q : 어떤 물질이 식품첨가물로 사용 가능한가?

A : 식약처의 안전성 평가를 통과한 식품첨가물만 식품에 사용 가능하다.

Q : 식품첨가물로 허용되기 위한 조건은 무엇인가?

A : 식품첨가물 사용을 허가받으려면 허용된 양이 인체에 위해한 영향을 미치면 안 된다. 다른 방법으론 달성할 수 없는 정당한 기술적 필요성이 있어야 한다. 식품첨가물의 사용이 소비자를 오인하게 해서도 안 되며, 소비자에게 분명한 이점이 있어야 식품첨가물 허가를 받는다.

식품첨가물 섭취수준 모니터링 및 안전성 평가

〈자료 : 식품의약품안전처〉

02 GMO

1 GMOGenetically Modified Organism 정의

우리말로 '유전자변형생물체' 또는 '유전자변형농산물'이라고 한다. 유전자변형생물체는 생물체의 유전자 중 유용한 유전자를 취하여 그 유전자를 갖고 있지 않은 생물체에 삽입하여 유용한 성질을 나타나게 한 것이다. 이와 같은 유전자재조합기술을 활용하여 재배·육성된 농산물·축산물·수산물·미생물 및 이를 원료로 하여 제조·가공한 식품(건강기능식품을 포함) 중 정부가 안전성을 평가하여 입증이 된 경우에만 식품으로 사용할 수 있으며, 이를 유전자변형식품이라 한다.

(1) 유전자Gene

유전자는 자신의 고유한 형태, 색, 성질 등과 같은 특성에 대한 정보를 담아서 그 특성을 다음 세대에 전하는 물질로 모든 생물에 들어 있는 유전정보의 단위이다. 세포 속에 들어 있는 유전자는 생명현상의 가장 중요한 성분인 단백질을 만드는 데 필요한 유전정보로 DNA디옥시리보핵산/Deoxyribonucleic acid로 불리는 화합물로 구성되어 있다.

(2) DNADeoxyribonucleic acid

DNA는 인산, 당 및 염기로 구성된 뉴클레오타이드nucleotide라는 동일한 단위들이 반복되어 선상배열을 하고 있으며, 주로 세포 내에서 생물의 유전정보를 보관한다. 아데닌Adenine, 구아닌Guanine, 시토신Cytosine, 티민Thymine의 4개의 서로 다른 염기가 존재하여 두 나선 사이에서 염기쌍을 이루고 있다.

(3) 유전자재조합

생물체의 유용한 유전자를 취하여 그 유전자를 갖고 있지 않은 생물체에 삽입하여 유용한 성질이 나타나게끔 하는 기술이다.

(4) LMOLiving Modified Organisms

살아있음Living을 강조하는 용어로서 그 자체 생물이 생식, 번식 가능한 것(알곡상태의 옥수수, 콩, 유채 등)으로 '살아있는 유전자변형생물체'를 의미한다.

(5) 세계 GMO 농산물 재배 현황

2007년을 기준으로 우리나라, 유럽, 일본, 미국, 호주, 캐나다 등 세계 52개국에서 GMO를 허용하고 있다. 참고로 GMO를 재배하고 수출, 수입하는 나라는 23개국이며, 우리나라와 같이 직접 재배는 하지 않고 수입만 하는 나라는 29개국이다.

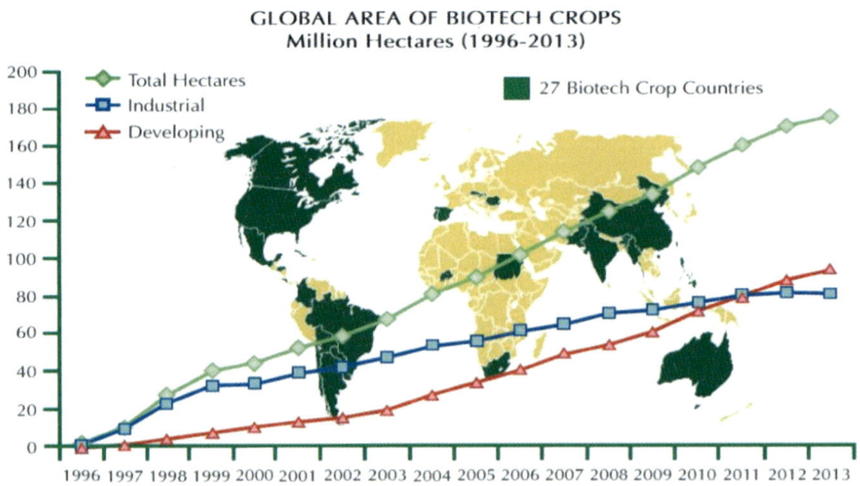

ISAAA, 2014.2.

● **세계 27개국 약 1억7천5백만 헥타르에서 GM 농산물 재배**

. **한반도 면적의 약 8배 / 전세계 주요 농산물 재배면적의 약 50%**

〈출처 : 식품의약품안전처〉

Q : 국내에서 식품으로 사용 가능한 GM 농산물은 무엇인가요?

A : 현재(2017년 1월 기준) 국내에선 콩, 옥수수, 사탕무, 카놀라, 면화, 알팔파의 6개 농산물 138개 품목이 안전성 심사를 거쳐 식품으로 수입 허용되어 있다.

| 수입허용 식품 |

2 GMO 표시제

GMO에 대한 안전성 논란이 치열하게 전개되자 그 대안으로 나온 것이 GMO표시제다.

GMO 표시제는 소비자의 알 권리를 보장하기 위한 제도로 GMO가 안전상 어떤 문제가 있다는 증거는 아직 없지만 그래도 왠지 찜찜하다고 여기는 소비자는 GMO가 아닌 일반식품을 선택할 수 있도록 하기 위해서다. 소비자가 맨 눈으로 GMO와 일반식품을 구별할 순 없다. GMO의 안전성을 불신하는 사람은 GMO라고 표시된 식품은 구입하지 않을 것이며 안전성에 문제가 없다고 생각하면 구입해도 무방하다. 이는 소비자가 선택할 문제로써 국내에선 콩, 옥수수, 면화, 카놀라, 사탕무와 그 가공품(팝콘, 콘플레이크, 두부, 된장, 콩가루 등)이 GMO 표시대상이다.

콩기름, 옥수수기름 등은 현재 GMO를 원료로 사용했어도 GMO 표시 대상이 아니다. 거의 100% 지방인 콩기름, 옥수수기름에선 유전자변형 DNA 또는 외래단백질이 존재하지 않는다는 이유에서다. 일부 소비자단체는 유전자변형 DNA 또는 외래단백질이 존재하지 않아 검사가 불가능한 콩기름, 옥수수기름이나 전분당에 대해서도 GMO 표시를 의무화할 것을(GMO 완전표시제) 요구하고 있다.

분명한 GMO일 경우 '유전자변형식품' 또는 '유전자변형OO포함식품' 등으로 표시하게 되어 있다. 유전자 변형된 원료 사용 여부를 확인할 수 없는 경우엔 '유전자변형 OO포함 가능성 있음'으로 표시할 수 있다.

주요 국가의 GMO 표시제도

구분	한국	일본	호주/뉴질랜드	미국	유럽
식품용으로 승인된 GMO* *식품용 GMO가 승인되었다고 모두 상업적 생산을 의미하는 것은 아님	6종 대두, 옥수수, 면화, 카놀라, 사탕무, 알팔파	8종 대두, 옥수수, 면화, 카놀라, 사탕무, 알팔파, 감자, 파파야	8종 대두, 옥수수, 면화, 카놀라, 사탕무, 알팔파, 감자, 쌀	15종 대두, 옥수수, 면화, 카놀라, 사탕무, 알팔파, 감자, 파파야, 호박, 사과, 치커리, 아마, 자두, 벼, 토마토	5종 대두, 옥수수, 면화, 카놀라, 사탕무
GMO 표시대상	상기 6종의 농산물 및 그 가공품	상기 8종의 농산물 및 그 가공품	상기 8종의 농산물 및 그 가공품		상기 5종의 농산물 및 그 가공품
GMO 표시기준	유전자변형 원재료를 주요원재료로 사용한 식품 중 유전자 변형 DNA(단백질)가 남아있는 식품	유전자변형 원재료 함량 3순위 이내로서, 원재료 함량비 5%이상으로 사용한 식품 중 유전자변형 DNA(단백질)가 남아있는 식품	최종제품에 유전자변형 DNA 또는 유전자변형단백질이 남아있는 식품	기존식품과 영양성, 알레르기성 등이 현저하게 차이 나는 경우만 표시 *GM 고올레인산 대두, GM스테아리돈산 대두	유전자변형 DNA(단백질) 잔류 여부와 관계없이 모두 표시
Non-GMO 표시	유전자변형식품 표시대상 중 유전자변형식품등을 사용하지 않은 경우로서 표시대상 원재료 함량이 50%이상이거나 또는 해당 원재료 함량이 1순위로 사용한 경우 표시가능	자율이나 '유전자변형이 아닌 것을 분별' 등으로 표시해야 함(비의도적 혼입치 인정)	GMO와 전혀 관련 없는 제품 등에 Non-GMO 표시는 할 수 없음(공정거래법 위반, 비의도적 혼입치 불인정)	GMO와 전혀 관련 없는 제품 등에 Non-GMO 표시는 부적절하다고 안내	자율 *통일된 규정은 없으나 자국의 상황에 따라 안정범위를 달리하고 있음
유지류-당류 등 고도로 정제되어 유전자 변형 DNA(단백질)가 남아있지 않은 제품에 대한 GMO 표시여부	표시제외	표시제외	표시제외	*GM 고올레인산 대두, GM스테아리돈산 대두로 만든 대두유	표시제외
비의도적 혼입치	3%	5%	1%	-	0.9%

〈자료 : 식품의약품안전처〉

(1) GMO 표시 대상

우리나라의 GM 식품 표시대상은 안전성 평가 결과 식용으로 승인된 GM 콩, 옥수수, 카놀라, 면화, 사탕무(이를 싹틔워 기른 콩나물, 새싹채소 등 포함)다. 이 다섯 가지 GM 농산물을 주재료로 제조·가공해 유전자재조합 DNA나 외래 단백질이 남아 있는 모든 식품(두부, 콩가루, 옥수수 가루, 된장 등) 중 원료 함량이 상위 5 순위 이내인 식품도 GM 표시 대상이다. 단 간장, 식용유, 당류(포도당, 과당, 엿류 등)·주류(맥주, 위스키, 브랜디 리큐르, 증류주, 기타 주류 등)·식품첨가물은 GM 표시 대상에서 제외돼 GM 표시를 하지 않아도 된다.

(2) GMO 궁금증 풀이(Q&A)

Q : GMO는 안전한가?

A : 개발과정 중에 있거나 정부에서 안전성을 평가하지 않은 GMO는 안전하지 않을 수 있다. 실제로, 브라질너트Brazil nut의 일부 유전자를 콩에 넣어 만든 GMO 콩이 알레르기를 일으킨다는 사실이 밝혀져 개발이 중단된 사례가 있다.

GMO의 안전성은 결론을 내기 힘든 사안이다. 안전하다는 쪽에선 "지난 20년간 GMO 성분이 함유된 식사를 2~3조(兆) 번이나 했지만 건강상 피해를 입은 사례는 아직 한 건도 없었다. 유해하다는 증거가 있으면 제시하라"고 주장한다. 이에 대해 안전하지 않다는 쪽은 "GMO를 장기간 섭취했을 때 안전하다는 증거는 없다. GMO 안전성에 대한 과학적 검증이 불완전하다."고 반박한다. GMO의 안전성에 대해 의견 일치를 보기란 현 시점에서 불가능하다. 다만, 우리나라는 국내에 최초로 수입 또는 생산되는 유전자변형식품이 안전성 심사를 통해 안전성이 확인되어야 수입, 판매를 허용하고 있다. 지금까지 우리나라와 외국 정부기관에서 심사, 승인되어 유통 중인 유전자변형식품의 안전성에 문제가 있다고 입증된 사례는 없다.

Q : 국내에서 식품으로 사용 가능한 GM 농산물은 어떤 것이 있나?

A : 현재 국내에선 콩·옥수수·카놀라·면화·사탕무·알팔파의 6개 농산물 138개 품목이 안전성 심사를 거쳐 식품으로 수입이 허용돼 있다.(2017년 1월 현재)

Q : GM 식품을 먹으면 사람의 유전자가 변형되나?

A : GM 식품을 먹어도 사람의 유전자는 변형되지 않는다. GM 식품을 포함해 모든 식품은 유전자를 갖고 있다. 식품 속 유전자는 우리 몸 속의 소화효소와 강산성인 위액에 의해 분해된다.

Q : 해충저항성 GM 농산물엔 해충을 죽이는 단백질이 함유돼 있다고 하는데 사람이 먹어도 문제가 없나?

A : 농산물 속에 숨어 있는 해충의 유충을 죽이는 단백질인 BT단백질을 도입한 GM 농산물이 개발되어 있다. 이 BT단백질은 특정 벌레(나비목, 딱정벌레 류 곤충)만 죽이도록 만들어진 것이다. 사람이 먹으면 강산성인 위액에 의해 완전히 분해 돼 아무런 해를 끼치지 않는다. 벌레를 죽이는 이 BT단백질은 이미 70년 동안 미생물 농약으로 사용되고 있다. 현재까지 사람에게 나쁜 영향을 미친다는 보고는 없다.

Q : GM 식품은 현재 위해가 없더라도 몇 세대가 지나면 어떤 위해가 발생할지 모르는 것 아닌가?

A : 현재 위해가 발생하지 않았으나 몇 세대가 지나면 어떤 위해가 발생할지 모른다는 잠재적 위험성은 GM 식품뿐만 아니라 모든 식품에 적용된다. GM 식품은 시판 전에 엄격한 기준에 따라 식약처가 안전성을 평가해 승인하고 있다. 시판 후에도 위해 발생 가능성에 대비해 정보를 계속 수집 · 분석하고 있다. GM 식품을 사람이 먹기 시작한 지 20년이 지났지만 인체에 위해가 발생했다는 사례는 보고되지 않았다. 사람보다 세대가 훨씬 짧은 가축도 GM 사료를 먹는데 벌써 몇 세대가 지났지만 위해가 발생한 사례는 없다.

Q : GMO를 사용하지 않았어도 GMO가 검출될 수 있나?

A : 일반 농산물에서 GM 농산물이 일부 섞여 검출될 수 있다. 일반 농산물이 GM 농산물과 섞이는 것을 방지하기 위해 종자의 구입부터 제품의 생산 · 유통까지 별도의 운송수단을 사용하는 등 구분해서 관리하고 있다. 하지만 꽃가루에 의해 GM 옥수수가 비GM 옥수수 밭에서 자라거나, 운반과정에서 섞이는 등 의도하지 않은 요인에 의해 일반 농산물에 GM 농산물이 혼입될 수 있다. 이런 이유 때문에 국내에서도 GM 농산물이 비의도적으로 혼입되는 것을 3%까지 허용하고 있다. 일본의 경우 5%, 유럽은 0.9%까지 비의도적 혼입을 허용한다. GM 농산물이 비의도적 혼입치 이내로 섞여 있다면 GM 표시를 하지 않아도 된다.

Chapter 06

세척, 소독, 살균

01 세척

식기나 조리기구 또는 용기 표면에서 세척제를 사용하여 음식 성분과 기타 유기 성분을 제거하는 일련의 작업과정으로 살균·소독을 위한 전단계이다.

세척 후 표면에 남아있는 식중독 균을 효과적으로 제거하기 위해서는 유효농도의 살균·소독제를 적절히 사용하여야 하고 식품과 구분하여 환기가 잘되는 곳에 보관하여야 하며, 생으로 바로 먹는 과일이나 채소의 표면에는 토양으로부터 유해 세균이 묻어 올 수 있기 때문에 세척 후 살균·소독을 한 다음 섭취하여야 안전하다.

효과적인 세척·살균 소독은 유해 세균을 억제하거나 감소시킴으로써 식품안전을 확보 할 수 있다.

효과적인 세척 작업으로는 다음과 같이 네 과정으로 나뉜다.

- 합성세제나 기타 세척제가 음식물의 찌꺼기와 접촉한다.
- 음식물의 찌꺼기가 세척되면서 도구의 표면적으로부터 떨어진다.
- 음식물의 찌꺼기가 물속에서 흩어진다.
- 흩어진 음식물의 찌꺼기는 다시 도구의 표면적에 묻지 않도록 세척제와 함께 제거한다.

1 음식 찌꺼기 제거

본격적으로 세척하기 전 식기를 긁어내거나 물을 뿌려 표면적에 붙은 음식물의 찌꺼기를 제거한다.

2 세척제 사용

- 세척제는 찌꺼기와 기타 유해물질을 제거하기 위해 사용되어지는 화학적 화합물이다.
- 세제를 기기나 도구의 표면적에 사용하는 방법은 여러 가지가 있다.

● 세제에는 일반적으로 산성 및 알칼리성 세제, 또는 기름전용 세제, 세정제가 포함된다.

◉ 올바른 손 씻기(거듭 씻기)

식품 취급시 반드시 손을 씻어야 할 때!	왜 그럴까요?
• 조리장에 들어오기 전 • 원재료를 다듬거나 세척 작업 후 • 생고기, 가금류, 어패류, 계란을 만진 후 • 청결하지 못한 물품, 접시, 기구를 다룬 후 • 작업공정 변경 후 • 청소를 하거나 살균소독제 등 화학약품을 다룬 후 • 장갑 사용 전 · 후 • 화장실 이용 후 • 코를 풀거나 재채기를 하고 난 후 • 핸드폰을 사용한 후 • 귀, 입, 코, 머리와 같은 신체부위를 만지고 난 후 • 휴식을 취하거나, 식사허간, 담배를 피운 후 *고무장갑도 손 씻기에 준하여 철저하게 씻기 실시	우리 주변에는 눈에 보이지 않는 각종 세균과 바이러스가 있고 손을 통해 쉽게 식품을 오염시킨다. 주요 세균과 바이러스로는 화장실 용변 후 손에 남는 대장균, 설사를 유발시키는 시겔라균, 여드름을 만드는 황색포도상구균, 황달과 설사를 일으키는 간염A바이러스 등이 있다. 

〈자료 : 식품의약품안전처〉

(1) 산성 세제

산성 세제는 기구의 표면적에 마그네슘이나 칼슘과 같은 무기질 찌꺼기를 용해하는데 사용되며, 경수 찌꺼기나 음식 찌꺼기 등을 제거하는데 자주 사용한다.

(2) 알칼리성 세제(합성 세제)

알칼리는 대부분의 세척제에 사용되어지는 주요성분이다. 알칼리는 지방과 결합하여 비누를 만들거나, 단백질과 결합하여 물에 쉽게 용해되는 성분을 만든다. 알칼리는 세척력을 증가시키기는 좋은 완충제이지만 일부 알칼리는 아연, 알루미늄을 도금한 주석이나 금속을 부식시키기도 한다.

알칼리 세제는 외식업 업장의 도구, 기기, 벽이나 바닥, 천장을 세척하는데 널리 사용되는 다목적용 세제이다.

(3) 기름 전용세제

기름전용 세제는 지용성 오염물이나 기름기를 제거하는 데 사용된다.

기본재료인 계면활성제는 기름에 침투하여 분해하며 기름 전용세제는 섬유질의 표면보다는 단단한 표면 세척에 효과적이다.

세척의 전 단계에서 사용되거나 독립적인 세제로도 사용한다.

(4) 세정제

이름과 같이 세정제는 살균소독제 성분과 세제 성분을 동시에 함유하고 있는 세제로서 두 단계로 식품 접촉면을 효과적으로 세척한다.

첫 단계는 표면 세척에 사용하며, 두 번째는 살균을 하기 위해 사용하며, 세척작업이 끝난 후에도 표면을 깨끗하게 헹구며, 혹시 남아있을 세제성분을 제거하도록 한다.

세척을 하는 동안에는 식품 등에 세척제가 혼입 되거나 먼지나 세균에 오염되지 않도록 분리해서 안전한 곳에 별도 보관하여야 한다.

1종은 2종 및 3종 세척제로, 2종은 3종 세척제로 사용 가능 하나, 3종으로는 2종 및 1종, 2종으로는 1종의 목적으로 사용 할 수 없다.

▌세척제 종류▐

〈자료 : 식품의약품안전처〉

3 헹굼

표면에 남아있는 세제 성분 등을 없애기 위해서 세척 후 바로 깨끗한 물로 헹구며, 헹굼은 세척 시 가장 중요한 작업이므로 소독약의 살균력이 감소되지 않도록 기구의 표면적에 남아있는 세제를 깨끗이 제거해야 한다.

자동 식기 세척기가 없는 경우 효과적인 세척을 하기 위해서는 최소한 세 칸으로 구분된 싱크대가 필요하다. 싱크대 칸들은 솥이나 팬 등 큰 조리기구와 장비가 들어갈 수 있는 크기이어야 하고 싱크대 부위는 음식물 찌꺼기를 긁어낼 수 있는 부위와 완료된 조리기구 등을 자연 건조할 수 있는 구조로 되어 있는 것이 좋다.

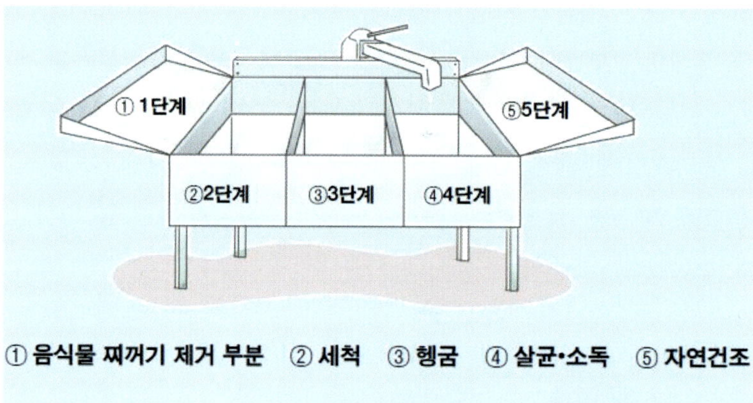

▎세 칸 싱크대 사용구분▎

〈자료 : 식품의약품안전처〉

02 소독과 살균

소독이란 병원성 미생물이 전파되는 것을 억제하거나 사멸시키는 것을 말한다. 소독은 미생물의 포자까지 제거되지는 않고, 비병원성 미생물의 오염을 방지하는 용도로 사용되며, 소독을 위한 소독제의 조건으로는 높은 석탄산계수, 높은 안전성, 낮은 독성, 높은 용해성, 부식성이나 표백성이 없을 것, 강한 침투성, 저렴한 가격, 간편한 사용 등이 있다.

살균은 물리적, 화학적인 방법으로 자극을 가하여 모든 형태의 미생물을 사멸시키거나 불활성화 시키는 것을 의미한다. 그러나 모든 미생물의 독소, 대사산물, 구성효소 등의 파괴를 의미하는 것은 아니며, 살균하여도 미생물의 독소나 대사산물은 제거되지 않을 수 있어 식중독 발생을 방지하기 위한 완벽한 방법이라 할 수 없다.

살균에는 효소를 비활성화, 단백질의 변성, 균체를 기계적으로 파괴하는 등의 방법이 있다.

key point

- 소독 : 미생물의 오염을 방지
- 살균 : 미생물을 죽이는 것
- 멸균 : 미생물뿐만 아니라 포자까지 사멸시키며, 무균상태로 처리하는 것

살균소독제란 무엇인가요?

- "기구 등의 살균소독제"란 식품의약품안전청장이 고시한 성분으로 제조하여 기구 및 용기, 포장의 살균, 소독의 목적으로 사용되는 식품첨가물을 말합니다.
- 식품의약품안전청장은 기구 및 용기, 포장의 살균, 소독 목적에 사용되어 간접적으로 식품에 이행될 수 있는 물질의 성분 명을 고시하고 있으며, 고시된 유효성분으로 제조한 기구 등 살균소독제 제품에 대한 유효성 및 안전성 등의 검토를 거쳐 "기구 등의 살균소독제의 한시적 기준, 규격 인정"제도를 시행하고 있습니다.

살균소독제는 왜 필요한가요?

- 최근 급식 · 외식산업이 발달함에 따라 식중독 발생이 점차 대형화되는 추세에 있으며, 식품을 안전하게 조리, 제조 및 가공하기 위하여 급식소, 접객업소, 유가공 설비 · 기구, 식품가공 설비 · 기구 등에 잔류하는 유해 미생물 살균 · 소독을 위해 기구 등의 살균소독제가 필요합니다.

❙ 살균 · 소독의 필요성 ❙

〈자료 : 식품의약품안전처〉

▸ 집단급식소의 설치 · 운영자의 준수사항으로 "물수건 · 숟가락 · 젓가락 · 식기 · 찬기 · 도마 · 칼 및 행주 기타 주방요구는 기구 등의 살균소독제 또는 열탕의 방법으로 소독한 것을 사용하여야 한다."로 규정되어 있습니다.
규정에 따라 기구 등의 살균소독제를 사용함에 있어 불법 살균소독제를 사용하는 경우에는 식품위생법령에 의한 처분을 받게 됩니다.

살균소독제에는 어떤 것들이 있나요?

▸ 기구 등 살균소독제의 사용용도
- 급식소 또는 접객업소의 기구용
- 유가공 설비 기구용
- 식품가공 설비 기구용

Ⅰ살균 · 소독제의 종류Ⅰ

〈자료 : 식품의약품안전처〉

1 물리적 소독 살균법

(1) 건열 살균법

건열 살균기를 사용하여 160~170℃에서 1~2시간 살균하는 방법으로 아포까지 살균이 가능하며 보통 초자기구, 용기, 유리, 분말, 기름과 같은 것을 살균할 때 이용한다.

그러나 건열 살균법은 습열 살균법 보다 열전도가 느려서 높은 온도가 필요하며 건열에 의한 세균포자의 사멸시간은 다음과 같다.

건열 살균에 의한 세포포자의 사멸시간

세균	사멸시간 (분)						
	120℃	130℃	140℃	150℃	160℃	170℃	180℃
Bac. anthracis	-	-	180	60~120	9~90	-	3
Cl. botulinum	120	60	15~60	25	20~25	10~15	5~10
Cl. perfringens	50	15~35	5	-	-	-	-
Cl. tetani	-	20~40	5~15	30	12	5	1
Soil spores	-	-	-	180	30~90	15~60	15

(2) 화염 살균법

화염 살균법은 물체 표면의 미생물을 화염으로 태워 살균하는 방법으로 천연가스의 화염이나 알코올램프를 사용하여 유리기구, 금속기구, 도자기, 백금선, 백금 등을 살균하는데 이용한다.

(3) 자외선 살균법

자외선은 태양광선 중 파장이 100Å~3,900Å을 자외선이라 하며, 가장 강한 살균력을 나타내는 파장은 2,650Å 부근의 파장이다.

그러나 태양으로부터 지표에 도달하는 자외선은 2,900Å이하가 거의 없기 때문에 태양광선의 살균력은 실제로는 미약하여 살균력이 강한 자외선을 인위적으로 만들어 사용하는데 이것이 저압수은등으로 2,537Å의 자외선이다.

자외선은 미생물의 균체 내 감수성이 민감한 핵단백질 DNA를 파괴하여 증식장용과 호흡활성을 방해하여 곰팡이, 세균을 살균한다.

자외선의 살균효율은 온도, 풍속, 조사거리 등에 영향을 받고 균종에 따라 차이가 나며, 장점은 모든 균종에 효과가 있고 사용방법이 간단하고 균에 대한 내성이 생기지 않으며, 피조사물에 변화를 주지 않고 물이나 공기의 살균에 적합하고 단점은 대상물에 침투성이 없어 먼지나 미립자에 은폐된 미생물까지는 효과가 없으며, 자외선이 노출되는 표면만 살균된다는 점으로 조사하는 동안에만 효과가 있고 잔류효과가 없으므로 장시간 조사 시 지방산이 산패되고 유기물 특히 단백질이 존재하면 흡수당하여 효과가 저하되고 자외선을 직사하면 결막염, 각막염 등이 원인이 되고 피부에 조사되면 붉은 반점이 나타난다.

자외선 살균의 장 · 단점

장점	단점
• 모든 균에 효과적이다. • 음식들에 변패가 적다. • 살균효과가 크다. • 균에 대한 내성이 없다. (사멸)	• 표면 살균에만 한정되어 있다. • 그늘진 곳에서는 효과가 없다. • 지방에 장시간 조사 시 산패치가 나타난다. • 잔류효과가 없다. → 시간이 지나면 오염될 가능성이 크다.

(4) 방사능 살균법

방사능 살균법은 Co-60이나 Cs-137과 같은 방사선 동위원소로부터 방사되는 감마선, 가속기에서 만들어진 전자선, X선 등의 방사선 조사에 의해 살균 목적으로 사용하며, 방사선으로 살균한 식품을 조사식품이라고 하는데 최근에는 조사식품의 건전성이 국제적으로 확인되고 있고 에너지가 적게 소모되어 완전 살충·살균, 발아·발근 억제효과가 탁월하여 세계 각국에서 산업화되었거나 활용하고 있다.

방사선 조사로 대상의 온도상승이 없으며, 감마선의 투과력이 뛰어나 포장한 채로 혹은 포장하지 않거나 동결 상태에서도 조사할 수 있으며, 살균법에서 생각지 못한 장점들을 보이고 있다.

한번 조사한 식품은 재조사할 수 없고 조사한 식품에는 5cm 크기의 아래와 같은 도안을 제품 용기나 포장에 표기하여야 한다.

국제적 통용 방사선 조사표시 마크

〈자료 : 식품의약품안전처〉

(5) 가열 살균법

가열 살균법은 식품에 오염된 미생물 생존이 가능한 온도 보다 높은 온도로 가열하여 보존하는 방법이다.

가열온도가 높으면 여러 종의 미생물을 살균이 가능하나 비타민 파괴, 단백질 변성, PH 변화, 풍미저하, 갈변 등이 일어나 품질이 저하될 수 있으므로 가열 온도는 가능한 낮은 쪽이 좋다.

또한 포장 등 외부에서 미생물이 침투할 수 없는 상태로 가열한 후 저온 보존방법 등을 병행하면 미생물에 변질을 억제할 수 있다.

◉ 식품의 가열 살균 방법

살균방법	가열 온도, 시간	특징
저온 장시간 살균법	60~65℃ 30분	• 우유 · 간장 · 소스 등의 살균에 사용 • 영양소 · 향미 보존가능 • 완전한 살균 불가
고온 단시간 살균법	71℃ 15초	• 우유 · 과즙 살균에 사용 • 영양성분 파괴가 적고 살균 효과가 크다
초고온 순간 살균법	130~135℃ 2~3초	• 우유 · 과즙 살균에 사용 • 고온 살균으로 변질 가능성 없으나 일부 영양소의 변형 · 파괴
고온 장시간 살균법	95~120℃ 30~60분	레토르트 · 통조림 살균에 사용, 장기간 보존
자비(열탕) 살균법	100℃ 10분	세균의 포자 생존 경우가 많음

(6) 증기 멸균법

증기 멸균법은 끓는 물에 생기는 열의 수증기를 이용하여 미생물을 살균하는 방법으로 100℃의 유동수증기와 고압수증기를 이용하는 방법이 있다.

수증기 소독을 이용할 수 있는 소형의 기구, 식기, 용기, 조리기구 등의 살균 시 100℃의 유동수증기에서 30~60분 가열 살균하며, 균은 가열에 의해 체내에 있는 단백질이 변성되어 기능을 상실하는데 수분이 많으면 저온에서 상실된다.

건열 살균에 비해 습열 살균이 살균에 효과적으로 알려져 있는데 이것은 수증기가 미생물 세포의 단백질 응고에 효과가 좋기 때문이다.

◉ 습열에서 세포포자의 사멸시간

세균	사멸시간 (분)							
	100℃	105℃	110℃	115℃	120℃	125℃	130℃	134℃
Bac. anthracis	2~15	5~10	-	-	-	-	-	-
Bac. subtilis	many hours	-	-	40	-	-	-	-
A. putrefactive	780	170	41	15	5~6	-	-	-
Cl. tetani	5~90	5~25	-	-	-	-	-	-
Cl. perfringens	5~45	5~27	5~15	4	1	-	-	-
Cl. botulinum	300~530	40~120	32~90	10~40	4~20	-	-	-
Soil bacteria	many hours	420	120	15	6~30	4	-	10~15
Themophilic bacteria	-	400	100~300	40~110	11~35	3.9~8.0	3.5	-
Cl. sporogenes	150	45	45	12	-	-	-	-

(7) 고압증기 멸균법

고압증기 멸균법은 1879 찰스 챔버랜드Charles Chamberland가 발견한 방법으로 증기에 압력을 가하여 멸균하는 방법이다.

고압증기 멸균법은 침투력이 강력하여 혐기성 아포 형성균, 보툴리누스균의 살균을 목적으로 하고 있으며, 아포를 포함한 병원성 세균, 모든 미생물, 바이러스 등을 사멸시키는 완전 멸균이 가능하다.

고압상태에서도 손상 받지 않는 식료품, 수술도구, 수액제, 솜, 세균배지, 생리식염수 등 여러 종류의 멸균이 가능한 고온에서 변질되는 기름이나 분말 등의 멸균에는 적합하지 않다.

고압증기 멸균법의 효과적인 방법으로는 멸균한 물건의 포장과 멸균기 속에서의 위치 선택이 중요하다.

고압증기 멸균법의 기압, 시간, 온도의 관계는 다음과 같다

고압 증기 멸균법의 기압과 시간, 온도의 관계

기압	시간	Lbs(inch^2)	온도(℃)
1		1	100
		5	108.8
1.5		7	111.7
	30분	10	115.5
2		14	120.2
	20분	15	121.2
3	15분	20	126.5
		26	131.5

(8) 간헐 멸균법

간헐 멸균법은 100℃ 이상으로 가열하면 사멸되는 미생물을 멸균 시 사용되는 방법으로 100℃에서 40~60분간 간헐적으로 멸균하는 방법으로 포자를 발아시킨 후 다시 열을 가하여 멸균하는 것이다.

100℃로 가열할 때에는 코흐Koch 증기 멸균기를 사용하고, 100℃이하로 가열할 때에는 틴들Tyndall 멸균기를 사용한다.

(9) 일광 소독법

일광 소독법은 태양관선의 자외선을 이용하는 방법으로서 직사광선은 균에 대하여 강한 살균력으로 결핵균, 페스트균, 장티푸스균의 경우 직사광선에서 수 시간이면 사멸된다.

그러나 일광 작용은 닿는 표면만 살균되고 지방 식품에는 지방이 산패되는 단점이 있다.

(10) 소각법

소각법은 병원체를 불로 태워 살균하는 방법으로 소독방법 중 효과가 가장 완전한 방법이다. 균에 오염된 물건이나 침구류 또는 폐기물 처리에 효과적이며, 포자를 형성하는 균의 사멸에 좋은 방법이다. 법정 감염병으로 숙은 가축이나 오염된 물품은 소각법이 가장 안전한 처리방법이다.

(11) 여과 멸균법

여과 멸균법은 여과기를 사용하여 균체를 제거함으로 무균액을 만드는 방법으로써 세균배양기나 의약품, 백신Vaccine류, 가열로 변성되는 혈청의 제균을 목적으로 하며, 액체여과기에는 Barkefeld 여과기, Chamberland 여과기, Seiz 여과기, Membrance 여과기 등이 사용되고 식품 공장에서는 공기의 제균을 목적으로 공기 여과기air filter를 사용한다.

2 화학적 소독살균법

살균이나 소독에 화학약품을 사용하여 병원성 미생물을 제거하는 방법으로 소독제를 작용하는 기작에 따라 구분하면 다음과 같다.

(1) 산화작용(과산화수소, 과망간산칼륨)

(2) 단백질 응고(포르말린, 승홍, 석탄산, 알코올)

(3) 단백질과 화화물 생성(요오드, 염소)

(4) 단백질의 변성(중금속의 염류, 강산, 강알칼리)

알아두고 가기 소독제의 효과는 다음과 같이 영양인자에 따라 달라진다.

- 대상물과 접촉시간에 길수록 살균력이 크다.
- 온도가 높을수록 살균력이 크다.
- 소독제의 농도가 진할수록 살균력이 크다.
- 유기물의 농가가 진할수록 살균력이 저하되며, 균종에 따라서 감수성의 차이로 효과가 다르다.

알아두고 가기 소독제의 구비조건은?

- 용해도가 높고 안정성이 있어야 한다.
- 살균력, 침투력이 강해야 한다.
- 부식성, 표백성이 없어야 한다.
- 사용 후 냄새 제거가 용이해야 한다.
- 인체에 무해해야 한다.
- 소독대상물이 손상을 입지 않아야 한다.
- 석탄산 계수가 높아야 한다.

(1) 석탄산

석탄산은 밝은 분홍색 혹은 노란색을 띠는 무색 결정으로 특징적 냄새가 있고 대개 3~5% 사용하며 평균 3%, 배설물은 5% 수용액이 효과적이다.

주로 소독대상은 배설물이지만 오염된 실험대나 실내 벽, 그 밖의 기물 소독에도 사용하고 일정한 온도에서 장티푸스균에 대하여 5% 석탄산의 살균력과 각종 소독제의 효능을 표시하는 것을 석탄산 계수phenol cofficient라고 하며 호흡기, 소화기, 피부접촉 등으로 인체에 유입되면 장애나 사망에 이를 수 있는 독성 물질이다.

석탄산계수 = 소독제의 희석배수 / 석탄산액의 희석배수

(2) 크레졸

크레졸의 소독력은 석탄산의 2배로 높고 독성은 다소 약하다.

석탄산과 같이 특징적 냄새가 강하여 식품위생 면에서 애용되지 못하고 크레졸은 비누액으로 만들어 3% 수용액으로 사용하며 손과 발, 오물통, 축사 등의 소독

에 사용하며, 1~2% 수용액은 점막 또는 피부 등의 일반 소독에 사용한다. 염이나 산을 가하면 크레졸이 분리되어 용해되지 않아 소독력이 약해진다.

(3) 포름알데히드

포름알데히드는 메탄올을 산화시킨 화학물질로 상온에서 자극적인 냄새가 있고 약물소독제 중에서 유일한 가스 소독제로 발효실, 병실, 도서실 등을 살균 시 사용하며 석탄산 계수는 0.4호 과망간산칼륨과 혼합 시 가스가 발생한다.

(4) 포르말린

포름알데히드의 35~40% 수용액으로 10%의 메탄올을 첨가한 무색투명한 액체로써 살균제 · 소독제 · 방충제 · 방부제 · 살충제 등의 용도로 30~50배 희석하여 1% 용액으로 사용한다.

포르말린은 무균실, 발효실, 병실, 국실, 도서실, 거실 등의 소독에 사용되며, 실내 소독 시 증기를 발생시킨 후 밀폐시켜야 한다. 포르말린은 단백질이 있으면 효력이 떨어지므로 배설물, 분뇨, 퇴비 등의 소독에는 사용하지 않는다.

(5) 표백분

표백분은 소석회에 염소를 흡수시켜 만든 백색분말로 염소계 표백제이다.

소독력은 표백분 중의 유리염소에 의한 것으로 0.03% 들어 있으면 병원균의 포자와 탄저균의 포자들도 몇 분 내에 사멸시키고 소독대상에 유기물이 함유되어 있을 때에는 유기물과 결합하여 소독력이 저하된다. 깨끗한 물에는 1/200만(0.5ppm), 더러운 물에는 1/5만~1/50만의 기준량으로 사용하는데 우물이나 풀 등에 사용하며, 사용 후 30분이 지나면 유리염소의 손실 때문에 소독효과를 기대 할 수 없다.

(6) 차아염소나트륨

차아염소나트륨은 유효염소 4% 이상을 함유하고 있고 시판 중인 락스의 주성분으로 식품첨가물인 살균제로 사용이 허가되어 있으며, 살균력의 주체는 HClO이다. 물에 잘 녹으며, 저장 중 분해되어 염소가스가 생겨 장기간 보관 시 살균제로서의 효력이 저하된다.

살균 목적 이외에서 표백, 소독, 탈취의 목적으로 널리 사용되며, 병원균을 사멸하기 위해 살균제로도 사용하고 과채류, 요기, 식기, 기구 등 널리 사용한다.

염소계 살균소독제 사용방법

〈자료 : 식품의약품안전처〉

알아두고 가기 차아염소산염의 장점

- 넓은 범위의 미생물을 통제할 수 있다.
- 냄새를 없앤다.
- 권장 농도로 사용할 때 인체에 무해하다.
- 무색이며, 얼룩을 남기지 않는다.
- 사용하기 쉽다.
- 값이 저렴하다.

(7) 양성비누

양성비누는 4급 암모늄염의 유도체로 보통비누와 반대로 해리하여 양이온이 비누의 주체가 되므로 양이온 계면활성제 · 역성비누라고도 한다.

살균력이 강하나 세척력이 약하고 물에 잘 녹으며, 냄새가 없고 부식성과 자극성이 없어 손이나 식기 소독에 이용된다.

보통 10% 용액의 원액을 200~400배로 희석하여 대상물에 4~10분간 처리하면 되고 양성비누는 결핵균에 대한 살균력이 떨어지는 특징이 있으며, 보통비누와 혼용으로 사용해서는 안 되고 유기물이 존재하면 효과가 저하되므로 세제로 씻은 후 사용하는 것을 권장한다.

산성보다는 알칼리성에서, 냉수보다는 온수에서, 경수보다는 연수에서 효력이 증대되는 것도 유의하여 사용할 필요가 있다.

(8) 오존

오존은 산화에 의한 강한 살균력을 가지고 있으며 물을 살균하는 데 주로 사용한다. 물 소독에는 $1m^2$의 물에 3~4g의 오존이 소비되며 음료수 소독, 공기의 정화, 유기화합물의 구조 결정, 표백 등에 사용한다.

침전물과 냄새가 없어 좋지만 전기를 많이 소비하여 비경제적인 결점과 인체에 독성이 있어 장시간에 걸쳐 흡입하면 호흡기관을 해치므로 주의하여 사용해야 한다.

(9) 승홍

승홍은 살균력이 강력하여 아포 형성균도 수 시간 내에 사멸시키나 단백질이 있으며 응고시켜 살균력이 저하된다. 사용은 1,000배 용액(승홍 1, 염산 10, 물 989)에 희석하여 사용하며 손, 발, 무균실, 기구, 기계, 금속제가 아닌 물질 소독에 적합하다.

금속류는 부식성이 있어 적합하지 않을 뿐만 아니라 소독력도 저하되므로 사용해서는 안 되고 독성이 강한 살균제로 식기, 식품, 음료수 등에 접촉되지 않도록 주의해야 한다.

(10) 에틸알코올

에틸알코올은 70% 용액이 살균력이 가장 강하고 이보다 농도가 낮거나 높으면 살균력이 약하며, 산을 가하면 살균력이 증가하나 아포에 대해서는 살균력이 없고 아포를 형성하지 않는 균에는 효과가 확실하다.

또한 영하의 낮은 온도에서도 얼지 않으므로 겨울 철 손의 손독이나 주사부위의 소독에도 적합하다.

(11) 과산화수소

과산화수소는 2.5~3.3% 용액으로 물과 산소로 분해되며, 이때 발생하는 산소가 세균을 파괴 · 산화하여 살균력이 나타난다.

과산화수소는 건강한 피부에 직접 자극성을 보이지 않으며, 피부에 화농성 부위나 고름 등을 소독하는데 사용한다.

key point MSDS란?

물질 안전 보건 자료이며, 화학 물질을 취급하는 근로자에게 유해 · 위험성을 알려줌으로써 근로자 스스로가 직업병 등으로부터 자신을 보호하도록 하고 불의의 화학 사고에 신속히 대응하도록 하기 위해 실시되는 제도이다. MSDS는 다음과 같은 화학물질에 대한 정보를 포함하고 있다.

- 안전한 사용 및 취급
- 물리, 건강, 화재 및 방사능 위해 요소
- 화학물질 사용 시 착용할 개인 보호 장비
- 주의사항
- 응급조치 및 비상조치
- MSDS 준비일
- 제조업체의 이름, 주소 및 전화번호
- 위해 성분 및 식별 정보

3 효과적인 세척 · 소독방법

(1) 조리 종사자의 손 세척

조리 종사자는 항상 깨끗한 상태로 손을 유지해야 하므로 세척 과정은 다음과 같이 권장한다.

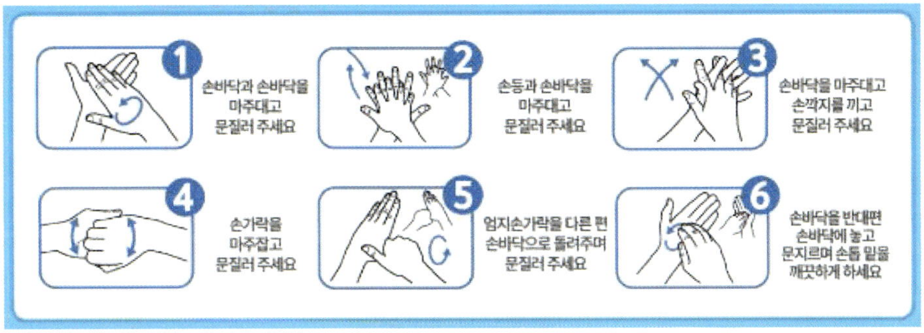

❙ 올바른 손 씻기 ❙

〈자료 : 보건복지부 질병관리본부〉

(2) 도마와 칼 소독

도마와 칼은 흐르는 물로 씻은 후 열탕처리, 일광건조, 차아염소산으로 소독 후 물에 씻어 건조 후 보관함에 보관한다.

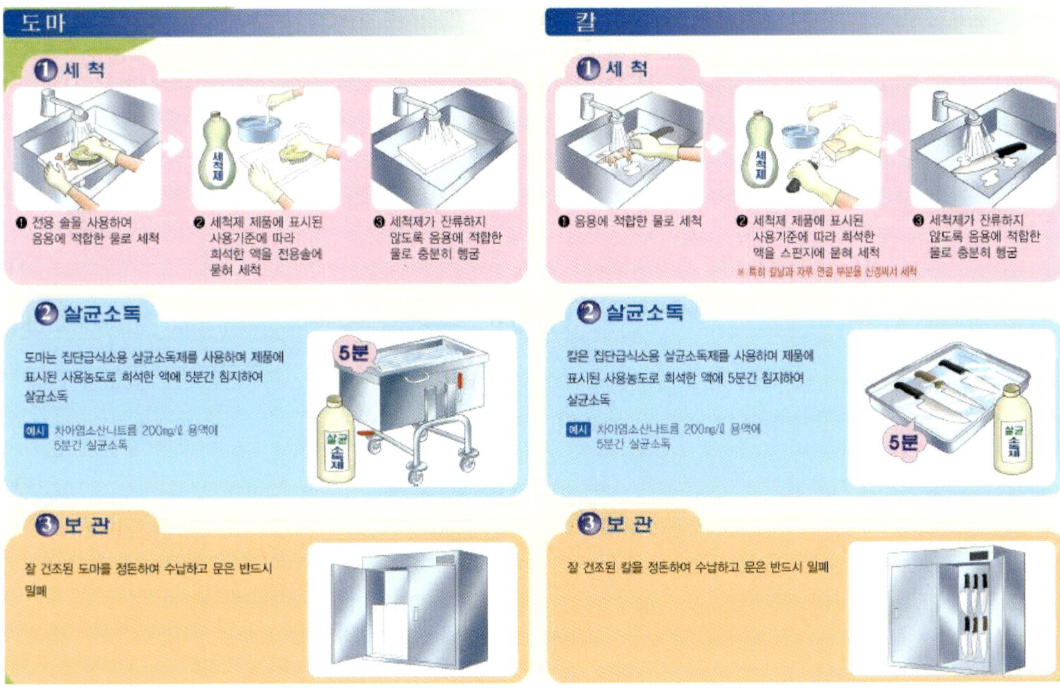

❙ 도마와 칼 소독 방법 ❙

〈자료 : 식품의약품안전처〉

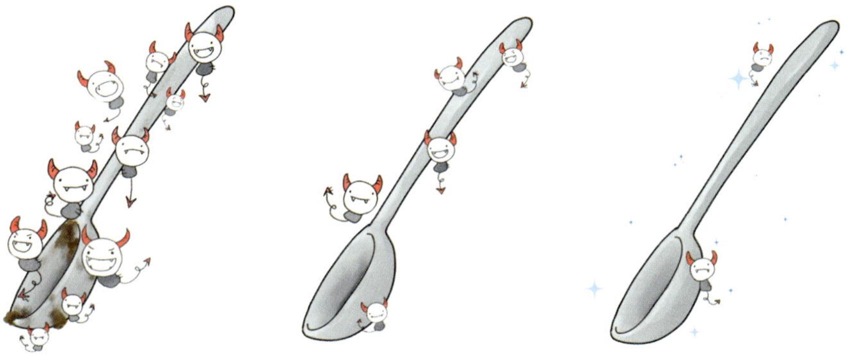

| 살균 소독의 효과 |

(3) 조리장 및 식품창고 소독

- **물리적 방법** : 자외선, 수증기, 오존 소독 등
- **화화적 방법** : 차아염소산나트륨, 역성비누액, 표백분 등

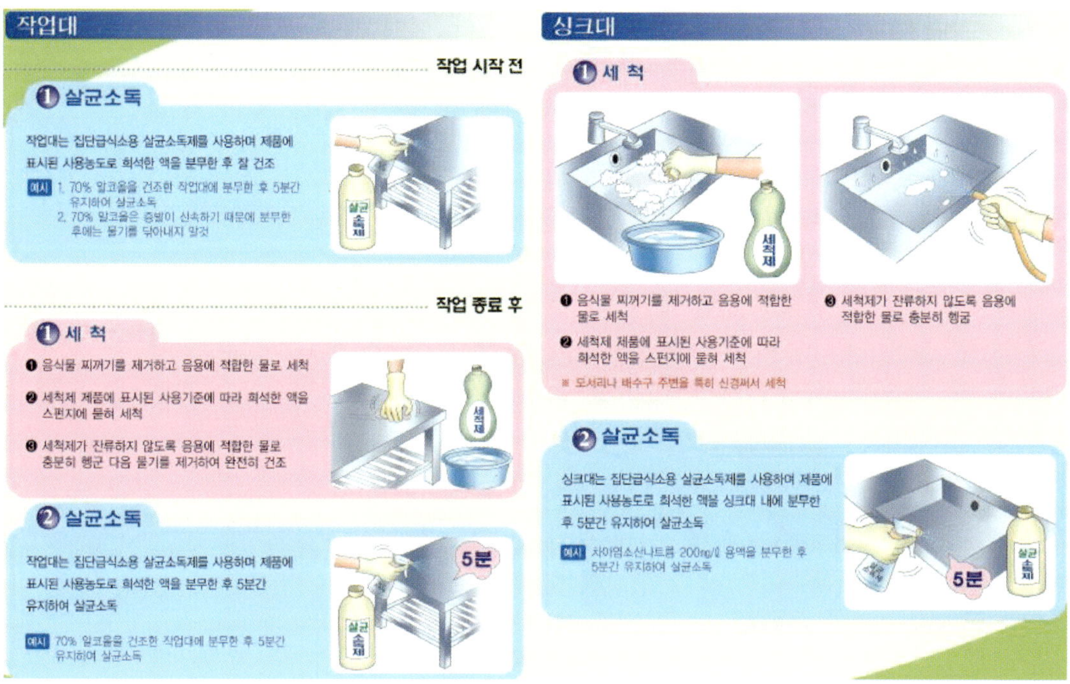

| 조리장 소독 방법 |

〈자료 : 식품의약품안전처〉

(4) 행주와 수세미 소독

행주와 수세미는 삶거나 차아염소산 처리, 증기 소독, 일광 건조 등을 통하여 항상 건조 상태를 유지하여 2차 감염을 예방한다.

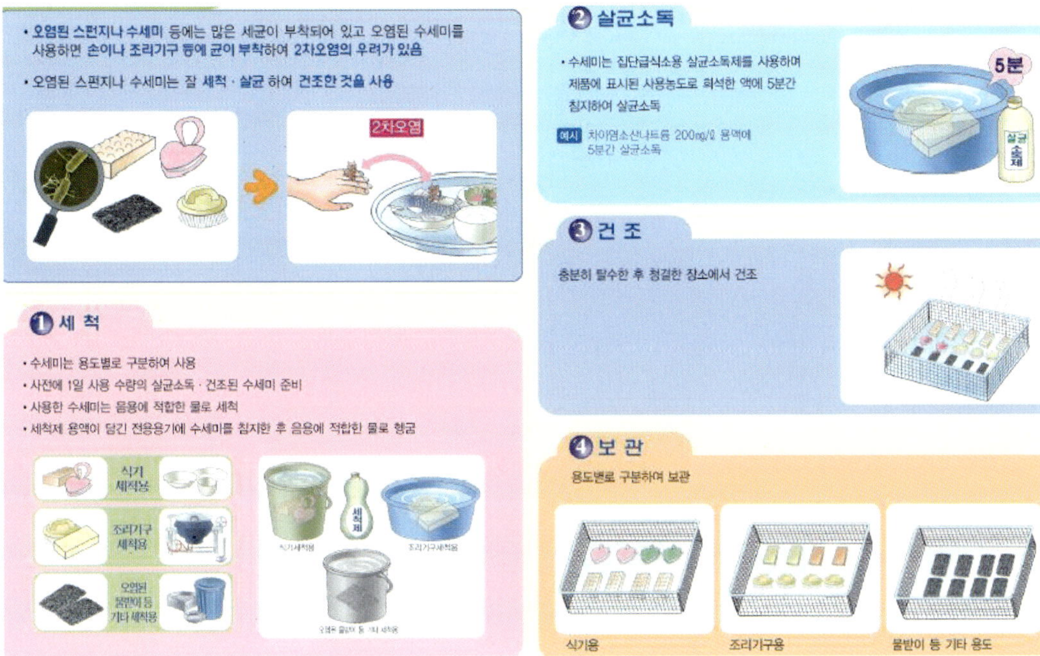

수세미 소독 방법

〈자료 : 식품의약품안전처〉

(5) 전염병 환자가 사용 한 것

- **물리적 방법** : 소각, 일광 소독(결핵환자)
- **화화적 방법** : 포름알데히드, 포르말린, 석탄산, 크레졸

(6) 화장실 및 하수구 소독

- **화화적 방법** : 석탄산수, 크레졸수, 포르말린 용액, 표백분, 소석회, 생성회

Chapter 07

HACCP

01 HACCP의 정의

HACCP은 위해요소분석Hazard Analysis과 중요관리점Critical Control Point의 영문 약자로서 해썹 또는 식품안전관리인증기준이라 한다.

| HACCP의 정의 |

〈자료 : 한국식품 안전관리 인증원〉

위해요소분석이란 "어떤 위해를 미리 예측하여 그 위해요인을 사전에 파악하는 것"을 의미하며, 중요관리점이란 "반드시 필수적으로 관리하여야 할 항목"이란 뜻을 내포하고 있다. 즉, HACCP은 위해 방지를 위한 사전 예방적 식품안전관리체계를 말한다.

HACCP 제도는 식품을 만드는 과정에서 생물학적, 화학적, 물리적 위해요인들이 발생할 수 있는 상황을 과학적으로 분석하고 사전에 위해요인의 발생여건들을 차단하여 소비자에게 안전하고 깨끗한 제품을 공급하기 위한 시스템적인 규정을 말한다.

결론적으로 HACCP은 식품의 원재료부터 제조, 가공, 보존, 유통, 조리단계를 거쳐 최종소비자가 섭취하기 전까지의 각 단계에서 발생할 우려가 있는 위해요소를 규명하고, 이를 중점적으로 관리하기 위한 중요 관리점을 결정하여 자율적이며 체계적이고 효율적인 관리로 식품의 안전성을 확보하기 위한 과학적인 위생관리체계라고 할 수 있다.

HACCP은 전 세계적으로 가장 효과적이고 효율적인 식품 안전 관리 체계로 인정받고 있으며, 미국, 일본, 유럽연합, 국제기구(Codex, WHO, FAO) 등에서도 모든 식품에 HACCP을 적용할 것을 적극 권장하고 있다.

1 HACCP의 적용분야

식품 및 즉석판매제조 · 가공업, 건강기능식품 및 식품첨가물제조업, 식품 소분업, 집단급식소 및 기타식품판매업, 식품접객업 및 집단급식소 등 식품의 제조 · 가공 · 유통 · 외식 · 급식의 모든 분야에 적용된다. 2003년 어묵류 등 6개 식품유형에 식품안전관리 의무화 규정을 신설한 이래 2006년 배추김치, 2014년 과자 · 캔디류 등 8개 품목 및 100억 매출업체, 2016년 순대 · 떡볶이떡(떡류)에 대해 식품안전관리인증을 의무적으로 적용하고 있으며 연매출 및 종업원 수에 따라 2020년까지 단계별 의무적용 대상으로 관리되고 있다.

신청업소에 대하여 서류검토 및 현장실사를 실시하여 식품안전관리인증기준의 적용에 적합하다고 인정되는 경우 인증서를 발급하고 있으며 안전한 식품소비를 위하여 식품안전관리인증기준 대상 식품을 점차 확대하고 있다.

2 HACCP의 적용대상

적용업종	세부업종 및 적용품목
식품제조 · 가공업소	과자류, 빵 또는 떡류, 코코아가공품류 또는 초콜릿류, 잼류, 설탕, 포도당, 과당, 엿류, 당시럽류, 올리고당류, 식육 또는 알함유가공품, 어육가공품, 두부류 또는 묵류, 식용유지류, 면류, 다류, 커피, 음료류, 특수용도식품, 장류, 조미식품, 드레싱류, 김치류, 젓갈류, 조림식품, 절임식품, 주류, 건포류, 기타식품류
건강기능식품제조업소	영양소, 기능성 원료
식품첨가물 제조업소	식품첨가물, 혼합제제류
식품접객업소	위탁급식영업, 일반음식점, 휴게음식점, 제과점
즉석판매제조 · 가공업소, 식품소분업소, 집단급식소식품판매업소, 기타식품판매업소, 집단급식소	

〈자료 : 한국식품 안전관리 인증원〉

HACCP의 장점

〈자료 : 식품의약품안전처〉

02 HACCP의 현황

1 HACCP의 역사

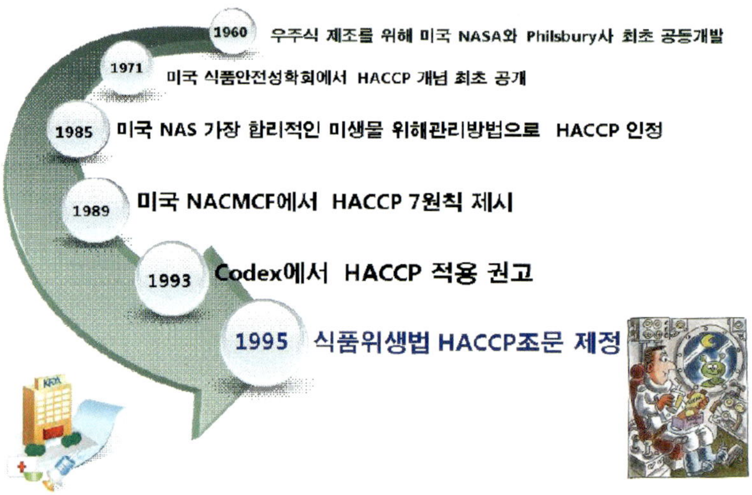

❙ 해외 HACCP의 현황 ❙

〈자료 : 한국보건산업진흥원〉

2 국내 HACCP의 현황

1996.12	식품위해요소중점관리기준(보건복지부 고시) 제정
1997.10	어육가공품 중 어묵류 HACCP 적용품목 추가
1998.02	냉동수산식품 중 어류 등 HACCP 적용품목 추가
2000.10	집단급식소 · 식품접객업소의 조리식품, 도시락류 HACCP 적용품목 추가, 수출용 식품의 HACCP 기준 마련
2002.06	비 가열음료, 레토르트식품 HACCP 적용품목 추가, 비고 시 HACCP 적용기준 심의기준 마련
2003.08	어묵류 등 7개 식품유형에 HACCP 의무화 규정 신설 (식품위생법 제48조제2항) 의무적용 대상품목 지정 (식품위생법시행규칙) ① 어묵류, ② 냉동식품 (피자류 · 만두류 · 면류), ③ 냉동수산식품(어류 · 연체류 · 조미가공품), ④ 빙과류, ⑤ 비가열음료, ⑥ 레토르트 식품, ⑦ 배추김치

❙ HACCP 의무화 규정 신설 ❙

〈자료 : 식품의약품안전처〉

2005.10	김치절임식품 등 HACCP 적용 대상 추가 식품위해요소중점관리기준 용어 및 7원칙 12절차 내용 추가 건강 기능 식품제조 가공업소 HACCP 적용대상 추가 의무적용 시행시기 규정 6개 식품 의무적용 세부기준 (적용시기) 마련(고시) - 업체 규모에 따라 1단계 ('06.12부터) ~ 4단계 ('12.12부터)시행 ※ 배추김치는 '08.12부터 (1단계) ~ '14.12부터 (4단계) 시행 ('08.4 고시) 일반위생관리기준과 식품위생법 시설기준을 선행 요건으로 확대 통·폐합
2006.12	배추김치 의무적용 대상 지정
2008.04	생식류, 고춧가루, 면류 중 국수·냉면·당면·유탕면류 HACCP 적용 대상 추가, 비 고시품목 HACCP 적용 심의기준 개선
2008.05	HACCP 평가기준 개선
2009.03	신선편의식품, 단순 전 처리 식품, 기타가공품, 냉장수산물가공품, HACCP 적용 대상 추가 HACCP 지정신청 구비서류를 명확히 규정 HACCP 지도관 자격요건 개선 HACCP 평가 기준 개선
2009.08	기타식품판매업소 판매식품 HACCP 적용대상 추가 식품별 평가사항 (개별평가기준) 삭제 HACCP 지정 및 정기조사평가 기관 변경 비고 시 품목에 대한 별도의 심의제도 폐지
2010.11	소규모 업소에 맞는 HACCP 관리기준 마련
2011.06	식품소분업소의 소분식품, 과자류, 음료류, 다류, 주류 (탁주) HACCP 적용 대상 추가 의무적용 유예 범위 기한 확대 식품접객업소, 식품소분업소 HACCP 관리기준개선 소규모 HACCP 관리기준 적용범위 확대 HACCP 지도관 자격 요건 개선
2012.05	HACCP 정기조사평가 차등관리제 도입(고시) 선행요건관리기준서 간소화 규정 마련
2013.12	HACCP 지정 및 사후관리 평가 시 '과락제' 도입(고시)

2014.05	HACCP 한글명칭(식품위해요소중점관리기준 → 식품안전관리인증) 변경(식품위생법) 8개 품목 및 100억 매출업체 의무적용 대상지정(식품위생법 시행규칙) ① 과자 · 캔디류, ② 빵류 · 떡류, ③ 초콜릿류, ④ 어육소시지, ⑤ 음료류, ⑥ 즉석섭취식품, ⑦ 국수 · 유탕면류, ⑧ 특수용도식품 한국 식품 안전관리 인증원 법적 근거 마련

Ⅰ HACCP 신규의무 적용 대상 Ⅰ

〈자료 : 식품의약품안전처(~2020.12.01.까지 의무적용 완료)〉

2014.12	식품위해요소중점관리기준 → 식품안전관리인증기준(고시명 변경, HACCP 로고 변경) 부적합이력 업체 중 학교급식 납품시 연 2회 정기 조사 · 평가(고시) 정기 조사 · 평가 우수(95점 이상)외 양호(90점 이상) 등급 추가(고시) 식품이력추적 등록제품 인센티브 부여(고시)
2015.08	HACCP적용 부실업체 행정조치 강화(One-Strike-Out제 시행)
2015.12	식품 및 축산물 안전관리인증기준 제정 고시
2016.04	의무적용 대상품목 지정 ① 순대, ② 떡볶이떡(떡류), ③ 알가공품

Ⅰ HACCP 신규의무 적용 대상 Ⅰ

〈자료 : 식품의약품안전처(~2017.12.01.까지 의무적용 완료)〉

2016.08	인증연장심사 도입 및 시행

3 HACCP의 도입효과

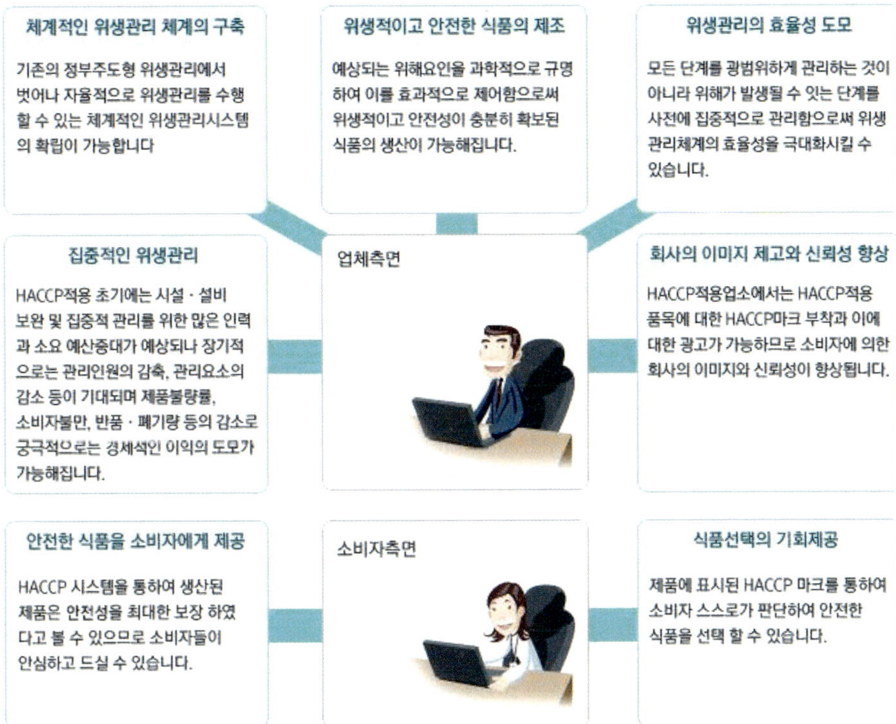

❙ HACCP의 도입효과 ❙

〈자료 : 한국보건산업진흥원〉

03 HACCP의 구조 및 체계

HACCP은 식품을 위생적으로 생산할 수 있는 설비·시설 GMP(우수제조기준)의 여건에서 SSOP(표준위생관리기준)를 준수하였을 때 효과적으로 작동된다.

HACCP의 시스템은 기복적으로 위생관리의 GMP와 SSOP가 선행되어야만 HACCP시스템이 효과적으로 수행된다는 전제에 중점적으로 관리해야할 점을 파악해 집중하는 시스템이기에 GMP와 SSOP의 적절한 관리·설계가 성공적 HACCP시스템 구축의 기본이 된다.

그러므로 GMP와 SSOP가 선행되지 않으면 HACCP시스템이 효율적 가동이 될 수 없으며 GMP와 SSOP를 HACCP적용에 의한 선행 프로그램이라 이해한다.

HACCP계획을 효율적으로 운영하기 위함은 효과적인 선행 프로그램을 작성하고 운영되어야 한다.

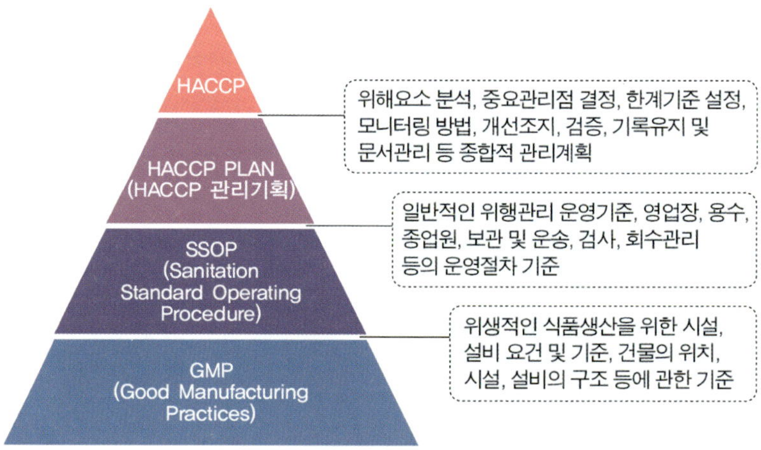

HACCP의 적용 가이드 라인

〈자료 : 식품의약품안전청〉

04 HACCP의 적용 절차

식품 제조·가공 업체 및 집단급식소에서 해썹HACCP 적용을 추진할 때 절차는 다음과 같다.

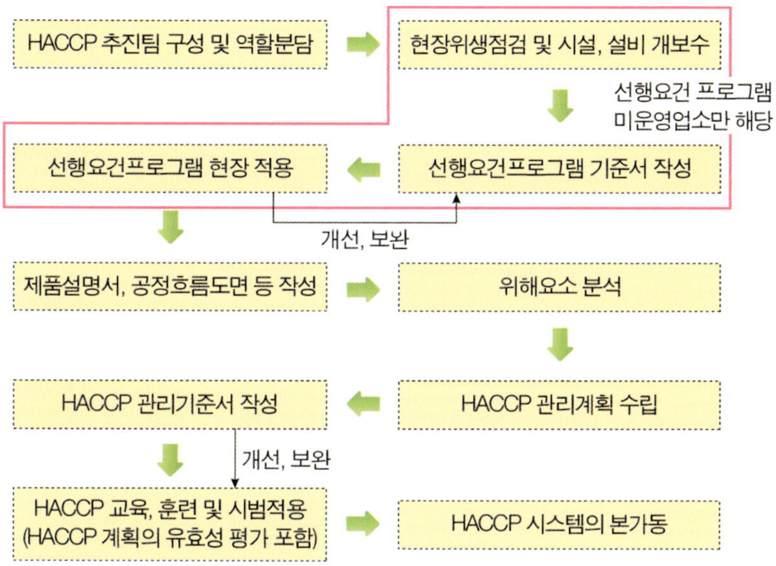

Ⅰ HACCP의 적용절차 Ⅰ

〈자료 : 한국식품 안전관리 인증원〉

1 HACCP 추진팀 구성 및 역할분담

(1) HACCP 시스템의 확립과 운용을 주도적으로 담당할 HACCP팀 구성

(2) 품질관리, 생산, 공무, 연구개발 등 다양한 분야의 직원으로 구성 팀장 및 팀원별로 각각 구체적이고 실질적인 역할을 분담

2 현장 위생 점검 및 시설 · 설비 개보수

(1) 식품을 위생적으로 생산 · 조리하기 위한 기본적인 위생시설 · 설비 및 위생관리 현황을 점검

(2) 기본적인 GMP, SSOP 구축 · 운영에 필요한 문제점을 개선 · 보완

3 선행요건 프로그램 기준서 작성 및 현장 적용

(1) 영업장, 위생, 제조시설 · 설비, 냉장 · 냉동설비, 용수, 보관 · 운송, 검사, 회수프로그램 관리를 포함하는 선행요건 프로그램 기준서를 작성

(2) 현장 적용 후 실행상의 문제점 · 개선점을 파악, 기준서를 개정

4 제품설명서, 공정흐름도면 등 작성

(1) 제품성분, 규격, 유통기한, 사용용도 등을 포함하는 제품설명서를 작성

(2) 제조 · 가공 · 조리공정도, 작업장 평면도, 공조시설 계통도, 용수 및 배수처리 계통도 등을 작성

(3) 상기 자료는 위해분석의 기초자료로 활용

5 위해요소 분석, HACCP 관리계획 수립

(1) 원료별 제조공정별 발생 가능한 위해요소들에 대한 위해평가를 실시

(2) 중요관리점, 한계기준, 모니터링 방법, 기준이탈 시 개선조치 방법 등을 포함하는

HACCP 관리계획 수립

6 HACCP 관리기준서 작성

HACCP팀 구성, 제품설명서, 공정흐름도, 위해요소분석, 중요관리점 결정, 한계기준 설정, 모니터링 방법의 설정, 개선조치, 검증, 교육훈련, 기록유지 및 문서화 등을 포함하는 HACCP 관리 기준서를 작성

7 HACCP 교육 · 훈련 및 시범적용

(1) 현장 종업원, 관리자, HACCP 팀원 등을 대상으로 수립된 HACCP 관리계획에 대한 교육 · 훈련 후 현장에 시범 적용

(2) 실제 수립된 계획이 현장에 적용하였을 경우 효과적으로 적용 · 운영되는지 반드시 확인(유효성 평가 실시)

8 HACCP 시스템의 본가동

유효성 평가 결과를 HACCP 관리계획에 반영하여 문제점을 개선하여 HACCP 시스템을 본격적으로 운영하고 지방 식품의약품안전처에 HACCP 적용업체 인증 신청

05 HACCP의 선행 요건

1 개요

HACCP 관리계획은 안전하고 위생적인 식품의 생산에 필요한 기본적인 환경 및 작업 활동을 보장하는 선행요건 프로그램의 단단한 기초 위에서 수립·시행되어야 한다.

HACCP을 적용하고자 하는 업체의 영업자는 식품위생법 등 관련 법적 요구사항을 준수하면서 위생적으로 식품을 제조, 가공, 조리하기 위한 기본시스템을 갖추기 위하여 작업기준 및 위생관리기준을 포함하는 선행요건 프로그램을 먼저 개발하여 시행하여야 한다.

선행요건 프로그램에 포함되어야 할 사항은 영업장, 종업원, 제조시설, 냉동설비, 용수, 보관, 검사, 회수관리 등 영업장을 위생적으로 관리하기 위해 기본적이고도 필수적인 위생관리 내용이다. 영업자는 이들 분야별로 작업담당자, 작업내용, 실시빈도, 실시상황의 점검 및 기록방법을 정하여 구체적인 관리 기준서를 작성하여 종업원이 준수하도록 시행하고 이에 대한 기록을 보관·유지하여야 한다.

2 운영

(1) 선행요건 프로그램 개발

식품제조, 가공공장 및 집단급식소에서는 제조, 조리 공정 및 환경 등에서 발생 가능한 위해로부터 식품이 오염되거나 변질되는 것을 방지하기 위하여 기본적인 위생관리 방법, 절차 등을 규정한 선행요건 프로그램을 개발하여야 한다.

선행요건 프로그램은

- 영업장 관리
- 위생관리
- 제조시설·설비 관리
- 냉장·냉동 설비 관리

- 용수관리
- 보관 · 운송관리
- 검사관리
- 회수프로그램 관리

등 8개 분야로 구성되며 각각의 분야별로 개별 관리 기준서를 작성하여야 한다.

관리 기준서에는 최초 완성 시 위생관리 책임자의 서명과 승인일자를 기입하여야 하며, 이후 수정 · 개정이 되었을 경우 그 이력을 지속적으로 기록 · 유지하여야 한다.

기준서 내용에는 위생관리 방법, 관리활동 확인을 위해 필요한 모니터링의 실시 빈도와 방법, 실시책임자 및 실시결과의 기록관리에 관한 사항이 규정되어야 한다.

선행요건프로그램은 해당 작업장에 적용되는 모든 법률적 요구사항을 충족하고 위생관리가 효과적으로 이루어 질 수 있도록 작성 · 운영되어야 하지만 세부기준서의 종류, 문서양식, 작성방법 등은 운영자의 편리에 따라 변경될 수 있다.

(2) 선행요건 프로그램 적용

운영자는 최초 수립된 선행요건 프로그램을 작업장에 우선 적용해보고 그 효과성을 평가하기 위한 검증을 실시하여야 한다.

선행요건 프로그램의 효과성 평가 결과 해당 기준서가 법률적 요구사항을 포함한 기본적인 위생 안전성을 확보할 수 있음을 확인하여야 하며, 필요한 경우 수정 · 보완하여야 한다. 또한, 프로그램의 실행 가능성을 평가하여 그 실행이 보장되기 위해 필요한 인적, 물적 자원을 파악 · 보충 하여야 한다.

(3) 선행요건 프로그램 유지 · 관리

운영자는 선행요건 프로그램이 제조 · 가공 공정 및 제조환경 등에서 위해물질에 의한 식품의 직접적인 오염 또는 변질을 효과적으로 예방할 수 있는지, 종사자들이 관리기준에 따라 적절하게 실행하고 있는지 등을 확인 · 평가하기 위하여 정기적으로 검증을 실시하여야 한다.

검증결과를 근거로 선행요건 프로그램이 효율적으로 실시될 수 있도록 관련 규정을 개정하거나 시설, 설비, 기구, 작업방법 또는 담당자를 변경하거나 종업원 교육을 실시하여야 한다.

선행요건프로그램의 검증은 HACCP 시스템의 검증활동과 병행하거나 분리하여 실시할 수 있다.

(4) 개선조치

운영자는 선행요건프로그램의 유지 또는 시행이 식품의 안전성을 확보할 수 없다고 판단될 경우 적절한 개선조치를 취하여야 한다.

3 적용기준

(1) 영업장관리

작업장

- 독립된 건물이거나 식품취급 외의 용도로 사용되는 시설과 분리
- 작업장 외벽과 지붕 등의 먼지, 곤충 등의 유입이나 누수 방지
- 출입구와 창 등의 밀폐 가능한 구조
- 청결구역과 일반구역으로 나누고 교차오염 방지를 위하여 벽 등으로 분리
- 취급하고자 하는 제품의 특성과 공정에 따라 분리, 구획 또는 구분

구역설정의 예

구분	내포장 이전에 가열(또는 소독) 공정이 있는 경우	내포장 이후에 가열(또는 소독) 공정이 있는 경우	전체 공정에 가열(또는 소독) 공정이 없는 경우
청결구역	가열공정 이후의 작업구역 중 식품이 노출상태로 취급되는 제조가공구역 내포장 작업구역	식품이 노출상태로 취급되는 작업구역 중 제조가공 작업구역 내포장 작업구역	식품이 노출상태로 취급되는 작업구역 중 제조가공 작업구역 내포장 작업구역
준청결구역	가열 공정이 포함된 작업구역	식품이 노출상태로 취급되는 작업구역 중 전 처리 외 구역	식품이 노출상태로 취급되는 작업구역 중 전 처리 외 구역
일반구역	식품을 내포장 상태로 취급하는 구역 전 처리 작업구역	식품을 내포장 상태로 취급하는 구역 전 처리 작업구역	식품을 내포장 상태로 취급하는 구역 전 처리 작업구역

〈자료 : 한국식품 안전관리 인증원〉

- **건물 바닥, 벽, 천장**
  - 내수성, 내열성, 내약품성, 항균성, 내부 식성 등의 재질
  - 파여 있거나 갈라진 틈이나 구멍이 없어야 함
  - 천장은 청소가 용이한 구조로 가능한 밝은 색으로 처리
- **배수 및 배관**
  - 작업장은 배수가 잘 되어야 하고 배수로에 퇴적물이 쌓이지 않아야 함
  - 배수구, 배수관은 역류가 되지 아니하도록 관리
- **출입구** : 작업장 출입구에는 작업실 특성에 따라 세척 또는 건조·소독 설비 등을 구비
- **통로** : 작업장 내부 통로는 종업원 등의 이동에 지장이 없도록 타 용도로 사용하지 않아야 하며, 이동경로를 표시하여 교차오염을 방지
- **창** : 유리는 파손 시 비산·혼입되지 아니 하도록 관리
- **채광 및 조명**
  - 내부 식성 재질로 식품이 노출되거나 내 포장 작업을 하는 작업장에는 파손이나 이물 낙하 등에 의한 오염을 방지하도록 적절한 보호 장치를 하고 청결히 관리
  - 선별 및 검사구역(육안확인이 필요한 경우에 한함) : 540룩스 이상
- **부대시설**
  - 화장실, 탈의실 등
  - 작업장 외부로 배출할 수 있는 별도의 환기시설 구비
  - 벽과 바닥은 내수성·내부 식성 재질로 청소가 용이
  - 화장실의 출입구에는 세척, 건조, 소독 설비 등을 구비
  - 탈의실은 외출복장(신발 포함)과 위생복장(신발 포함)간의 교차 오염이 발생하지 않도록 구분·보관

(2) 위생관리

- **동선 계획 및 공정간 오염방지**
  - 작업장 전 과정에서 발생할 수 있는 교차오염을 방지를 위하여 물류 및 출입자의

이동 동선에 대한 계획을 수립 · 운영

- 작업장 전 과정에서 발생할 수 있는 이물에 대한 관리계획 수립
- 청결구역과 일반구역별로 각각 출입, 복장, 세척 · 소독 기준 등을 포함하는 위생 수칙을 설정 · 관리
- 제조, 가공, 포장, 보관 등 공정별로 온도 관리계획을 수립하고 이를 측정할 수 있는 온도계 설치(필요한 경우 습도관리계획 수립/운영)

● **환기시설 관리** : 작업장 내에는 악취나 이취, 유해가스, 매연, 증기 등을 배출하는데 충분한 용량의 환기시설 설치

● 방출 · 방서 관리

- 외부로 개방된 흡 · 배기구 등에는 여과망이나 방충망 등을 부착하고 주기적으로 청소 또는 세척하거나 교체
- 작업장은 해충이나 설치류 등의 유입 · 번식을 방지할 수 있도록 청결히 관리하고 방제 대책을 수립하여 유입 여부를 항상 확인
- 구제작업 시 적절한 보호 조치를 취한 후 실시하며, 작업 종료 후 직 · 간접적으로 접촉한 시설 또는 식품에 대하여 충분한 세척 실시

● 개인위생 관리

- 종업원은 위생복, 위생모, 위생화 등을 항시 착용하여야 하며, 이를 위생적으로 관리(작업특성에 따라 위생마스크와 위생장갑 등을 추가로 착용)
- 작업장 내에서 작업하는 모든 종업원의 개인용 장신구 등을 착용 금지

● 폐기물 관리

- 처리용기는 밀폐 가능한 구조로 침출수 및 냄새가 누출되지 않아야 하며, 수시로 세척 및 소독 실시
- 폐기물, 폐수처리 시설은 작업장과 격리된 일정 장소에 설치 · 운영하고, 정기적으로 폐기물 등을 처리 · 반출
- 밀폐 가능한 구조로 침출수 및 냄새가 누출되지 않도록 세척 및 소독을 실시하는 처리용기 사진, 작업장과 격리된 일정장소에서 설치 운영하고 있는 폐기물폐수처리 시설

● 세척 또는 소독

▪ 영업장에 종업원이나 기계, 설비, 기구, 용기 등을 세척하거나 소독할 수 있는 충분한 시설이나 장비 구비

▪ 올바른 손 세척 방법 등에 대한 지침이나 기준 게시

다음 각 호의 사항에 대한 세척 또는 소독 기준 수립

- 종업원
- 위생복, 위생모, 위생화 등
- 작업장 주변
- 작업실별 내부
- 식품제조시설(이송배관포함)
- 냉장/냉동 설비
- 용수저장 시설
- 보관/운반 시설
- 운송차량, 운반도구 및 용기
- 모니터링 및 검사장비
- 환기시설(필터, 방충망 등 포함)
- 폐기물 처리용기
- 세척, 소독도구
- 기타 필요사항

세척 또는 소독기준은 다음의 사항을 포함

▪ 세척 · 소독 대상별 세척 · 소독 부위

▪ 세척 · 소독 방법 및 주기

▪ 세척 · 소독 책임자

▪ 세척 · 소독 기구의 올바른 사용 방법

▪ 세제 및 소독제(일반명칭 및 통용명칭)의 구체적인 사용 방법

▪ 세제 · 소독제, 세척 및 소독용 기구나 용기는 정해진 장소에 위생적으로 보관 · 관리

▪ 분해 청소 가능한 기구는 세척 · 소독 시 마다 분해청소 하고, CIPCleaning In Place 시스템 적용 시설 및 기구의 경우 해당 프로그램에 따라 실시

▪ 세제 및 소독제에 의한 식품 오염이 발생되지 않도록 필요한 보호 조치 실시

▪ 세척 및 소독 효과의 주기적인 확인

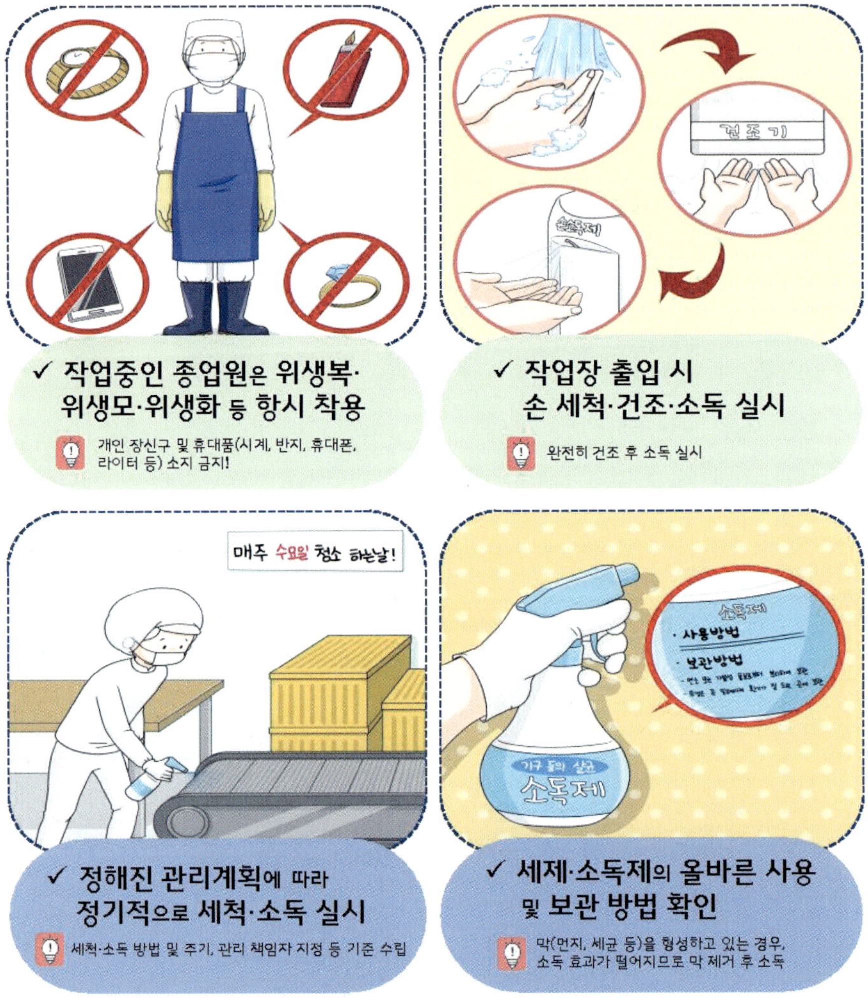

▎개인위생 관리 및 작업장 세척, 소독 ▎

〈자료 : 식품의약품안전처〉

(3) 제조시설 설비관리

- 제조, 가공공정 간 또는 취급시설, 설비 간 오염이 발생되지 않도록 공정의 흐름에 따라 적절히 배치
- 공업용 윤활유나 물리적 위해요인에 의한 오염이 발생하지 않도록 위생적으로 설

치, 운영

- 인체에 무해한 내수성, 내부 식성 재질로 세척이 쉽고 열탕, 증기, 살균제 등으로 소독, 살균이 가능하여야 하며, 청소가 용이한 구조
- 온도를 높이거나 낮추는 처리시설에는 온도변화를 측정, 기록하는 장치를 설치, 구비, 관리
- 취급시설 설비 간 오염이 발생하지 않도록 위생적으로 설치 운영되고 있는 제조시설 및 기계, 기구 류 등의 설비관리 모습

  주기적으로 점검하여 유지 · 보수 등 개선 조치 실시

(4) 냉장 · 냉동시설 · 설비 관리

- 냉장시설은 내부의 온도를 10℃ 이하(완제품의 유통단계는 제외), 냉동시설은 -18℃이하로 유지
- 외부에서 온도변화를 관찰할 수 있어야 하며, 온도 감응 장치의 센서는 온도가 가장 높게 측정되는 곳에 위치
- 정기적으로 점검, 정비를 실시하며 그 결과를 기록, 유지

(5) 용수관리

- 식품제조, 가공에 사용되는 용수는 수돗물이나 먹는 물 수질기준에 적합한 지하수이어야 함(지하수의 경우 취수원은 화장실, 폐기물, 폐수처리시설, 동물사육장 등 기타 지하수가 오염될 우려가 없도록 관리, 필요한 경우 용수살균/소독장치 설치)
- 지하수를 사용하는 경우에는 먹는 물 수질기준 전 항목에 대하여 연 1회 이상(음료류 등 직접 마시는 용도의 경우는 반기 1회 이상) 검사를 실시
- 먹는 물 수질기준에 정해진 미생물학적 항목은 월1회 이상 실시
- 용수저장탱크, 배관 등은 인체에 유해하지 않은 재질을 사용하며 외부로부터의 오염물질 유입을 방지하는 잠금장치를 설치
- 용수 저장탱크는 반기별 1회 이상 청소와 소독을 실시하고 그 결과를 기록, 유지
- 용수 저장탱크 소독 및 청소 실시한 후 결과 기록표 사진
- 비음용수 배관은 음용수 배관과 구별되도록 표시하고 교차되거나 합류되지 않도록 관리

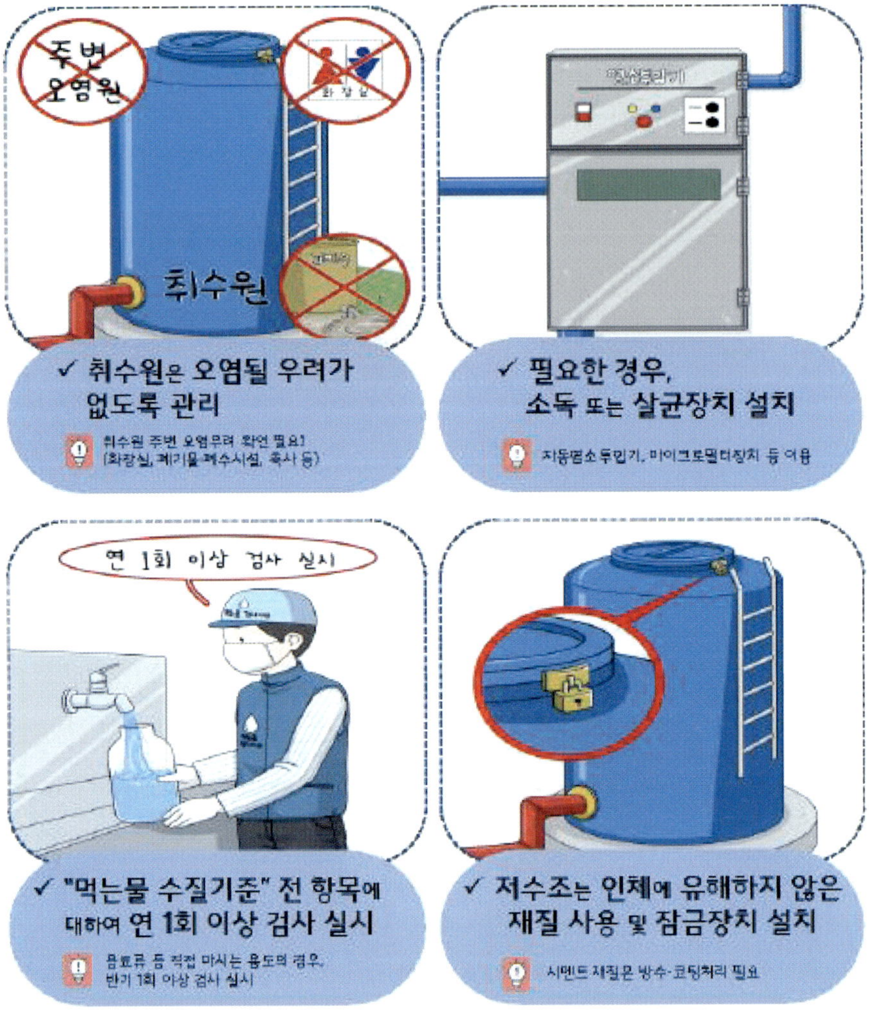

| 용수관리 |

〈자료 : 식품의약품안전청〉

(6) 보관 운송관리

구입 및 입고

- 검사성적서로 확인되거나 자체적으로 정한 입고기준 및 규격에 적합한 원·부자재만 사용
- 검사성적서 및 입고기준 규격표

협력업체 관리

- 관리계획에 따라 원·부자재 공급업체 등 협력업체의 입고자재 관리 및 검사체계를 확인하고 그 결과의 기록, 유지
- 공급업체가 '식품위생법' 및 '축산물가공처리법'에 따른 HACCP 적용업체일 경우 생략 가능

운송

- 운반중인 식품은 비식품 등과 구분하여 교차오염을 방지
- 운송차량은 냉장의 경우 10℃이하 냉동의 경우는 -18℃이하를 유지할 수 있어야 하며 외부에서 온도변화를 확인할 수 있는 온도 기록 장치 부착
- 외부에서 온도변화를 확인할 수 있는 온도 기록 장치를 부착한 운송차량 내부 모습

보관

- 선입선출 원칙에 따른 입·출고상황 관리·기록
- 원·부자재 및 완제품의 명확한 구분 및 바닥, 벽으로부터의 이격보관
- 부적합품의 별도 구분 및 반송, 폐기 등의 조치방법 설정 및 기록유지
- 유독성, 인화성물질 및 비식용 화학물질은 환기가 잘되는 지정장소에 구분 보관·취급

(7) 검사관리

제품검사

- 제품검사는 자체 실험실 또는 검사기관과의 협약에 의하여 실시
- 검사결과는 다음의 내용을 구체적으로 기록 - 검체명
  - 제조 년 월 일 또는 유통기한(품질유지기한)
  - 검사 년 월 일
  - 검사항목, 검사기준 및 검사결과
  - 판정결과 및 판정 년 월 일
  - 검사자 및 판정자의 서명날인
  - 기타 필요한 사항

시설·설비·기구 등 검사

- 온도측정 장치의 년 1회 이상 교정
- 작업장의 청정도 유지를 위한 정기적인 공중낙하 세균 등의 검사, 관리

■ 검사용 장비 및 기구에 대한 정기적인 교정 및 기록유지

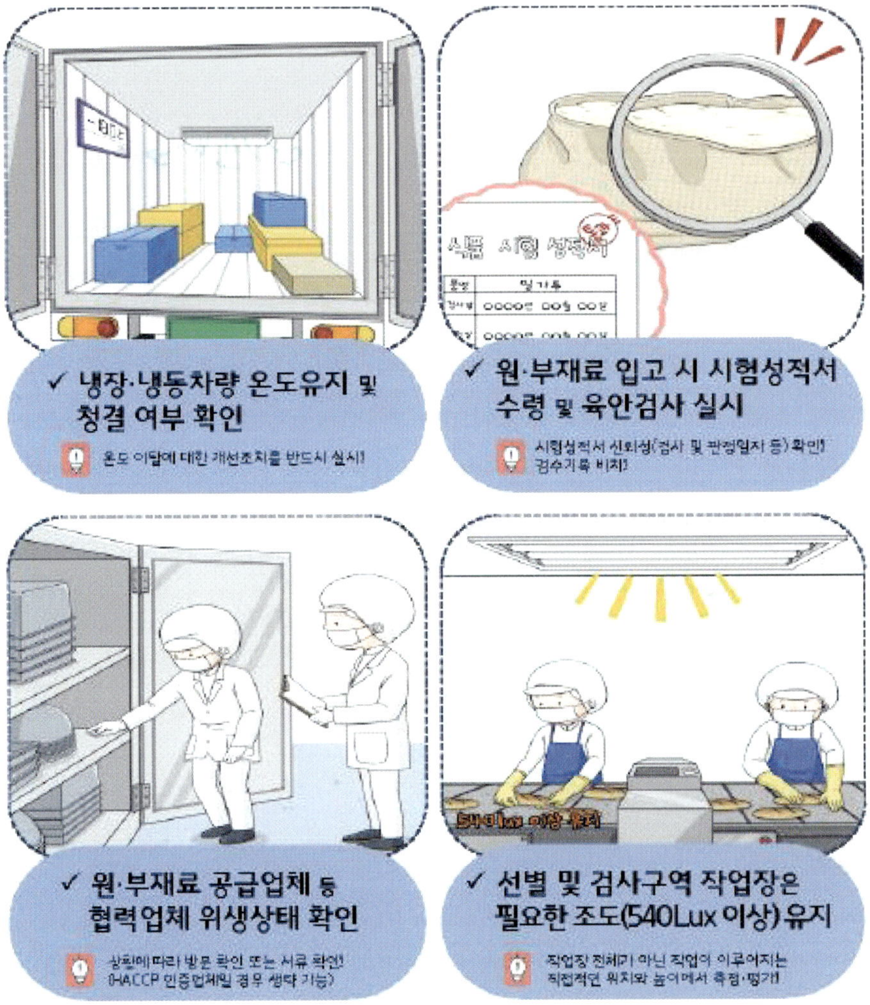

❙ 운송관리 ❙

〈자료 : 식품의약품안전청〉

(8) 회수 프로그램 관리

- 구체적인 회수절차나 방법을 기술한 회수프로그램을 수립, 운영
- 생산 장소, 일시, 제조라인 등 해당시설 내의 필요한 정보를 기록, 보관
- 제품추적을 위한 코드표시 또는 로트관리 등의 적절한 확인 방법을 강구

06 7원칙 12절차

HACCP 관리계획을 개발하기 위해 5가지 준비단계는 HACCP팀 구성, 제품설명서 작성, 용도 확인, 공정흐름도 작성, 공정흐름도 현장 확인이며, 7가지 적용 원칙은 위해요소분석, 중점 관리점CCP, CCP 한계기준 설정, CCP 모니터링 체계 확립, 개선조치방법 수립, 검증절차 및 방법 수립, 문서화, 기록유지방법 설정으로 다음 표와 같다.

❙ 7원칙 12절차 ❙

〈자료 : 한국식품 안전관리 인증원〉

1 HACCP팀 구성

HACCP Plan 개발의 첫 번째 준비단계는 업체 내에서 HACCP Plan 개발을 주도적으로 담당할 HACCP팀을 구성하는 것이다. 업체의 HACCP 도입과 성공적인 운영은 최고경영자의 실행 의지가 결정적인 영향을 미치므로 HACCP팀을 구성할 때는 어떤 형태로든 최고경영자의 직접적인 참여를 포함시키는 것이 바람직하며, 또한 업체 내 핵심요원들을 팀원에 포함시켜야 한다.

HACCP Plan의 개발 및 운영에 필요한 HACCP팀의 규모는 업체 규모 및 여건에 따라 다르기 때문에 일정하지 않다. 일반적으로 HACCP 팀장은 업체의 최고책임자(영업자 또는 공장장)가 되는 것을 권장하며, 팀원은 제조·작업 책임자, 시설·설비의 공무관계 책임자, 보관 등 물류관리업무 책임자, 식품위생관련 품질관리업무 책임자 및 종사자 보건관리 책임자 등으로 구성한다. 또한 모니터링 담당자는 해당공정의 현장종사자로 하여금 관리하도록 하여야 한다. 이들은 관련규정에 준하여 HACCP 교육을 받고 일정 수준의 전문성을 갖추어야 한다.

HACCP 계획을 개발하는 팀원은 작업공정에서 사용되는 시설·설비 및 기술, 실제 작업 상황, 위생, 품질보증 그리고 작업공정에 대해 상세한 지식이 있어야 한다. 따라서 팀원들은 식품위생학, 식품미생물학, 공중보건학, 식품공학 분야의 기술 및 지식을 갖고 있다면 더욱 좋으며, 이런 지식이 부족한 경우 외부전문가, 정부(식품의약품안전처)의 지침서 또는 기술적 문헌 등으로 보완하여야 한다.

이 경우 HACCP팀의 조직 및 인력현황, HACCP 팀원의 책임과 권한, 교대 근무 시 팀원, 팀별 구체적인 인수·인계방법 등이 문서화되어야 한다.

(1) HACCP팀 구성 요건

- 전체 인력으로 구성된 팀 구성
- 모니터링 담당자 참여 필수
- 모니터링 담당자는 해당공정 현장종사자로 구성
- HACCP 팀장은 대표자 또는 공장장으로 구성
- 팀 구성원별 책임과 권한 부여
- 팀별, 팀원별 구체적인 교대근무 시 인수·인계 방법 수립

(2) HACCP팀 구성의 예

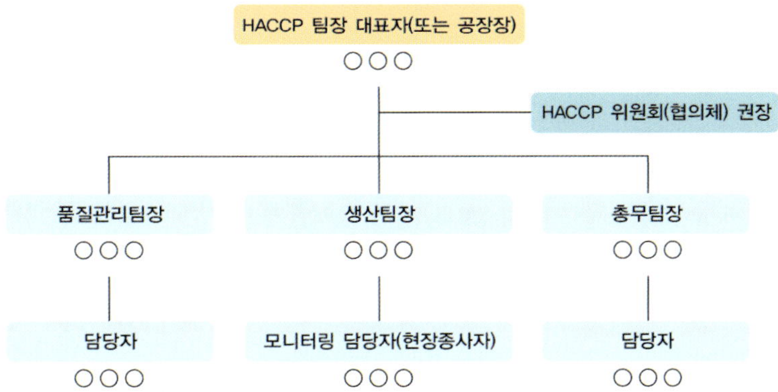

▎HACCP팀 구성의 예 ▎

〈자료 : 한국식품 안전관리 인증원〉

알아두고 가기

- 조직도는 자체 인력에 따라 조정
- 해썹(HACCP)팀장의 권한은 식품안전관리인증기준 제8조 3항, 4항 항목을 포함하여 작성
- 팀원의 책임과 권한은 자사 업무분장에 의해 작성
- 팀원이력은 담당업무, 경력, 교육 훈련 이수(교육기간, 교육명 등)를 포함하여 작성

2 제품설명서 작성

두 번째 준비단계는 제품설명서를 작성하는 것이다. 제품설명서에는 제품명, 제품유형 및 성상, 품목제조보고연월일, 작성자 및 작성연월일, 성분(또는 식자재)배합비율 및 제조(또는 조리)방법, 제조(포장)단위, 완제품의 규격, 보관, 유통(또는 배식)상의 주의사항, 제품용도 및 유통(또는 배식)기간, 포장방법 및 재질, 표시사항, 기타 필요한 사항이 포함되어야 한다.

제품설명서의 각 사항의 작성 시 다음 사항을 참고하면 제품설명서 작성에 도움이 된다.

(1) 제품명

제품명은 식품제조·가공업체의 경우 해당 관청에 보고한 해당 품목의 "품목 제조(변경)보고서"에 명시된 제품명과 일치하여야 한다.

(2) 제품유형

제품유형은 "식품공전"의 분류체계에 따른 식품의 유형을 기재한다.

(3) 성상

성상은 해당 식품의 기본 특성(예 액상, 고상 등) 뿐만 아니라 전체적인 특성(예 가열 후 섭취식품, 비가열 섭취식품, 냉장식품, 냉동식품, 살균제품, 멸균제품 등)을 기재한다.

(4) 품목제조보고연월일

품목제조보고연월일은 식품제조·가공업체의 경우에 해당하며, 해당 식품의 "품목제조(변경)보고서"에 명시된 보고 날짜를 기재한다.

(5) 작성자 및 작성연월일

제품설명서를 작성한 사람의 성명과 작성날짜를 기재한다.

(6) 성분(또는 식자재)배합비율 및 제조(또는 조리)방법

성분(또는 식자재)배합비율은 식품제조, 가공업체의 경우 해당식품의 "품목제조(변경)보고서"에 기재된 원료인 식품 및 식품첨가물의 명칭과 각각의 함량을 기재한다.

대상 식품이 많은 업체의 경우 원료 목록표를 작성하면 원료에 대한 위해요소를 총괄적으로 분석하는데 도움이 된다.

- 제조(또는 조리)방법은 일반적인 방법을 기재하거나 "공정흐름도"로 갈음한다.

(7) 제조(포장)단위

제조(포장)단위는 판매되는 완제품의 최소단위를 중량, 용량, 개수 등으로 기재한다.

(8) 완제품의 규격

완제품의 규격은 식품위생법과 대상고객, 사내규격 등을 참고하여 안전성과 관련된 항목에 대해 성상, 생물학적, 화학적, 물리적 항목과 각각의 규격을 기재한다.

(9) 제품용도 및 유통(또는 배식)기간

제품용도는 소비계층을 고려하여 일반건강인, 영 · 유아, 어린이, 환자, 노약자, 허약자 등으로 구분하여 기재한다.

- 유통(또는 배식)기간은 식품제조, 가공업체의 경우 "품목제조(변경)보고서"에 명시된 유통기한을 보관조건과 함께 기재하며, 식품접객업체의 경우 조리완료 후 배식까지의 시간을 기재한다.
- 아울러, 소비자 구매 시 섭취방법(그내로 십취, 가열조리 후 섭취)을 함께 기재한다.

(10) 포장방법 및 재질

특이한 포장방법이 있는 경우 그 방법을 구체적으로 기재하며, 포장재질은 내포장재와 외포장재 등으로 구분하여 기재한다.

(11) 표시사항

표시사항에는 "식품 등의 표시기준"의 법적 사항에 기초하여 소비자에게 제공해야 할 해당 식품에 관한 정보를 기재한다.

(12) 보관 및 유통(또는 배식)상의 주의사항

해당 식품의 유통 · 판매 또는 배식 중 특별히 관리가 요구되는 사항을 기재한다. 기본적으로 위생적인 요소Safety factors을 우선 고려하여 기재하고, 품질적인 사항Quality factors을 포함시켜야 하는 경우에는 위생적인 요소와 구분하여 기재한다.

- 제품설명서는 식품별로 작성함을 원칙으로 한다. 그러나 각 식품의 공정 등 특성이 같거나 비슷하여 식품유형별로 작성하여도 무방하다고 판단되는 경우 식품을 묶거나 식품유형별로 작성할 수 있다.

- 제품설명서의 견본서식은 [제품설명서 예시]와 같다. 업체는 견본서식을 이용하여 업체 자체 실정에 맞게 적절한 제품설명서를 작성할 수 있다.

3 제품용도 확인

세 번째 준비단계는 해당 식품의 의도된 사용방법 및 대상 소비자를 파악하는 것이다. 그대로 섭취할 것인가, 가열조리 후 섭취할 것인가, 조리 가공방법은 무엇인가, 다른 식품의 원료로 사용 되는가 등 예측 가능한 사용방법과 범위, 그리고 제품에 포함될 잠재성을 가진 위해물질에 민감한 대상 소비자(예 어린이, 노인, 면역관련 환자 등)를 파악하는 것이며, 이런 자료는 위해평가와 위해요소의 한계기준 결정에 중요한 자료가 된다.

4 공정흐름도(제조공정도 등)

네 번째 준비단계로 HACCP 팀은 업체에서 직접 관리하는 원료의 입고에서부터 완제품의 출하까지 모든 공정단계들을 파악하여 공정흐름도Flow diagram를 작성하고 각 공정별 주요 가공조건의 개요를 기재한다. 이때, 구체적인 제조공정별 가공방법에 대하여는 일목요연하게 표로 정리하는 것이 바람직하다. 또한, 작업특성별 구획, 기계 · 기구 등의 배치, 제품의 흐름과정, 작업자 이동경로, 세척, 소독조 위치, 출입문 및 창문, 공조시설 계통도, 용수 및 배수처리 계통도 등을 표시한 작업장 평면도Plant schematic를 작성한다.

이러한 공정흐름도와 평면도는 원료의 입고에서부터 완제품의 출하에 이르는 해당 식품의 공급에 필요한 모든 공정별로 위해요소의 교차오염 또는 2차 오염, 증식 등의 가능성을 파악하는데 도움을 준다.

5 공정흐름도 현장 확인

다섯 번째 준비단계는 작성된 공정흐름도 및 평면도가 현장과 일치하는지를 검증하는 것이다. 공정흐름도 및 평면도가 실제 작업공정과 동일한지 여부를 확인하기 위하여 HACCP팀은 작업현장에서 공정별 각 단계를 직접 확인하면서 검증하여야 한다. 공정흐름도와 평면도의 작성 목적은 각 공정 및 작업장 내에서 위해요소가 발생할 수 있는 모든 조건 및 지점을 찾아내기 위한 것이므로 정확성을 유지하는 것이 매우 중요하다. 따라서 현장검증 결과 변경이 필요한 경우에는 해당 공정 흐름도나 평면도를 수정하여야 한다.

정확한 공정흐름도 및 평면도가 완성되면 본격적인 HACCP 계획을 개발할 수 있다.

(1) 작성된 각종 평면도와 계통도가 실제 현장과 일치하는지 확인

(2) 변경 시마다 재작성 후 현장 확인 실시

6 위해요소분석

HACCP 관리계획의 개발을 위한 첫 번째 원칙은 위해요소 분석을 수행하는 것이다. 위해요소Hazard 분석은 HACCP팀이 수행하며, 이는 제품설명서에서 파악된 원·부재료별로, 그리고 공정흐름도에서 파악된 공정/단계별로 구분하여 실시한다. 이 과정을 통해 원·부재료별 또는 공정/단계별로 발생 가능한 모든 위해요소를 파악하여 목록을 작성하고, 각 위해요소의 유입경로와 이들을 제어할 수 있는 수단(예방수단)을 파악하여 기술하며, 이러한 유입경로와 제어수단을 고려하여 위해요소의 발생 가능성과 발생 시 그 결과의 심각성을 감안하여 위해Risk를 평가한다.

위해요소 분석을 위한 첫 번째 단계는 원료별·공정별로 생물학적·화학적·물리적 위해요소와 발생 원인을 모두 파악하여 목록화 하는 것이 도움이 된다.

위해요소 분석을 수행하기 위한 두 번째 단계는 파악된 잠재적 위해요소Hazard에 대한 위해Risk를 평가하는 것이다. 파악된 잠재적 위해요소에 대한 위해 평가는 위해 평가 기준을 이용하여 수행할 수 있다.

위해요소 분석을 수행하기 위한 마지막 단계는 파악된 잠재적 위해요소의 발생원인과 각 위해요소를 안전한 수준으로 예방하거나 완전히 제거, 또는 허용 가능한 수준까지 감소시킬 수 있는 예방조치방법이 있는지를 확인하여 기재하는 것이다. 이러한 예방조치방법에는 한 가지 이상의 방법이 필요할 수 있으며, 어떤 한 가지 예방조치방법

으로 여러 가지 위해요소가 통제될 수도 있다. 예방조치방법은 현재 작업장에서 시행되고 있는 것만을 기재한다.

위해요소의 예방조치방법에는 다음과 같은 것이 있다.

(1) 생물학적 위해요소 - 시설 개 · 보수

- 원료 협력업체로부터 시험성적서 수령
- 입고되는 원료의 검사
- 보관, 가열, 포장 등의 가공조건(온도, 시간 등) 준수
- 시설 · 설비, 종업원 등에 대한 적절한 세척 · 소독 실시
- 공기 중에 식품노출 최소화
- 종업원에 대한 위생교육

(2) 화학적 위해요소 - 원료 협력업체로부터 시험성적서 수령

- 입고되는 원료의 검사
- 승인된 화학물질만 사용
- 화학물질의 적절한 식별 표시, 보관
- 화학물질의 사용기준 준수
- 화학물질을 취급하는 종업원의 적절한 훈련

(3) 물리적 위해요소 - 시설 개 · 보수

- 원료 협력업체로부터 시험성적서 수령
- 입고되는 원료의 검사
- 육안선별, 금속검출기 등 이용
- 종업원 훈련

위해요소 분석 시 활용할 수 있는 기본 자료는 해당 식품 관련 역학조사자료, 업체 자체 오염실태조사자료, 작업환경조건, 종업원 현장조사, 보존시험, 미생물시험, 관련 규정이나 연구자료 등이 있으며, 기존의 작업공정에 대한 정보도 이용될 수 있다. 이

러한 정보는 위해요소와 관련된 목록 작성뿐만 아니라 HACCP 계획의 특별검증(재평가), 한계기준 이탈 시 개선조치방법 설정, 예측하지 못한 위해요소가 발생한 경우의 대처방법 모색 등에도 활용될 수 있다. 이와 같이 위해요소 분석은 해당식품 및 업체와 관련된 다양한 기술적, 과학적 전문자료를 필요로 하며, 정확한 위해분석을 실시하지 못하면 효과적인 HACCP 계획을 수립 할 수 없기 때문에 철저히 수행되어야 하는 중요한 과정이다.

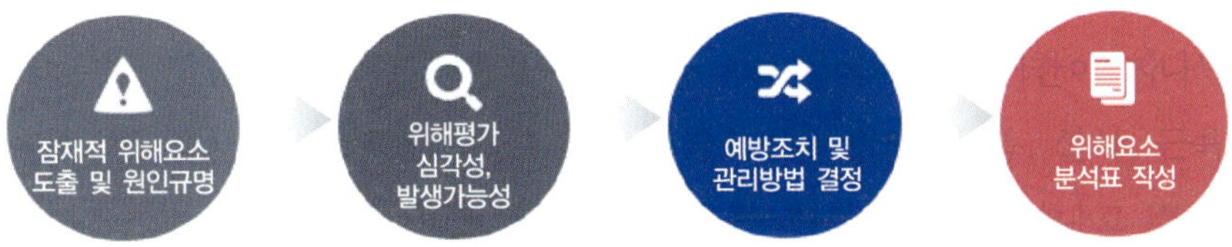

▎위해요소분석 절차▎

〈자료 : 한국식품 안전관리 인증원〉

위해요소분석표

일련 번호	원부자재명/ 공정명	구분	위해요소		위험도평가			예방조치 및 관리방법
			명칭	발생원인	심각성	발생가능성	종합평가	
1		B						
		C						
		P						

〈자료 : 한국식품 안전관리 인증원〉

- **B**(Biological hazards) : **생물학적 위해요소**

  제품명은 식품제조·가공업체의 경우 해당 관청에 보고한 해당 품목의 "품목 제조(변경)보고서"에 명시된 제품명과 일치하여야 한다.

- **C**(Chemical hazards) : **화학적 위해요소**

  제품에 내재하면서 인체의 건강을 해할 우려가 있는 중금속, 농약, 항생물질, 항균물질, 사용 기준초과 또는 사용 금지된 식품 첨가물 등 화학적 원인물질

- **P**(Physical hazards) : **물리적 위해요소**

  원료와 제품에 내재하면서 인체의 건강을 해할 우려가 있는 인자 중에서 돌조각, 유리조각, 쇳조각, 플라스틱조각 등

7 중요관리점CCP 결정

❙ 중요관리점(CCP) 결정도 ❙

〈자료 : 한국식품 안전관리 인증원〉

위해요소 분석이 끝나면 해당 제품의 원료나 공정에 존재하는 잠재적인 위해요소를 관리하기 위한 중요 관리점을 결정해야 한다. 중요관리점이란 원칙 1에서 파악된 위해요소를 예방, 제거 또는 허용 가능한 수준까지 감소시킬 수 있는 최종 단계 또는 공정을 말한다.

식품의 제조·가공·조리공정에서 중요관리점이 될 수 있는 사례는 다음과 같으며, 동일한 식품을 생산하는 경우에도 제조·설비 등 작업장 환경이 다를 경우에는 서로 상이할 수 있다.

(1) 미생물 성장을 최소화 할 수 있는 냉각공정

(2) 병원성 미생물을 사멸시키기 위하여 특정 시간 및 온도에서 가열처리

(3) pH 및 수분활성도의 조절 또는 배지 첨가 같은 제품성분 배합

(4) 캔의 충전 및 밀봉 같은 가공처리

(5) 금속검출기에 의한 금속이물 검출공정 등

CCP를 결정하는 하나의 좋은 방법은 중요 관리점 결정도를 이용하는 것으로 이 결정도는 원칙 1의 위해 평가 결과 중요위해(확인대상)로 선정된 위해요소에 대하여 적용한다.

중요관리점(CCP) 결정표 (예시)

공정단계	구분	위해요소	질문1 예→CCP 아님 아니오-질문2	질문2 예→질문3 아니오-질문2-1	질문2-1 예→질문2 아니오-CCP 아님	질문3 예-CCP 아니오-질문4	질문4 예→질문5 아니오-CCP 아님	질문5 예-CCP 아님 아니오-CCP	중요관리점 결정
입고	B	리스테리아 장출혈성대장균	NO	YES		NO	YES	YES(세척, 가열, 소독공정)	CCP아님
	P	나사, 못, 칼날	NO	YES		NO	YES	YES(세척, 금속검출공정)	CCP아님
		돌, 모래, 플라스틱	NO	YES		NO	YES	YES(세척, 여,X-Ray 검출공정)	CCP아님
보관	B	리스테리아 장출혈성대장균	NO	YES		NO	YES	YES(세척, 가열, 소독공정)	CCP아님
	P	나사, 못, 칼날	NO	YES		NO	YES	YES(세척, 금속검출공정)	CCP아님
		돌, 모래, 플라스틱	NO	YES		NO	YES	YES(세척, 여,X-Ray 검출공정)	CCP아님
전처리	B	리스테리아 장출혈성대장균	NO	YES		NO	YES	YES(세척, 가열, 소독공정)	CCP아님

	P	나사, 못, 칼날	NO	YES		NO	YES	YES(세척, 금속검출 공정)	CCP아님
		돌, 모래, 플라스틱	NO	YES		NO	YES	YES(세척, 여과, X-Ray검출 공정)	CCP아님
세척	B	리스테리아 장출혈성대장균	NO	YES		YES			CCP-1B
	P	나사, 못, 칼날	NO	YES		NO	YES	YES(금속검출공정)	CCP아님
		돌, 모래. 플라스틱	NO	YES		YES			CCP-1P
소독	B	리스테리아 장출혈성대장균	NO	YES		YES			CCP-2B
	P	나사, 못, 칼날	NO	YES		NO	YES	YES(금속검출공정)	CCP아님
		돌, 모래, 플라스틱	NO	YES		NO	YES	YES(세척, 여과, X-Ray검출 공정)	CCP아님
가열	B	리스테리아 장출혈성대장균	NO	YES		YES			CCP-3B
	P	나사, 못, 칼날	NO	YES		NO	YES	YES(금속검출공정)	CCP아님
		돌, 모래, 플라스틱	NO	YES		NO	YES	YES(세척, 여과, X-Ray검출 공정)	CCP아님

〈자료 : 한국식품 안전관리 인증원〉

8 CCP 한계기준 설정Critical Limit

세 번째 원칙은 HACCP팀이 각 CCP에서 취해져야 할 예방조치에 대한 한계기준을 설정하는 것이다. 한계기준은 CCP에서 관리되어야 할 생물학적, 화학적 또는 물리적 위해요소를 예방, 제거 또는 허용 가능한 안전한 수준까지 감소시킬 수 있는 최대치 또는 최소치를 말하며, 안전성을 보장할 수 있는 과학적 근거에 기초하여 설정되어야 한다.

한계기준은 현장에서 쉽게 확인 가능하도록 가능한 육안관찰이나 간단한 측정으로 확인할 수 있는 수치 또는 특정지표로 나타내어야 한다.

식품의 제조, 가공, 조리공정에서 중요관리점이 될 수 있는 사례는 다음과 같으며, 동일한 식품을 생산하는 경우에도 제조, 설비 등 작업장 환경이 다를 경우에는 서로 상이할 수 있다.

- 온도 및 시간
- 수분활성도(Aw) 같은 제품 특성
- PH
- 관련서류 확인 등
- 습도(수분)
- 염소, 염분농도 같은 화학적 특성
- 금속검출기 감도

한계기준을 결정할 때에는 법적 요구조건과 연구 논문이나 식품관련 전문서적, 전문가 조언, 생산 공정의 기본자료 등 여러 가지 조건을 고려해야 한다. 예를 들면 제품 가열시 중심부의 최저온도, 특정온도까지 냉각시키는데 소요되는 최소시간, 제품에서 발견될 수 있는 금속조각(이물질)의 크기 등이 한계기준으로 설정될 수 있으며, 이들 한계기준은 식품의 안전성을 보장할 수 있어야 한다.

한계기준은 초과되어서는 아니 되는 양 또는 수준인 상한기준과 안전한 식품을 취급하는데 필요한 최소량인 하한기준을 단독으로 설정할 수 있다.

예 상한기준의 예 : 금속파편 크기를 1.0mm 이하
하한기준의 예 : 주정의 양을 일정량 이상으로 설정

(1) 한계기준 설정 방법

한계기준은 다음 절차에 따라서 설정한다.

- 결정된 CCP별로 해당식품의 안전성을 보증하기 위하여 어떤 법적 한계기준이 있는지를 확인한다(법적인 기준 및 규격 확인).
- 법적인 한계기준이 없을 경우, 업체에서 위해요소를 관리하기에 적합한 한계기준을

자체적으로 설정하며, 필요시 외부전문가의 조언을 구한다.

- 설정한 한계기준에 관한 과학적 문헌 등 근거자료를 유지 보관한다.

key point 한계기준 설정 근거자료

- CCP 공정의 가공조건(시간, 온도, 횟수, 자력, 크기 등의 조건)별 실제 생산라인에서 반제품, 완제품을 대상으로 하는 시험자료
- 설정된 한계기준을 뒷받침할 수 있는 과학적 근거(문헌, 논문 등) 자료 등

한계기준 설정 (예시)

공정명	CCP	위해요소	위해요인	한계기준
가열	CCP-1B	리스테리아, 장출혈성대장균	가열온도 및 가열 시간 미준수로 병원성 미생물 잔존	가열온도 : 85℃-120℃ 가열시간 : 3-5분 (품온 80℃-110℃, 품온 유지시간 3-5분)등
세척	CCP-1BCP	리스테리아, 장출혈성대장균, 돌, 흙, 모래, 잔류농약	세척방법 미준수로 병원성 미생물, 잔류농약, 이물 잔존	세척 횟수 : 3-6단, 세척가수량 : 20L/분, 세척시간 : 5분-10분 등
소독	CCP-1BC	리스테리아, 장출혈성대장균, 잔류염소	소독농도 및 소독시간, 소독수 교체주기 미준수로 병원성 미생물 잔존 헹굼 방법, 시간 미준수로 소독제 잔류	소독농도 : 50-100ppm 소독농도 : 1분-1분 30초 소독수 교체주기 : 10kg당 헹굼방법 : 흐르는 물 헹굼시간 : 30-40분 등
최종제품 pH 측정	CCP-1B	리스테리아, 장출혈성대장균	최종 제품 pH 초과로 인한 병원성 미생물 잔존 및 증식	최종제품 pH4.0 이하
최종제품 수분활성도 측정	CCP-1B	리스테리아, 장출혈성대장균	최종 제품 pH 초과로 인한 병원성 미생물 잔존 및 증식	최종제품 수분활성도 0.6이하
금속검출	CCP-1P	금속 Fe 2.0mm Φ, STS 2.0mm Φ 이상 불검출	금속검출기 감도 불량으로 이물 잔존	금속 Fe 2.0mmΦ, STS 2.0 Φ이상 불검출

〈자료 : 한국식품 안전관리 인증원〉

9 각 중요관리점(CCP)에 대한 모니터링 체계 확립

"모니터링Monitoring"은 중요관리점에 설정된 한계 기준을 적절히 관리하고 있는지 여부를 확인하기 위하여 수행하는 일련의 계획된 관찰이나 측정하는 행위 등을 말한다.

(1) 모니터링 체계는 다음 순서에 따라 확립한다.

- 각 원료와 공정별로 가장 적합한 모니터링 절차를 파악한다.
- 모니터링 항목을 결정한다.
- 모니터링 위치/지점, 방법을 결정한다.
- 모니터링 주기(빈도)를 결정한다.
- 모니터링 결과를 기록할 서식을 결정한다.
- 모니터링 담당자를 지정하고 훈련시킨다.

(2) 설정된 모니터링방법이 올바른지 다음의 질문을 통하여 확인할 수 있다.

- 모든 CCP가 포함되어 있는가?
- 모니터링의 신뢰성이 평가되었는가?
- 모니터링 장비의 상태는 양호한가?
- 작업현장에서 실시하는가?
- 기록서식은 사용하는데 편리한가?
- 기록은 정확히 이루어지는가?
- 기록은 실시간으로 이루어지는가?
- 기록이 지속적으로 이루어지는가?
- 모니터링 주기가 적절한가?
- 시료채취 계획은 통계적으로 적절한가?
- 기록결과는 정기적으로 통계처리 하여 분석하는가?
- 현장 기록과 모니터링 계획이 일치하는가?

(3) 모니터링 방법(예시)

공정명	CCP	한계기준	모니터링 방법			
			대상	방법	주기	담당자
가열	CCP-1B	65℃ 이상, 1분 이상	가열시간, 온도	• 가열기의 정상작동 유 · 무를 확인한다. • 가열기에서 가열 온도와 시간을 모니터링 일지에 기록한다. • 모니터링 일지를 HACCP 팀장에게 승인 받는다.	매 작업시	공정 담당

세척	CCP-2B	6단 세척, 가수량 3배, 세척시간 5분 이상	세척방법	• 세척기의 정상작동 유 · 무를 확인한다. • 세척방법에 따라 세척시간, 횟수, 가수량을 모니터링 일지에 기록한다. • 모니터링 일지를 HACCP 팀장에게 승인 받는다.	매 작업시	공정 담당
소독	CCP-3B	소독농도 50-100ppm, 소독시간 1분-1분30초	소독농도, 시간	• 소독기의 정상작동 유 · 무를 확인한다. • 소독농도, 시간을 모니터링 일지에 기록한다. • 모니터링 일지를 HACCP 팀장에게 승인 받는다.	매 작업시	공정 담당
금속 검출	CCP-4P	금속 2mm 이상 불검출, 쇳가루 불검출	금속 검출기 감도	• 금속검출기의 정상작동 유 · 무를 확인한다. • 테스트 피스를 이용하여 금속검출기의 감도를 기기, 제품에 측정한 후 모니터링 일지에 기록한다. • 모니터링 일지를 HACCP 팀장에게 승인 받는다.	매 작업시	공정 담당

〈자료 : 한국식품 안전관리 인증원〉

(4) 모니터링 방법은 현장 종사자의 눈높이에 맞추어 구체적이고 쉽게 적절한 방법, 주기 등을 수립하여야 한다.

10 개선조치 확립

"개선조치Corrective Action"는 모니터링 결과, 중요관리점의 한계기준을 이탈할 경우에 취하는 일련의 조치를 말한다. HACCP 계획은 식품으로 인한 위해요소가 발생하기 이전에 문제점을 미리 파악하고 시정하는 예방체계이므로, 모니터링 결과 한계기준을 벗어날 경우 취해야 할 개선조치방법을 사전에 설정하여 신속한 대응조치가 이루어지도록 하여야 한다.

(1) 개선조치 방법 설정 시 체크 사항

- 이탈된 제품을 관리하는 책임자는 누구이며, 기준 이탈 시 모니터링 담당자는 누구에게 보고하여야 하는가?
- 이탈의 원인이 무엇인지 어떻게 결정할 것인가?

- 이탈의 원인이 확인되면 어떤 방법을 통하여 원래의 관리상태로 복원시킬 것인가?
- 한계기준이 이탈된 식품(반제품 또는 완제품)은 어떻게 조치할 것인가?
- 한계기준 이탈 시 조치해야 할 모든 작업에 대한 기록 · 유지 책임자는 누구인가?
- 개선조치 계획에 책임 있는 사람이 없을 경우 누가 대신할 것인가?
- 개선조치는 언제든지 실행가능한가?

일반적으로 취해야할 개선조치 사항에는 공정상태의 원상복귀, 한계기준 이탈에 의해 영향을 받은 관련식품에 대한 조치사항, 이탈에 대한 원인규명 및 재발방지 조치, HACCP 계획의 변경 등이 포함된다.

(2) 개선조치 확립 순서

- 각 CCP별로 가장 적합한 개선주치 절차를 파악한다.
- CCP별로 위해요소의 심각성에 따라 차등화하여 개선조치방법을 결정한다.
- 개선조치 결과의 기록서식을 결정한다.
- 개선조치 담당자를 지정하고 교육 · 훈련시킨다.

(3) 개선조치가 완료되면 확인해야 할 기본적인 사항은 다음과 같다.

- 한계기준 이탈의 원인이 확인되고 제거되었는가?
- 개선조치 후 CCP는 잘 관리되고 있는가?
- 한계기준 이탈의 재발을 방지할 수 있는 조치가 마련되어 있는가?
- 한계기준 이탈로 인해 오염되었거나 건강에 위해를 주는 식품이 유통되지 않도록 개선조치 절차를 시행하고 있는가?

(4) 개선조치 방법(예시)

공정명	CCP	개선조치 방법
가열	CCP-1B	1. 가열 온도, 시간 이탈 시 • 공정 담당자는 즉시 작업을 중지한다. • 해당 제품은 즉시 재가열하고 CCP 모니터링 일지에 이탈사항과 개선조치사항을 기록하고 생산관리팀장, HACCP팀장에게 보고한다. • 해당 로트 제품을 품질관리 팀장에게 공정품 검사를 의뢰한다.

		2. 기기 고장인 경우 • 공정 담당자는 즉시 작업을 중지한다. • 해당 제품은 즉시 재가열하고 CCP 모니터링 일지에 이탈사항과 개선조치사항을 기록하고 생산관리팀장, HACCP팀장에게 보고한다. • 해당 로트 제품을 품질관리 팀장에게 공정품 검사를 의뢰한다.
세척	CCP-2B	1. 세척횟수, 시간, 가수량 이탈 시 • 공정 담당자는 즉시 작업을 중지한다. • 해당 제품은 즉시 재가열하고 CCP 모니터링 일지에 이탈사항과 개선조치사항을 기록하고 생산관리팀장, HACCP팀장에게 보고한다. • 해당 로트 제품을 품질관리 팀장에게 공정품 검사를 의뢰한다. 2. 기기 고장인 경우 • 공정 담당자는 즉시 작업을 중지하고 공정품을 보류한 뒤, CCP 모니터링 일지에 이탈사항을 기록하고 공무팀에 수리를 의뢰한다. • 수리완료 후 공정품은 재가열한다. • CCP 모니터링 일지에 개선조치사항을 기록하고 생산관리팀장, HACCP팀장에게 보고한다. • 해당 로트 제품을 품질관리 팀장에게 공정품 검사를 의뢰한다.
소독	CCP-3B	1. 소독농도, 시간 이탈시 • 공정 담당자는 즉시 작업을 중지한다. • 소독농도를 보정하고 해당 제품은 재소독하고 CCP 모니터링 일지에 이탈사항과 개선조치사항을 기록하고 생산관리팀장, HACCP팀장에게 보고한다. • 해당 로트 제품을 품질관리 팀장에게 공정품 검사를 의뢰한다. 2. 기기 고장인 경우 • 공정 담당자는 즉시 작업을 중지하고 공정품을 보류한 뒤, CCP 모니터링 일지에 이탈사항을 기록하고 공무팀에 수리를 의뢰한다. • 수리완료 후 공정품은 재가열한다. • CCP 모니터링 일지에 개선조치사항을 기록하고 생산관리팀장, HACCP팀장에게 보고한다. • 해당 로트 제품을 품질관리 팀장에게 공정품 검사를 의뢰한다.
금속검출	CCP-4B	1. 제품에 혼입될 경우 • 공정 담당자는 즉시 작업을 중지한다. • 해당 제품을 재통과하여 확인하고 혼입이 확인될 경우, CCP 모니터링 일지에 이탈사항과 개선조치사항을 기록하고 생산관리팀장, HACCP팀장에게 보고한다. • 해당 로트 제품을 품질관리 팀장에게 공정품 검사를 의뢰한다. 2. 기기 고장인 경우 • 공정 담당자는 즉시 작업을 중지하고 공정품을 보류한 뒤, CCP 모니터링 일지에 이탈사항을 기록하고 공무팀에 수리를 의뢰한다. • 수리완료 후, CCP 모니터링 일지에 개선조치사항을 기록하고 생산관리팀장, HACCP팀장에게 보고한다. - 해당 로트 제품은 재통과시킨다.

		3. 감도 저하 시 • 공정 담당자는 즉시 작업을 중지하고 공정품을 보류한 뒤, CCP 모니터링 일지에 이탈사항을 기록하고 기기 감도를 측정하여야 한다. • 감도 확인 후, CCP 모니터링 일지에 개선조치사항을 기록하고 생산관리팀장, HACCP팀장에게 보고한다. • 해당 로트 제품을 품질관리 팀장에게 공정품 검사를 의뢰한다.

〈자료 : 한국식품 안전관리 인증원〉

11 검증절차 확립

"검증Verification"은 HACCP관리계획의 적절성과 실행여부를 정기적으로 평가하는 일련의 활동(적용방법과 절차, 확인 및 기타평가 등을 수행하는 행위 포함)을 말한다. 여섯 번째 원칙은 HACCP 시스템이 적절하게 운영되고 있는지를 확인하기 위한 검증절차를 설정하는 것이다.

검증내용은 크게 두 가지로 나뉜다.

즉, ① HACCP 계획에 대한 유효성 평가Validation ② HACCP 계획의 실행성 검증이며, 이러한 검증활동은 선행요건프로그램의 검증활동과 병행 또는 분리하여 실시할 수 있다.

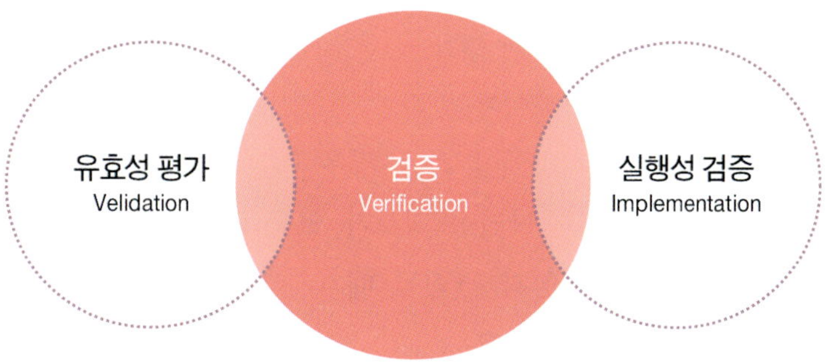

〈자료 : 한국식품 안전관리 인증원〉

(1) 검증의 종류

검증주체에 따른 분류

- 내부검증 : 사내에서 자체적으로 검증원을 구성하여 실시하는 검증
- 외부검증 : 정부 또는 적격한 제 3자가 검증을 실시하는 경우로 식품의약품안전처

에서 HACCP 적용업체에 대하여 연 1회 실시하는 사후 조사·평가가 이에 포함됨

- 검증주기에 따른 분류
  - 최초검증 : HACCP 계획을 수립하여 최초로 현장에 적용할 때 실시하는 HACCP 계획의 유효성 평가Validation
  - 일상검증 : 일상적으로 발생되는 HACCP 기록문서 등에 대하여 검토·확인하는 것
  - 특별검증 : 새로운 위해정보가 발생 시, 해당식품의 특성 변경 시, 원료·제조공정 등의 변동 시, HACCP 계획의 문제점 발생 시 실시하는 검증
  - 정기검증 : 정기적으로 HACCP 시스템의 적절성을 재평가 하는 검증

(2) 검증의 실시 시기

HACCP 관리계획의 최초 실행과정, 즉 해당 계획서가 작성된 이후 현장에 적용하면서 실제로 해당 계획이 효과가 있는지 확인하기 위하여 최초검증(유효성 평가)을 반드시 실시하고 문제점을 개선·보완한 이후 본격적으로 HACCP 관리계획을 적용하여야 한다.

HACCP 관리계획은 식품이나 공정상에 실질적인 변경사항이 있는 경우, 또는 기존 계획서가 충분히 효과적이지 못할 수 있음을 나타내는 경우마다 특별검증(재평가)을 실시하여야 하며, 이러한 이유 중 하나에 해당되지 않는 경우에도 적어도 년 1회 이상 정기검증을 실시하여야 한다.

특별검증(재평가)을 실시하여야 하는 경우

- 해당 식품과 관련된 새로운 안전성 정보가 있을 때
- 해당 식품이 식중독, 질병 등과 관련될 때
- 설정된 한계기준이 맞지 않을 때
- HACCP 계획의 변경 시(신규원료 사용 및 변경, 원료 공급업체의 변경, 제조·조리공정의 변경, 신규 또는 대체 장비 도입, 작업량의 큰 변동, 섭취대상의 변경, 공급체계의 변경, 종업원의 대폭 교체)

또한, 일상적으로 발생되는 HACCP 관련 기록들에 대한 일상검증을 주기를 정하여 실시하여야 한다. 즉, 위해를 제거 또는 감소시키기 위한 공정이 제대로 이행되었는지 확인하는 CCP 모니터링 기록 등을 해당 제품이 출고되기 이전에 반드시 확

인하여야 한다.

이외에 HACCP 계획의 유효성 및 실행성을 확인하기 위하여 필요한 경우 특정부분에 대하여 주, 월, 반기 등 주기를 정하여 검증을 실시할 수 있다.

(3) 검증 내용

- **유효성 평가** : 수립된 HACCP 계획이 해당식품이나 제조 · 조리라인에 적합한지 즉, HACCP 계획이 올바르게 수립되어 있어 충분한 효과를 가지는지를 확인하는 것으로
  - 발생가능한 모든 위해요소를 확인 · 분석하였는지 여부
  - 제품설명서, 공정흐름도의 현장 일치 여부
  - CP, CCP 결정의 적절성 여부
  - 한계기준이 안전성을 확보하는데 충분한지 여부
  - 모니터링 체계가 올바르게 설정되어 있는지 여부 등이 해당된다.

  HACCP 계획의 유효성 평가에서는 설정한 CCP 및 한계기준이 적절한지, HACCP 계획이 효과적인지 확인하기 위한 수단으로 미생물 또는 잔류 화학물질 검사 등이 이용된다.

- **HACCP 계획의 실행성 검증** : HACCP 계획이 수립된 대로 효과적으로 이행되고 있는지 여부를 확인하는 것으로
  - 작업자가 CCP 공정에서 정해진 주기로 측정이나 관찰을 수행하는지 확인하기 위한 현장 관찰 활동
  - 한계기준 이탈 시 개선조치를 취하고 있으며, 개선조치가 적절한지 확인하기 위한 기록의 검토
  - 개선조치 실제 실행여부와 개선조치의 적절성 확인을 위하여 기록의 완전성 · 정확성 등을 자격 있는 사람이 검토하고 있는지 여부
  - 검사 · 모니터링 장비의 주기적인 검 · 교정 실시 여부 등이 해당된다.

(4) 검증의 실행

- **검증 주체** : HACCP 시스템의 검증은 사내 자체적으로 검증원의 자격요건 등을 정하고 검증팀을 구성하여 실시하거나 검증의 객관성을 유지하기 위해 제 3자인 외

부 전문가를 통하여 검증을 실시할 수 있다.

- **검증 계획의 수립** : HACCP 팀은 연간 검증계획을 수립하고 이를 근거로 검증 실시 이전에 검증종류, 검증원, 검증항목, 검증일정 등을 포함한 검증실시계획을 수립하여야 한다.
- **검증 활동** : 검증 활동은 크게 기록의 검토, 현장조사, 시험 · 검사로 구분할 수 있다.

12 문서화 및 기록유지

일곱 번째 원칙은 HACCP 체계를 문서화하는 효율적인 기록유지 방법을 설정하는 것이다. 기록유지는 HACCP 체계의 필수적인 요소이며, 기록유지가 없는 HACCP 체계의 운영은 비효율적이며 운영근거를 확보할 수 없기 때문에 HACCP 계획의 운영에 대한 기록의 개발 및 유지가 요구된다.

HACCP 체계에 대한 기록유지 방법 개발에 접근하는 방법 중의 하나는 이전에 유지관리하고 있는 기록을 검토하는 것이다. 가장 좋은 기록유지 체계는 필요한 기록내용을 알기 쉽게 단순하게 통합한 것이다. 즉, 기록유지 방법을 개발할 때에는 최적의 기록담당자 및 검토자, 기록시점 및 주기, 기록의 보관 기간 및 장소 등을 고려하여 가장 이해하기 쉬운 단순한 기록서식을 개발하여야 한다.

HACCP 체계의 운영과 관련된 기록목록의 예는 다음과 같다. 이 기록들은 제품을 유통시키기 전에 해당 작업장에서 HACCP 관리계획을 준수하였음을 보증하는 것이다.

(1) 원료

- 규격에 적합함을 증빙하는 원료공급업체의 시험증명서
- 공급업체의 시험 성적서를 검증한 업체의 지도 · 감독 기록
- 온도에 민감하거나 유통기한이 설정된 원료에 대한 보관온도 및 기간 기록

(2) 공정관리

- CCP와 관련된 모든 모니터링 기록

- 식품 취급과정이 적절하게 지속적으로 운영되는지를 검증한 기록

(3) 완제품

- 식품의 안전한 생산을 보장할 수 있는 자료 및 기록
- 제품의 안전한 유통기한을 입증할 수 있는 자료 및 기록
- HACCP 계획의 적합성을 인정한 문서

(4) 보관 및 유통

- 보관 및 유통온도 기록
- 유통기간이 경과된 제품이 출고되지 않음을 보여주는 기록

(5) 한계기준 일탈 및 개선조치

- CCP의 한계기준 이탈 시 취해진 공정이나 제품에 대한 모든 개선조치 기록

(6) 검증

- HACCP 계획의 설정, 변경 및 재평가 기록

(7) 종업원 교육

- 식품위생 및 HACCP 수행에 관한 교육훈련 기록

7원칙 12절차에 따라 HACCP 관리계획이 수립되면 해당 계획을 HACCP 계획 일람표 양식에 따라 일목요연하게 도표화하여 기록·관리한다.

이렇게 HACCP 관리계획이 작성되면 HACCP 팀원 및 현장 종업원들에 대한 교육을 통하여 해당 내용을 주지시킨 후 현장에 시범적용토록 하여 실제 현장에 적용하였을 경우 효과가 있는지, 종사자들에 의해 실행함에 있어 문제점은 없는지 등을 확인하여야 한다. 이러한 과정을 "최초검증"이라 하는데, HACCP 관리계획이 수립되면 반드시 이 과정을 거쳐야 한다.

최초검증 결과 미흡사항 또는 문제점 등에 대하여는 반드시 해결책을 찾아 HACCP 관리계획에 반영·개선한 후 HACCP 시스템을 본격적으로 운영하여야 한다.

memo 전국 HACCP 인증 현황

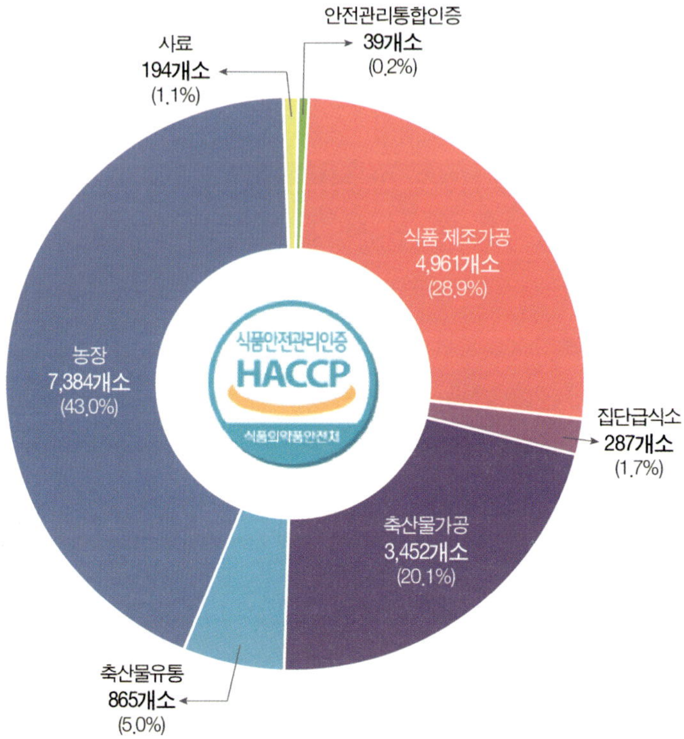

〈자료 : 식품의약품 안전청〉

Chapter 08

식품의 위생안전관리

01 식품의 구매 및 검수

1 구매관리

(1) 구매의 정의

구매관리란 제품을 생산하기 위해 필요한 원재료와 상품을 유리한 가격으로 적절한 시기에 믿을 수 있는 공급자로부터 구입하기 위한 체계적인 과정이다. 과거의 구매관리는 사용부문의 요구됨에 따라 필요한 양을 알맞은 시기에 적정가격으로 구입하고 이에 따른 사무 처리를 하는 것 이였으나, 오늘날에는 제품생산 기술의 고도화로 인해 구매업무가 복잡해졌고, 구매업무의 중요성이 증대되고 있다. 외식산업의 식재료 구매 시, 식품이 갖는 특수성을 이해하고, 식품자재의 선택요령과 유통환경에 관한 지식 또한 갖추어야한다.

이는 완제품의 질과 직접적인 관련이 되어있고 원가관리에도 중대한 영향을 미치기 때문에 외식업장을 운영함에 있어 구매는 각별히 주의하여야하기 때문이다. 또한, 식재료의 구매는 정기적이고 치밀한 시장조사를 통해 용도에 적합한 합리적인 가격에 구매하고 납품시기와 품질에 유의하여야 한다.

구매는 특정 물품에 대해서 공급자와 수요자, 즉 소비자와 거래처와의 계약관계로서 성립된다. 특정 제품(적질)에 대한 적정수량(적량), 가격(적가), 그리고 필요한 시기(적기)에 일정한 장소(적소)에 공급하는 것을 의미한다.

구매활동의 기본적인 활동은 다음과 같다.

- 구매활동을 통한 검수, 저장, 원가관리 등의 통제
- 시장조사를 통한 공급자의 선정
- 유리한 구매조건으로 구매할 수 있도록 협상 및 계약체결
- 구매계획에 따라 구매량 결정
- 필요한 시기에 공급되도록 관리

또한 구매관리 사이클은 구매 → 검수 → 저장(입고관리, 출고관리, 재고관리) → 생산 → 판매 → 구매 순으로 순환된다.

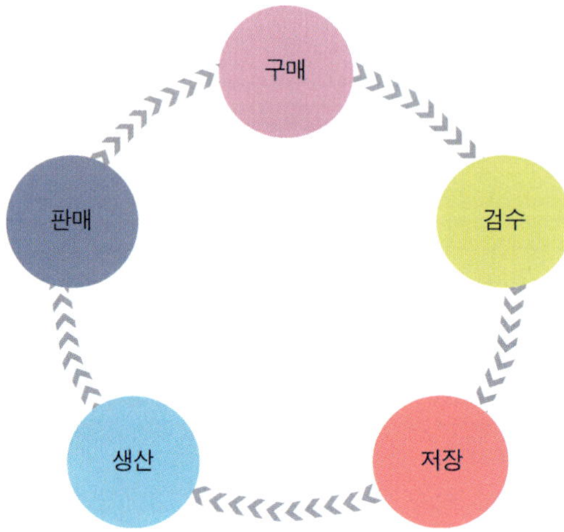

❙구매관리 사이클❙

(2) 구매관리의 목적

구매관리의 목적은 적절한 공급자로부터 적절한 품질과 필요 수량, 최적의 가격, 알맞은 시기, 적정 장소를 토대로 구매자의 생산 활동에 투입되어 제품으로 산출될 때까지 목표하는 제품을 생산하고 나아가 경쟁력의 우위를 확보하고 전문성을 토대로 효율적인 경영관리를 수행하고 달성하는데 있다.

(3) 효율적인 구매관리

구매를 위해서는 먼저 자재를 합리적인 방법으로 구입하기 위한 전반적인 계획이 필요하다. 자재계획의 절차는 경영방침 - 판매계획 - 생산계획 - 자재계획 - 구매계획 순으로 이뤄진다. 자재구매계획에 따라 안전한 업체를 통해 업소에서 생산하는 제품의 가장 적합한 원재료를 구매한다. 이러한 구매를 위해 갖춰야 할 6가지 기본 조건과 합리적인 구매를 지향하는 5가지 목표는 다음과 같다.

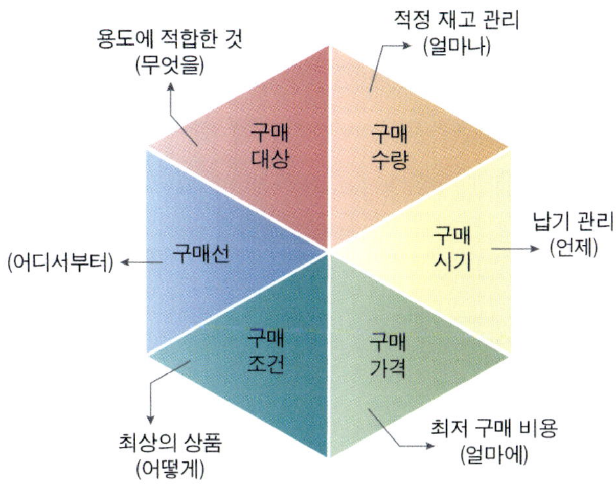

▍구매의 6가지 기본 조건▍

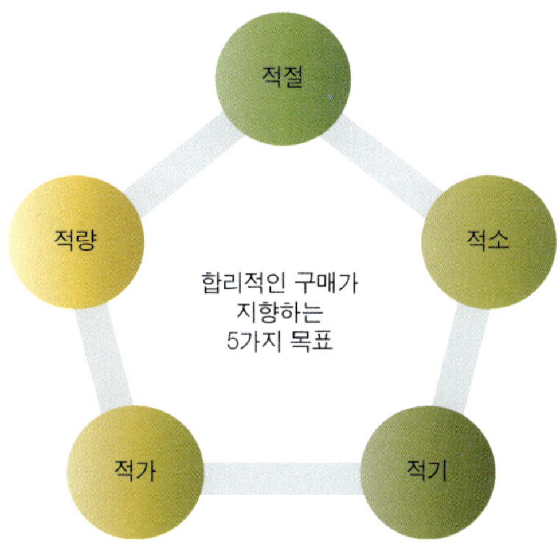

▍합리적인 구매가 지향하는 5가지 목표▍

(4) 구매관리의 조직

구매관리의 조직은 구매업무를 수행할 인원을 적재적소에 배치하여 필요 인원을 적절한 조직상에 두어 효율적인 구매관리를 수행할 수 있게 한다. 소규모 업체의 경우 물품이 소요되는 부서 책임자가 구매업무를 직접 수행하기 때문에 독립된 조직 분화의 의미가 축소될 수밖에 없다. 대규모 업체의 경우와 같은 과도한 조직분화에 있어서는, 기업의 규모와 소비량에 맞는 경제적이고 효율적인 구매관리 조직의 체계화된 직제편성이 요구된다. 이는 인건비의 경제성에 따른 원가절감과 동시에, 조직관리의 효율성에 바탕을 두고 있음을 의미하고 있다. 구매관리와 관련된 조직체계는 업체나 규모에 따라 큰 차이를 보이고 있지만, 수행업무에 있어서는 대부분 유사한 상태에서 수행되고 있다.

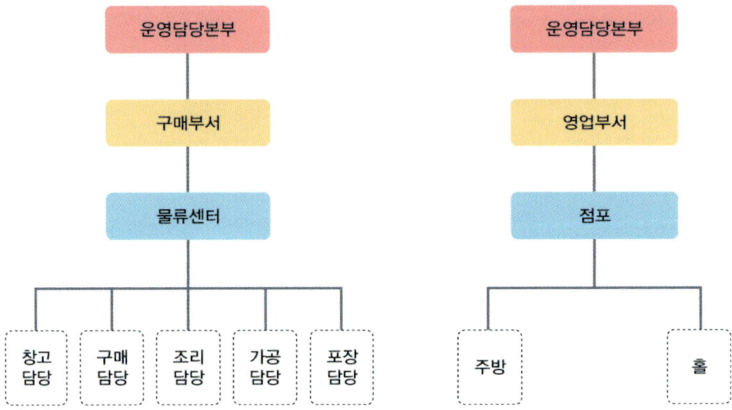

구매관리 조직체계

구매관리 조직체계는 업체와 규모에 따라 큰 차이를 보이고 있지만, 수행하는 업무에 있어서는 대부분 유사한 상태에서 수행되고 있다. 또 외식업체의 경우 위의 그림과 같이 물류센터를 활용하여 공급되기도 하고, 각 직영 및 가맹점포에서 직접 구매하게 되는데, 다점포전개를 목표로 하는 중·대기업이나 체인형 기업에서는 물류센터를 통해 공급되고, 소규모 개인 음식점에서는 직접 점포주방으로 사입되고 있다.

(5) 효율적인 구매계획 방법

자재를 효율적인 방법으로 구입하여 사용하기 위해서는 계획적인 자재의 관리가 필요하다. 이를 위해선 구매계획을 세우는 것이 중요하다. 효율적인 구매계획의 절차는 다음과 같다.

효율적인 구매계획의 절차

2 식품의 검수

(1) 검수의 정의

검수란 구매요청서에 의해서 주문되어 배달된 물품의 내용이 구매하려는 식자재와 일치하는지, 불량이 있는지 없는지를 검사하고 받아들이는 관리활동이다. 식자재를 적재 또는 운송수단에서 꺼낼 때 그 식자재의 규격, 수량, 품질 등을 검사하여 해당 식자재와 관련한 사고 유·무의 점검하고 기록해야하며, 검수자는 문서에 기재 시 문제가 있는 식자재에 관하여 항목별로 기재하고 정확하게 확인하여 작성하는 것이 중요하다.

식자재를 검수하는 목적은 구매요청서에 주문한 내용 즉 규격, 수량, 품질 등이 일치하는가에 대해 견적서와 비교함으로써 성립된다.

- 물품은 도착 즉시 담당자가 빠른 시간 안에 직접 검수
- 운송 차량의 냉장, 냉동 여부 확인
- 검수자는 매 검수마다 위생 상태와 적정 온도 체크
- 식자재는 바닥에 닿지 않게 한다.
- 포장 상태와 배달 상태 확인
- 채소와 과일은 신선도를 더욱 세심히 확인
- 통조림도 유통기한과 외관 확인 필수
- 모든 식품 유통기한 확인
- 배송 상태 불량 반송조치

| 검수 시 확인 사항 |

(2) 검수된 물품의 저장관리

검수된 물품은 꼬리표를 부착하여 저장창고로 이동하지만, 상황에 따라서는 생산부서나 각 영업장으로 직접 이동하는 경우도 있다. 저장창고에 입고된 물품은 사용부서의 요구에 의해 출고되며, 창고 담당자에 의해 입출고 및 재고관리가 이루어지는 단계이다. 검수시설은 정리정돈과 청소하기 쉽게 설계되어야 하며, 급배수시설, 환기시설, 그리고 구축이나 구서 등의 필요시설이 구비되어 있는 가운데서 위생적인 검수업무가 수행되어야 한다.

(3) 식품의 검사

모든 식품은 생산단계부터 최종소비단계에 이르기까지 전 단계에 걸쳐 식품 안전성의 확보와 위생대책 그리고 조리, 가공을 통한 품질 및 특성을 알아내고 향상시키기 위해서 시험검사가 이루어진다. 이것은 구매물품뿐만 아니라 생산된 제품에 대해서도 검수 및 품질관리의 일환으로 수행하게 된다. 이러한 식품검사의 목적을 달성하기 위해서는 여러 가지 검사 방법이 사용되며, 이의 대상은 구매물품과 생산된 제품을 중심으로 식품, 식품첨가물, 기구 및 용기, 포장 등에 집중되어 있고, 주로 시험분석과 미생물 검사가 이에 해당한다. 따라서 식품검사는 위생학적 측면에서 이루어지며, 각종 유해성물질, 이물질, 첨가물, 용기 포장 등으로 분류할 수 있다.

식품별 점검 착안사항

구분	제품별 분류	착안사항
공통사항	가. 무등록(신고) 제품	• 상품에 아무런 표시가 없음(제조업소명, 소재지 등) • 등록 또는 허가 출원중이라는 등 애매한 표시
	나. 등록(신고)제품의 변조 및 위조품	• 겉모양 유사하나 실제로 내용물이 다름 • 맛, 냄새, 색깔 등이 원품과 다름 • 주성분의 함량이 지나치게 적음 • 표시된 기호나 도안문자 등이 원품과 차이가 남 • 포장지의 원제조일자 위에 스티커 등으로 제조일자 또는 유통기한을 다시 부착하거나 날짜를 임의로 변조한 흔적이 있는 경우
	다. 유해 물질 사용 제품	• 냄새 이상 • 유난히 부풀어 있는 제품
	라. 기타	• 제조업소명, 소재지, 영업등록(신고)기관명, 유통기한, 내용량, 성분 또는 원재료명이 표시되지 않았거나 허위 표시된 제품 • 허위과대광고 제품 • 부패, 변질, 변색된 제품 • 포장이 파손, 훼손된 제품 • 불결하거나 동 · 식품, 광물성 등의 이물질이 혼입된 제품 • 원료명 미표시 제품 • 유통기한 경과 제품 • 판매금지(회수대상) 제품(식약처 홈페이지 또는 「식품안전파수꾼」 앱을 통해 확인)

1. 필요한 양질의 재료를 계획에 맞게 신선도와 유통기한 등을 고려하여 정량 구입.
2. 구입한 식재료의 철저한 검수
3. 구입한 원재료는 세척된 식용야채, 가열식품을 별도관리, 세척을 할 경우 필요량만 깨끗하게 세척
4. 보관재료는 보존 기준에 따라 실온, 냉장, 냉동 등으로 보관, 적정온도가 유지되는지 수시로 확인

❙ 철저한 검수법 ❙

- **화학적 검사**: 휘발성 염기질소, 총 질소, 회분, 조 지방, 미량성분, 식품첨가물, 항생물질, 천연독물, 유해금속, 농약 등의 검사
- **생물학적 검사**: 일반세균, 곰팡이, 효모 등의 미생물, 대장균, 장구균, 기생충, 항생물질, 전염 병원균, 세균성 식중독균 등의 병원성 미생물 등의 검사
- **관능 검사**: 외관, 색, 향미 등을 정상적인 것과 비교하여 검사
- **물리적 검사**: 온도, 비중, PH, 방사능 등의 검사
- **독성 검사**: 급성 독성, 만성 독성의 검사

❙ 식품위생 검사방법의 종류 및 항목 ❙

3 식품의 저장관리

(1) 식품의 저장관리

식품의 저장관리는 자재를 저장 중에 안전하게 저장이 되도록 관리하는 작업으

로, 검수 과정을 거쳐 저장하는 과정에서 발생 가능한 요소에 피해를 최소화하여 제품을 생산하는데 지장을 주지 않도록 하는데 목적이 있다. 알맞은 저장관리는 업장의 여건에 맞는 저장실을 따로 마련하는 것이 필요하며, 저장실은 업소의 실제 운영자금인 식자재가 보관 될 곳이므로 원가의 절감과 자재의 품질관리를 위해서라도 신중하게 결정해야 할 중요한 시설이다. 따라서 적절한 공간과 편리한 위치, 안전시설, 온도 및 습도조절시설, 위생시설 등을 갖추어야한다. 이는 적정재고를 유지하고 품질을 보존하여 낭비나 부패에 의한 식자재의 손실발생을 최소화 하려는데 있다. 저장 관리에 있어서 가장 중요시 되는 것은 선입선출FIFO : first-in first out 이다. 선입선출이 안 지켜질 경우의 이유로는 보관 장소 부족으로 인한 정리정돈의 어려움, 인력부족으로 인한 일관된 관리가 이루어지지 않는 점, 상품에 대한 지식의 부족, 입고출고 관리 프로그램의 관리부족 등이 있다.

선입선출(FIFO)

(2) 저장시설의 조건

- **식품창고** : 저장하려는 물품에 따라 상온저장시설, 냉장저장실, 냉동저장실이 주종을 이루고 있다. 창고에는 창고 내의 모든 기자재를 유지하면서 물품의 품질을 최적의 상태로 보존하고 부패와 변질, 손실을 방지하며, 절도나 도난 등의 비경제적이고 비효율적인 낭비요소와 비용을 최소화하는 저장시설 관리가 필요하다. 저장고는 청결과 정리정돈 상태의 유지가 기본적으로 선행되어야 하고, 쥐, 바퀴벌레, 곤충, 세균, 곰팡이 등 구서 구충시설과 미생물 오염방지 등 위생관리를 철저히 해야 한다. 식품의 저장방법은 식품의 변질을 유도하는 요인을 억제하기 위한 방법으로, 열이 발

생하거나 제품이 건조되고, 수분이 빠져나가게 되면 변질이 일어나게 된다. 따라서 식품을 잘 저장하기 위해서는 저장조건을 합리화하고 식품의 호흡활동을 억제하며, 기후변화 조건을 고려하거나 냉장 및 냉동을 적절하게 사용해야한다.

- **창고저장** : 저장온도 10℃, 습도 50~60%가 적당하며, 곡류의 경우 습도가 더 낮아야 하고, 캔 제품의 경우 화학적 부패가 습도 변화에 따라 발생하기 때문에 비교적 서늘한 곳에서 보관해야 한다. 건조창고 보관 시 창고는 채광과 통풍이 잘되어야 하고, 습기가 많은 저장고의 경우 제습이 필요하며, 습도가 낮거나 건조할 때 물을 뿌려 조절 하는 것이 좋다. 저장고의 공기순환이 잘 이루어지지 않을 경우 환기시설 설치가 필요하다. 창고저장은 주로 통조림 식품, 탈수건조식품은 일반 식품 저장창고에 보관한다. 창고에 저장 시에는 수령하는 즉시 모든 물품에 날짜를 기입하고 재고회전은 선입선출을 원칙으로 관리 효율을 높인다.

알아두고 가기 위의 그림(Dry Store)을 보고 잘못된 점에 대해 토의해보세요

- **냉장저장** : 저장온도 0~5℃가 적당하며, 미생물의 성장억제나 지연, 식품의 품질유지 및 영양가 손실을 최소화하고 낮은 온도를 유지하는 것이 중요하고, 냉장 저장 시 농산물의 경우 7℃ 이하, 육류의 경우 4℃ 이하로 보관하는 것이 변질을 막을 수 있다. 냉장저장고는 과일, 채소, 생선 등의 일시적인 저장품을 보관하는데 사용되며, 식품의 품질유지 및 영양가 손실을 최소화하는데 목적이 있다.

- **냉동저장** : 저장 온도 -23~-18℃가 적당하며, 식재료를 -52℃ 이하에서 저장할 시, 영양, 맛, 조직, 색 등은 거의 변화가 없다. 냉동 저장 시 수령하는 즉시 -18℃ 이하의 온도에서 보관하고 출입 시 냉동고의 온도에 변화가 생길 수 있으므로 수시로 냉동온도를 점검해야 한다. 냉동저장고는 식품의 장기보존에 사용되며, 주로 육류 및 생선류의 장기간 보관목적으로 냉동 후 사용하게 된다. 하지만 장기보관 시 냉해로 인해 부패와 품질저하를 발생시키고 갈색으로 변색 현상이 일어나 지방산패를 일으키게 된다. 냉동식품의 운반은 냉해방지와 수분증발을 억제하기 위해서 포장하거나 밀봉하여 냉동상태에서 이동과 저장이 이루어져야 한다.

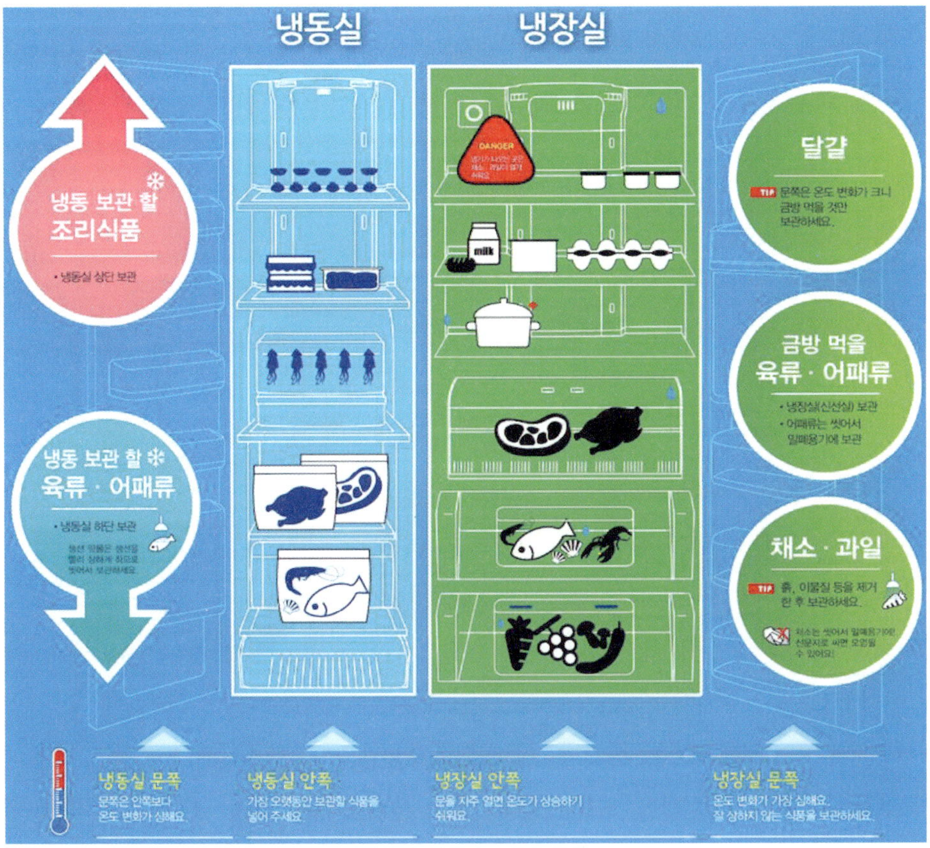

▎올바른 냉장, 냉동 보관법▎

〈출처 : 식품안전나라〉

(3) 효율적인 저장관리

식자재의 효율적 저장을 위해서는 첫째, 식재료의 보관하는 위치를 정하여 물품카드를 작성하고 식재료의 위치 파악을 쉽게 해야 한다. 둘째, 저장하는 곳의 시설관리를 위하여 적정 온도 유지와 정기적 점검을 통해 혹시 일어날 사고를 방지, 대비한다. 셋째, 재료의 용도, 규격, 명칭으로 종류를 구분하여 저장한다. 넷째, 선입 선출법에 따라 재료가 먼저 저장된 순서부터 사용되어져야하며 이를 위해서 입고된 순서에 따라 저장이 가능하도록 자리를 마련해둔다. 마지막으로 충분한 공간을 확보하여 이동장비의 가동이 편리하게끔 준비되어져야 한다.

저장관리를 올바르게 하기 위해서 저장실이 갖추어야할 알맞은 조건은 햇빛이 들어오지 않고, 환기가 원활히 잘 이루어지며, 서늘한 곳으로 저장실 바닥은 세척이 용이한 재질로 만들어져야한다. 조리실과 식품저장실은 출입구가 연결되어 조리사들이 최대한 짧은 거리를 이동할 수 있도록 주방을 설계하는 것이 좋다. 자주 사용하지 않는 집기 나 세척기구의 보관 장소도 마련되어야 한다. 서빙용 기구, 청소 기구, 이벤트 용품, 파티 용품 등을 적절히 보관하여야 재사용할 수 있으며, 세척용품은 식자재와 구분해서 보관하여야 식자재가 세척용품에 오염되는 것을 방지할 수 있다.

(4) 입고관리

검수가 완료된 물품을 저장고에 저장하는 것으로 보관기간에 따라 단기간, 장기간, 또는 즉시 사용하는 것으로 나뉜다. 저장고는 기업전체에서 널리 사용되는 물품을 저장하기 위한 장소로서 생산부서과 판매부서에서 필요 이상의 충분한 저장시설을 갖추고 있어야 한다. 또 보관 및 관리 기능을 동시에 수행하는 저장고는 곧 원가관리에 큰 영향을 미치게 된다.

(5) 출고관리

출고는 저장한 물품이 사용될 부서의 필요에 의해 저장고로부터 출하되는 과정이다. 출고되는 과정으로는 검수를 마치고 저장고를 거치지 않고 직접 생산부서로 출고하는 방법인 직도구매의 형태가 있고, 검수를 마치고 저장고에 입고된 물품이 필요시에 출고하는 방법이 있다. 출고 시에는 출고전표 또는 물품청구서 등의 절차에 의해서 이루어지며, 이 절차를 통해 입고관리와 더불어 원가계산 및 관리의 기초적인 정보자료를 제공한다.

(6) 재고관리

재고란 불확실한 미래의 수요와 공급을 충족시키기 위한 물품의 적절한 보관기능을 의미한다. 조달, 생산, 판매활동 과정에서 남아있는 자재 또는 상품과 들어오는 상품의 비율이 나가는 상품의 비율을 초과할 때 발생한다. 수요가 항상 일정하거나 정확한 수요를 예측할 수 있고 수요에 맞추어 제때 조달이 가능하다면 재고를 보유할 필요가 없어진다. 하지만 예약 문화가 아직 우리나라에 완전히 정착하지 못했기 때문에 수요의 예측이 더욱 불확실하다. 이를 대비하여 다양한 식자재의 전 품목에 대해서 일일이 관리하는 절차를 최대한 줄이고 능률적으로 이루어질 수 있도록 식자재의 중요도나 가치를 중심으로 식자재의 품목을 분류하여 적절한 관리 시스템을 갖출 필요가 있다. 재고 발생을 막기 위해서 수요예측에 대한 철저한 대책이 있어야 한다. 수요예측에 장애가 되는 요소로는 식자재의 품절, 가격상승 등과 같은 변수, 유통기간이 짧은 제품의 사용기한 제한성, 수입 식재료의 필요시기와 수입기간의 차이로 발생 하게 되는 문제점 등이 있다. 이러하여 재고의 3대 악은 결품, 과잉재고, 재고편재라고 할 수 있다. 재고관리의 목적은 재고의 부재로 인한 공장의 생산에 장애를 주지 않고 재고 비용을 가능한 적게 할 수 있도록 원재료, 포장 재료의 출입과 보관을 관리하는 것이다.

4 식품의 제조

(1) 식품의 취급

식품의 취급은 안전하고 위생적인 상태에서 품질과 신선도를 유지하는데 각별히 유의해야하며, 부패나 변질을 최소한으로 줄이기 위해 신경 써야 한다. 또 각 식품의 특성에 맞는 올바른 방법으로 양질의 식품을 제공하기 위해 노력해야 한다.

▌식품의 취급 방법▐

〈출처 : 식품안전나라〉

알아두고 가기 교차오염

교차오염이란 식품의 조리 및 모든 취급과정에서 한 쪽에 있는 미생물이 다른 쪽으로 오염되는 것이다. 교차오염을 줄이기 위해서는 도마, 칼, 행주 사용 방법에 유의해야한다.

교차오염을 방지하기 위해서

- 식품별로 도마를 구분하여 사용한다.
- 표면이 긁히고 낡은 도마는 새 도마에 비해 교차오염이 더 잘 일어난다.
- 도마 사용 시 다른 식품 사용 전에 10초 이상 물로 헹궈준다.
- 조리대가 더러울 때는 깨끗한 행주나 키친타올로 닦는 습관을 들인다.
- 더럽고 습기 찬 행주는 방치하지 말고 새 것으로 바꾼다.
- 행주는 용도별로 각각 몇 장씩 준비해둔다.

▌교차오염(cross contamination)▐

육류 채소 가금류 RTE 식품 어패류

도마의 분류 사용

(2) 식품의 보관

식품의 안전한 섭취를 위해서는 구매단계부터 위생적으로 이어져야 한다. 신선한 식품을 선별하여 구입했다 하더라도 올바르지 못한 방법으로 보관을 하게 된다면 안전한 먹거리 또한 위협하는 것이다.

모든 식품은 위생적으로 취급하고 판매되어야 하며, 보관 및 판매하는 장소가 불결하지 않은 곳에 위치해야 된다. 또한 방서 및 방충관리가 철저히 이루어져야 하며, 식품은 직사광선과 비, 눈으로부터 보호되어야 하고, 외부로부터의 오염을 방지할 수 있는 취급 장소여야 한다. 취급 장소 또한 유해물질, 이물 등이 오염되지 않도록 관리가 필요하며, 인체에 유해한 화공약품, 농약, 독극물 등과 같은 것을 함께 보관해선 아니 된다. 제품의 풍미나, 품질에 영향을 미칠 수 있는 물품 등과는 분리하여 보관하는 것이 중요하다. 별도의 보관방법이 명시되어있지 않은 제품은 직사광선이 들지 않는 실온에서 보관, 유통하여야 하며 상온에서 7일 이상 보존성이 없는 식품은 가능한 냉장이나 냉동시설에서 보관, 유통하여야 한다. 우유류, 가공유류, 버터류, 농축유류 같은 살균제품은 냉장에서 보관해야 한다.

▎음식보관을 위한 냉장고 관리 방법▎

〈출처 : 식품안전나라〉

육류 - 밀봉 후 냉동보관 • 썰어져 있는 제품 구매 시, 산소와 닿는 면적이 넓어 부패가 쉬움. • 상온에서 세균이 증식하므로 가장 마지막 순서로 구매. • 대량구매 시 1회 조리단위로 나눠서 밀봉 후 냉동보관.	어류 - 손질 후 위생팩 보관 • 내장을 제거한 후, 흐르는 찬물에 세척. • 소금물에 담근 후 물기를 제거.	유제품 - 사계절 주의 식품 • 우유는 냄새를 흡수하는 성질이 있어 다른 식품들과 떨어진 곳에 보관. • 우유는 개봉 후 5일 이내, 버터는 한달 이내 섭취 권장.

▎여름철 보관이 더욱 중요한 식재료▎

〈출처 : 식품안전나라〉

5 식품의 흐름

(1) 식품의 위생적인 흐름

식품의 흐름은 식품을 체계적이고 위생적으로 관리하기 위한 관리 과정이다. 식품의 흐름 전반에서 식품에 해를 끼칠 수 있는 요인들이 발생할 수 있으므로 항상 식품을 안전하게 유지, 보관해야 할 의무가 있다. 그 예로 교차오염과 시간, 온도의 남용이 있다. 교차오염은 작업 중에 병원균이 쉽게 전파될 수 있기 때문에 씻지 않은 손으로 장비, 주방 기구, 다른 식품을 만지게 되어 병원균을 옮기거나, 씻지 않은 식품으로 인해 병원균을 옮기는 것이다. 이를 예방하기 위해서는 가공하지 않은 식품과 바로 먹을 수 있는 식품을 분리하여 보관하는 것이 좋다. 시간, 온도의 남용은 다른 식품에 비해 상하기 쉬운 *TCSTime-Temperature Controlled for Safety 식품에 대한 관리가 올바르지 않아 주로 발생하게 된다. 이를 예방하기 위해서는 구역마다 식품을 취급하는 사람을 배치하여 관리하는 것이 좋으며, 식품을 취급하는 사람들은 시간과 온도가 기준에서 벗어날 때 취해야 할 조치사항에 대해서도 인지하고 있어야 한다. 가장 중요한 것은 위험 온도 구간에서 오랜 시간 방치하지 않는 것이다. 위해요소를 잘 예방하고 식품의 흐름을 잘 지킨다면 식품에 미치는 영향을 예방할 수 있다. 식품의 흐름은 아래 그림과 같다.

* TCS는 다른 음식에 비해 빨리 상하기 쉬워 온도와 시간관리가 필요한 식품이다.

❙ 식품의 흐름 ❙

(2) 준비관리

신속한 검열이 끝나면 즉시 상품을 저장해야한다. 이를 위해서는 식품의 특성을 미리 파악해두어야 건조, 냉장, 냉동 저장고에 빠르게 저장할 수 있다. 올바른 저장관리를 위해서는 라벨을 부착하여 날짜를 기입하고 7일이 경과된 제품은 폐기하는 것이 좋으며, 선입선출의 방식으로 식품의 재고를 회전시켜야 한다. 위험 온도

구간인 41°F~135°F(5℃~57℃)사이의 온도에서 병원균이 활발히 번식하기 시작한다. 준비관리 단계에서는 제일 먼저 장비를 청결하게 살균된 상태로 유지해야한다. 두 번째로는 준비할 양만 냉장고에서 꺼내어 사용하는 것이 남은 재료의 장시간 노출을 막을 수 있다. 세 번째로는 올바른 해동을 통해 병원균의 번식을 줄이는 방법으로 다음의 그림과 같다.

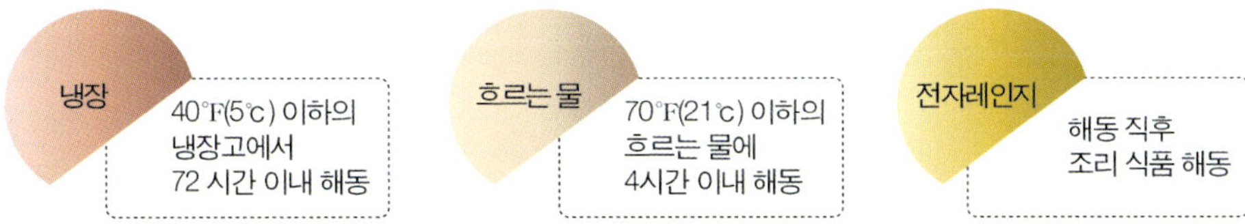

▎올바른 해동 방법▎

(3) 조리관리

식품의 병원균을 줄이는 유일한 해결책은 식품의 최저 내부 온도까지 조리하는 것이다. 이 온도는 식품에 따라 다르다. 최저 내부 온도에 도달하면 지정된 시간동안 이 온도로 식품을 보관해야 한다. 만약 더 낮은 온도를 요구한다면 질환이 발생할 수 있음을 미리 공지해주어야 한다. 준비과정에서 조리해 둔 요리는 서빙 직전에 조리를 마무리하는 경우 고기, 해산물, 가금류, 계란은 부분 조리 시간이 60분을 넘지 않게 하고, 부분 조리 후 신속하게 식품을 냉각하고, 식품을 냉장 보관할 경우 41°F(5℃) 이하를 유지하는 것이 중요하며, 판매 또는 서빙하기 전 식품을 165°F(74℃) 이상의 온도로 가열해 주어야 한다. 특정 식품인 TCS식품 조리의 경우 법정 규정인 최저 내부 온도를 지켜야한다.

표 식품별 최저 내부 중심온도

식품별 최저 내부 중심온도		
식품 유형	최저 내부 온도	시간
• 가금류(갈아놓은 닭) • 미리 조리된 TCS요리 • TCS재료가 포함된 속	74℃	15초간 유지
• 다진 육류 • 양념된 고기 • 갈아놓은 해산물 • 조리 후 고온으로 보관할 계란	68℃	15초간 유지

• 돼지고기, 소고기 스테이크/찹 • 해산물(생선, 어패류, 갑각류)	63℃	15초간 유지
• 돼지고기, 소고기 로스트	63℃	4분간 유지

병원균은 위험 온도 구간에서 잘 번식한다. 특히 125°F~70°F(52℃~21℃)에서 빨리 번식한다. 이러한 번식을 줄이려면 식품이 위험 온도 구간을 빠르게 통과해야 한다. 식품의 경우 냉각 시, 6시간 내에 135°F(57℃)에서 41°F(5℃)이하로 냉각해야 하므로, 2시간 내에 135°F(57℃)에서 70°F(21℃)로 냉각하고, 그 다음 4시간 내에 41°F(5℃) 이하로 냉각한다.

❙ 식품의 냉각 ❙

(4) 보관관리

뜨거운 음식은 135°F(57℃)이상에서, 차가운 음식은 41°F(5℃)이하에서 보관하여 병원균이 위험수준까지 번식하는 것을 막을 수 있다. 보관 중인 식품의 폐기의 방침으로 예를 들어 뷔페에서 수시로 고기를 채우되 영업이 끝나면 모두 폐기하도록 정하고 있다. 식품의 오염을 예방하기 위해서는 덮개를 사용하며, 내부온도를 유지하는 데에도 도움이 된다.

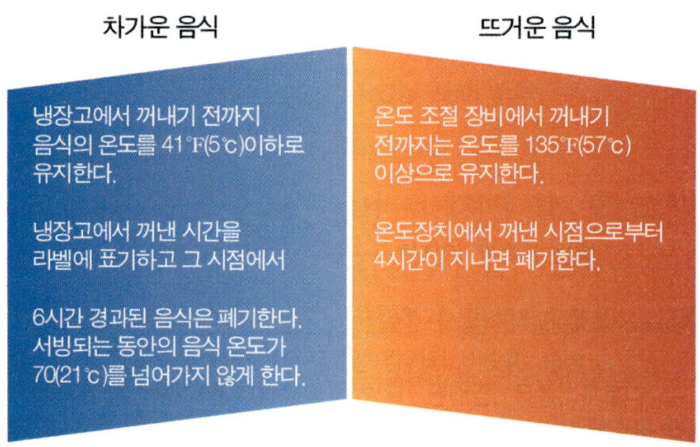

❙ 차가운 음식과 뜨거운 음식의 보관 방침 ❙

Chapter 09

설비, 기기, 기구 및 주방용품 & 해충관리

식음료업장은 판매되는 음식의 종류에 따라 설계, 설비 등이 달라져야 하고 주방용품 역시 음식 조리 방법에 따라 적절한 것으로 선택해야 한다. 기기를 배치하고 공간을 나누는데 있어서 정해진 답이 존재하는 것은 아니고 같은 시설이라도 적용할 수 있는 많은 설계방법들이 존재한다. 적절하게 설계된 업장은 작업하기 좋은 환경, 효율적인 생산, 빠른 서비스 등을 고려하여 작업기기와 공간을 제공한다. 또한 작업장은 일을 하는 것에 충분한 크기이면서 시간과 에너지를 절약하고 동선을 줄일 수 있을만한 알맞은 크기의 규모인 작업장이 좋다.

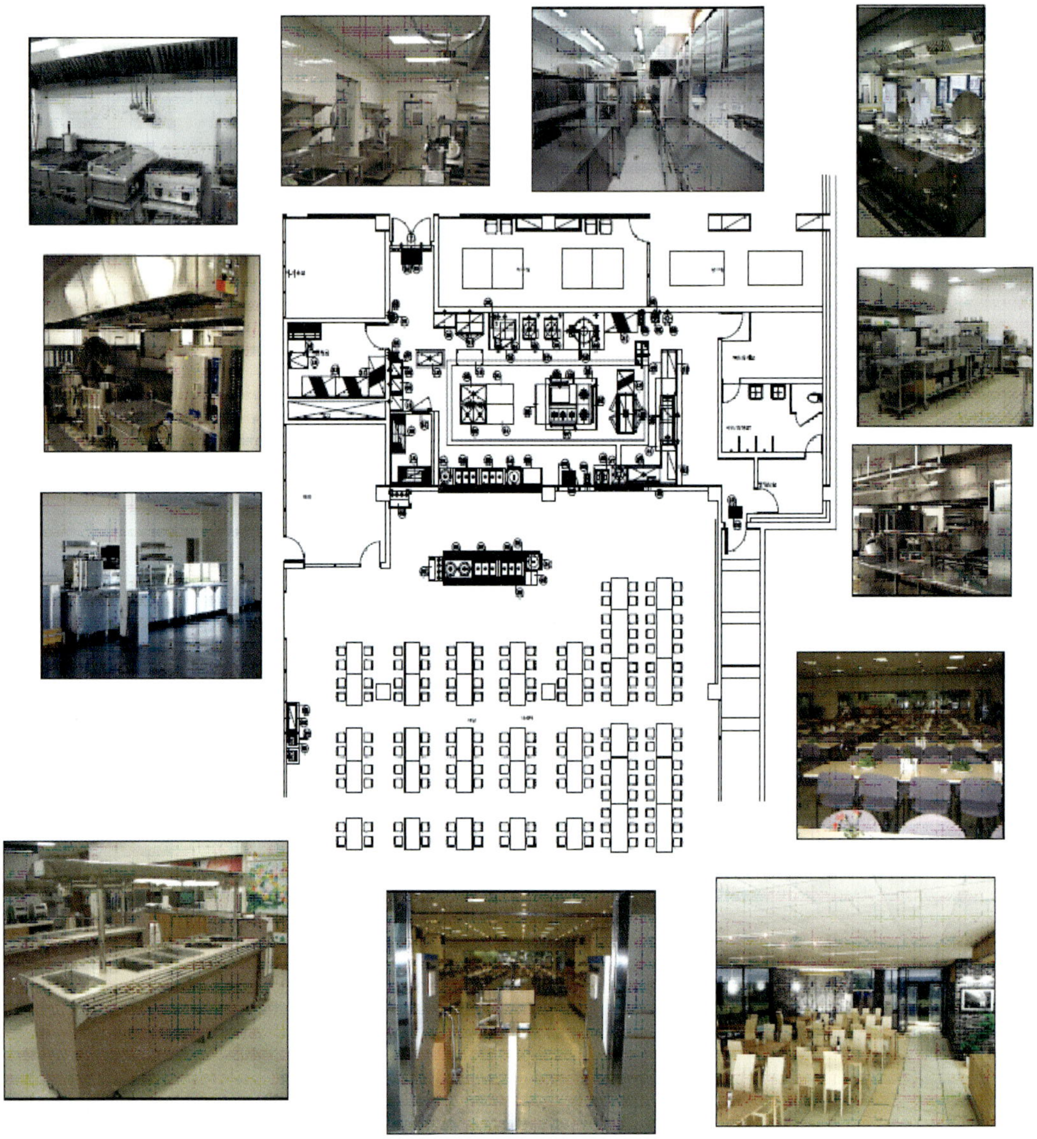

작업장의 형태

01 주방시설관리

주방시설에서 중요하게 고려할 것은 생산성과 시스템화이다.

계획 초기에 설정된 주방의 크기와 위치를 결정하며, 주방의 시설과 장비를 선정 · 배치하고, 저장고의 종류 및 크기와 위치를 결정한다.

주방의 모든 설비는 내부 · 외부 고객의 만족을 위한 목적으로 운영되어야 하므로 음식 상품의 품질과 작업능률의 향상을 위해 가장 효율적으로 조화될 수 있도록 주방설비가 이루어져야 한다. 사용자의 능력정도에 따라 시설물을 관리해야 하며 적재적소에 배치된 시설물과 인원의 배치는 주방운영의 최선의 방법이기도 하다.

key point 주방시설 · 설비 시 갖추어야할 사항

- 작업자의 동선에 불편함이 없을 것
- 작업자의 일의 편리성이 용이할 것
- 음식물의 생산이 용이할 것
- 음식물의 저장이 용이할 것
- 음식물이 손님에게 신속하게 서빙할 수 있을 것
- 음식물을 위생적으로 처리할 수 있을 것

주방시설, 설비는 한번 배치가 이루어지면 수정에 많은 시간과 비용이 드는 동시에 영업에도 지장을 초래하여 매출에도 많은 문제점을 나타낸다. 따라서 주방설비 및 시설계획에 있어서 음식상품의 생산량, 생산방식, 설비의 능력, 공정의 체계 등 모든 요인을 고려한 일반원칙을 수립하는 것이 결코 용이한 것은 아니지만, 주방작업 활동공간의 시설이라는 상대적 중요성을 고려하여 본다면, 기능성과 효율성의 시설계획이 이루어져야 한다.

02 주방설비 계획

작업장하면 흔히 제조공정을 갖추어 놓은 시설을 생각하게 되는데, 음식분야는 또한 소비자의 욕구를 만족시키기 위하여 만들어진 음식을 신속하게 소비자에 전달되는 과정 또한 중요시 되고 있는 것이 현실이다, 주방은 "하나의 생산라인one line system을 형성하고 있으면서 특성화된 구조기능을 포함하고 있는 종합 생산 공장이다." 라고 할 수 있다.

주방공간을 계획하기 위해서는 구입된 식재료를 반입시킬 수 있는 공간, 식재료의 상태를 점검 하는 검수를 위한 검수 공간 즉, 1차적인 공간을 설정해야 한다. 또한 식재료를 가공하거나 그대로 저장창고에 보관할 수 있는 2차적인 저장창고의 공간이 필요하다. 마지막으로 이러한 식재료를 고객의 주문에 의해 물리적 · 화학적 · 기술적인 방법을 가해 음식상품으로 만들 수 있는 3차적인 공간뿐 아니라 주방조리 활동공간의 설정이 이루어질 수 있는 체계와 구조과정을 거쳐야 한다. 생산가능적인 주방공간에서 만들어낼 수 있는 조리 상품의 기능 이외에도 조리인원을 위한 시설의 공간이 확보되는 것도 조리 공간 못지않게 중요하다.

1 주방의 시설 · 설비

(1) 기구의 배치

작업 능률을 높이기 위해 동선을 단축시키고 위생적인 작업을 할 수 있는 설계를 한다. 반 고정적인 기계나 이동이 불가능한 기계류는 벽과 50cm 이상 충분히 떨어져야 한다. 또한 보관 설비는 녹슬지 않는 금속 재료로 된 것이 좋으며, 물이나 증기가 닿지 않고 건조시키기 쉬우며 깨끗한 곳에 놓아둔다.

(2) 기기의 선택

각 기기나 도구가 음식의 질을 향상시킬 것인지, 위생을 향상시킬 것인지, 인력이나 원가를 절감할 것인지 등에 대한 기준을 세워 구입의 필요성을 판단해야 한다. 업장 관리자는 기기의 필요성에 대한 순위를 정해주어야 한다. 또한 기기 구매에 포함되는 비용 또한 중요한 부분이다.

기기를 구매하기 전에 여러 가지 요소를 비교분석하고, 구매 원가는 제조가에 의해 산출되어 제공해야 한다. 업장의 필요에 맞는 기기보다 비싸거나 정교한 제품을 구입하는 것은 권장하지 않는다.

(3) 기기의 재질

- 매끈해야 한다.
- 분리가 쉬워야 한다.
- 쉽게 세척이 가능해야 한다.
- 이음새가 없어야 한다.
- 재료는 안전해야하고 부식에 강해야 한다.
- 내구성이 있고, 깨지거나 잘 닳지 않아야 한다.

주방에서 사용하는 기기들은 식품이 닿는 부분과 닿지 않는 부분으로 나누어져 있는데 식품 접촉면은 음식이 흐르거나 튀어서 접촉하는 부분과, 식품에 직접적으로 접촉하는 부분이 있다. 주방에서 사용하는 기기들의 기준은 다음과 같다.

03 주방 설계의 조건

레스토랑의 유형에 따라 배치도와 메뉴 및 서비스 방법에 큰 차이가 있을지라도 주방 설계에는 기본적인 설계 원칙이 있다. 이를 통하여 작업의 효율성을 높이고, 종사원과 고객에게 안락하고 쾌적한 환경을 제공할 수 있는 것이다.

주방의 설계 시 구조의 기기류 배치는 너무나 중요하며 종사원이 활동에도 많은 제약을 줄 수 있기에 설계 방법은 다양하지만 일반적으로 효율적인 설계는 다음 조건을 갖추어야 한다.

1 단순성

주방을 설계하다 보면 생각보다 많은 설비와 기구의 배치가 요구되는 경우가 많으며 이로 인한 주방의 구조나 동선, 장비 배치 등이 복잡하면 효율성이 떨어진다. 불필요한 설비들이 많이 있다 보면 작업장은 비위생적이고 복잡해지며 비능률적일 수 있으므로 고객의 입장에서는 시설이 불편하고 혼잡하다고 생각할 수 있다. 이를 미연에 방지하려면 필요 이상의 설비는 배제되어야한다. 요리의 기본 배치에서 약간의 변화를 접목하여 주방 설계가

이루어진다면 공간의 확보는 물론 작업자의 동선과 효율성도 증대되며 매출에도 많은 부분을 차지하기 때문에 주방설계의 단순성을 잘 확보하는 것이 중요하다.

단순성의 원리는 다양한 방법으로 식음료 서비스 구성요소들과 시스템의 설계에 적용할 수 있다.

2 유연성

메뉴와 설비, 장비 간에는 서로 밀접한 관련이 있으므로 메뉴에 적합한 설비나 장비가 적절하게 배치되어야하며 이들은 서로 상호적이며 필수적이어서 이를 구성 시 많

은 협의와 시장조사가 필요하다.

메뉴는 주기적으로 변화를 주어야 하는데 이는 고객의 선호도와 시대의 흐름에 따라서 변화한다. 고객의 입맛과 선호도의 변화에 대응하기 위해서 식당들은 새로운 메뉴와 새로운 조리기술 및 새로운 조리기기가 필요하다. 이러한 조리과정 및 기기의 변화가 필요할 때 마다 주방을 재설계하거나 주방시설의 많은 부분을 변경한다면 많은 경비가 발생하여 계획을 포기해야 할 때가 있을 것이다.

주방의 설비나 장비의 사용기간과 메뉴의 수명주기가 다르므로 주방의 설비나 장비를 유연하게 설계해야 상황의 변화에 대처할 수 있고 변경비용을 최소화할 수 있다.

유연성의 기본은 새로운 메뉴 혹은 새로운 조리방법, 새로운 서비스 방법에 따라 변화하는 환경에 맞추어 재배치가 가능하도록 하는 것이다. 변화에 맞추어 설계하는 작업은 유연성 의 기본원리이다. 주방설계 시에 여유 공간의 배정, 주방 동선, 주방장비의 전기, 가스, 수도의 용량을 결정할 때는 장래에 일어날 수 있는 예측 가능한 변수들을 포함해서 설계해야 한다.

3 효율성

주방의 조리업무는 활동으로 이루어지는 공간과 기계의 사용여부에 관한 공간의 양측면이 요구된다. 다양한 조리작업 시설 간의 기능적 상호연계성을 적절히 고려한 공간으로 수립될 때, 비로소 효율성을 높일 수 있다.

바람직한 배치를 위한 주방 설계는 원재료 접근의 용이성과 원재료의 이동 및 흐름, 다른 시설과의 관계, 기구와 장비에 대한 접근의 용이성 등을 고려하여야 한다. 식재료 서비스 시설에 대한 설계와 공간의 배치는 식재료 서비스 시설 설계자의 풍부한 지식과 경험을 바탕으로 설계하여야 주방시설의 효율적 배치를 통해 생산성을 향상시킬 수 있다.

또한 주방장비 배치는 기계의 용도나 쓰임새가 다양하고 장비의 동선 확보는 물론 사용자의 안전과 편리성이 요구된다. 장비의 배치는 공간 설계 또는 공간할당에 기초하여 부분화 계획에 의해 실현되므로 장비배치의 형내 및 빙법, 조리시설구역의 기능적 배치 등을 고려한다.

작업구역이 효율적으로 배열되어 있어서 사용에 불편함이 없다면 주방 시설은 공간 효율적이라고 할 수 있다.

기능적 지역의 범위는 저장 공간, 준비공간과 마무리 조리 공간, 서비스와 식사 공간, 식기세 척 및 식기세척장, 그리고 린넨실, 종사원들의 락카룸, 서비스 주방과 같은 지원공간구역 등의 기능적 관계를 접목시켜 활용해야만 생산성과 주방의 운영의 효율성을 증가시킬 수 있다.

04 주방 기기류 배치

주방의 시설배치는 조리사와 조리장비, 식재료, 조리방법에 따라서 생산성이 향상될 수 있도록 배치되어야 한다. 유동적인 의미를 갖고 있으며, 배치layout는 효율성과 안전성을 높이고 작업 공간을 인체 공학적으로 교정하는 기기의 배열 작업이기에 기본 설계원리에 따라 작업 공간을 합리적으로 배열하고 특정 운영 기준을 충족할 수 있도록 기기를 선정하고 배치할 때, 작업 공간의 효율성과 종사원의 생산성은 향상될 것이다.

조리작업의 순서에 따라 작업이 진행될 수 있도록 배열하므로 식재료 운반거리와 작업자의 이동거리 등과 자재의 취급이 최적조건이 되어야 하며, 능률 · 위생 · 효율성에 중점을 두면서 설계를 진행해야 한다. 그리고 급 · 배수, 설비계획, 환기 등 모든 부대설비에도 특별히 유의해야 한다.

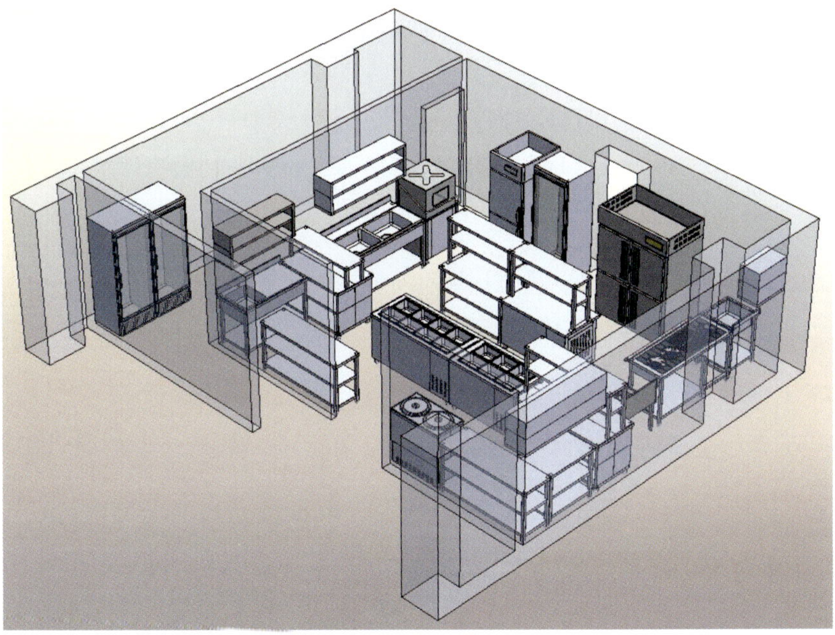

| 주방의 형태 |

1 배치 기준

제조공장의 배치에 근거한 기본원리는 식음료 시설의 설계에도 적용된다. 주방의 각 작업구역은 식재료를 쉽게 사용할 수 있도록 설계되어야 하며 그래야 작업자가 재료를 가지고 와서 가공한 후 다른 작업구역이나 저장 공간으로 운반하는데 필요한 단계 수를 최소화할 수 있다.

재료가 종사원의 작업구역 앞을 지나가게 조립 라인을 만든 컨베이어 시스템은 종사자의 움직임을 줄이면서 생산 속도를 조정할 수 있기 때문에 이상적이며, 식재료의 흐름에 따라 기기류를 배치하고 식재료에 접근이 용이하도록 배치하면 시간과 인건비가 절약된다.

작업공간에서 움직임의 흐름이 직선형이거나 L자형일 때 가장 효율적이며, 작업자가 통로를 가로질러 재료를 운반하거나 다른 작업자 주변에서 작업해야 하는 경우가 발생하면 능률은 떨어진다.

(1) 배치 시 주의사항

주방설비의 배치는 그 영업장의 매출에 지대한 부분을 차지하고 있으며 설비를 무엇을 어떻게 어떤 형태로 배치하느냐는 많은 경험과 노력에서 만들어진다. 흔히 잘못된 설비의 배치가 이루어지면 낭패를 보는 경우가 많은데 이때 요구 되는 사항을 명확히 알 수가 있다.

- 스테인리스 재질로 두꺼우며, 단단한 것이 좋다. (뜨거운 물체를 올리면 울먹됨)
- 마무리가 매끄러워 긁힘이 없으며 안전해야한다. (세척 시 손에 손상을 초래함)
- 청소가 용이하며, 음식물이 끼거나 녹이 슬지 않는 기기류를 선택한다.
- 세척과 소득을 위해 간단히 분해되고 재조립할 수 있는 기기를 선택한다.
- 기기의 아랫부분을 바닥에서 15cm~20cm 정도 높이로 설치한다. (바닥청소 미흡 시 이물질 및 악취가 남음)
- 세척과 소독 과정에서 물을 사용할 수 있는 기기를 사용한다.
- 설비 배치시 작업자의 동선에 맞는 배치가 중요하다.

2 배치의 종류

주방의 배치는 작업자의 동선, 생산량, 제품의 연동성, 시간을 고려하여 배치가 이루어진다면 고객의 만족도를 높임과 동시에 수익창출에도 많은 영향을 주게 된다. 작업자의 행동을 방해하지 않고 효율을 가장 높일 수 있는 제품의 작업 센터와 장비의 배치에는 직선형 · L자형 · U자형 · 병렬형 · 사각형 등이 있다. 각 형태마다 장점과 단점이 있지만 직선형이 가장 기본적이며, 효율적인 배치 형태이다. 구조와 형태에 따라서 L자형과 U자형 배치가 필요하지만 이것 또한 직선형 배치가 조합한 형태이다.

(1) 직선형 배치(일자형)

주방 기기류 배열 중 가장 기본이며 간단한 구조의 직선형 배열이다. 직선형 배치는 가장 간단한 디자인으로 기자재의 숫자나 작업장이 한정되어 있는 경우에 효과적이다. 주로 벽을 따라 배치하거나 주방의 중앙부에 배치하는 형이다.

조리작업대가 주방의 벽면을 바라보고 한 장소에 일렬로 배치되면 그 위에 각종 조리 장비를 배치하는 형태로 비교적 규모가 작은 주방에서 이루어지는 형태이며, 이 배치는 가장 단순한 동선을 유지하는 형태이므로 작업의 능률을 높일 수 있고 다른 공간과의 의사소통이 편리하다. 또한 많은 매장들이 이 배열을 사용하고 있다.

직선형 배치

(2) L자형 배치

L자형 배열은 공간을 활용하는 면과 직선형의 단점을 보완하는 배열의 형태이다. L자형 배치는 직신형 배치를 변형시킨 것으로 구부러지는 코너를 이용하여 벽면을 보고 주방기기를 배치하는 것이다. L자형의 외형은 두 개의 그룹으로 나누어

작업하는 경우에 효과적인 방법이다. 동선의 최소화가 가능하며 주방 전체를 관리할 수 있어서 효과적이다. 공간상 직선형 배치가 적합하지 않을 때 사용하며 직선형 다음으로 많이 사용하는 배열법 중 하나이다.

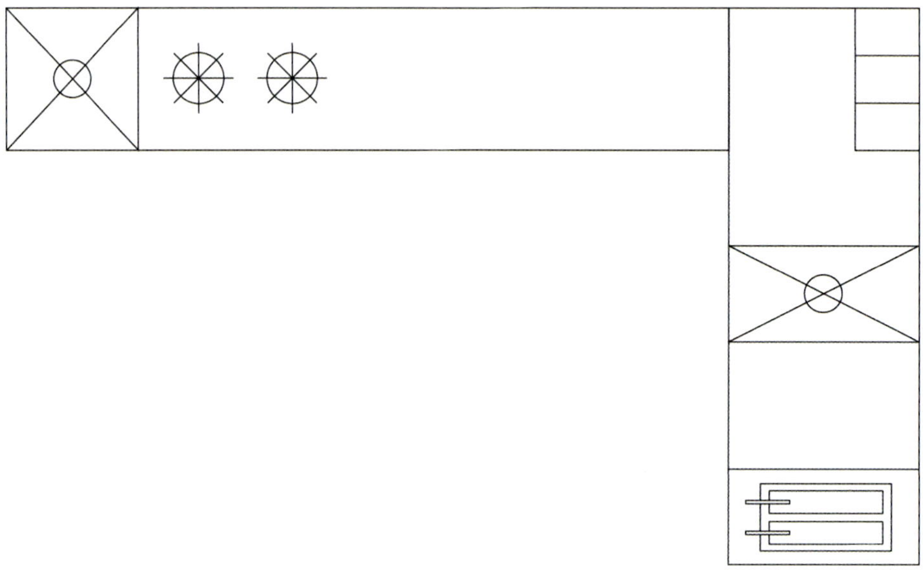

▌L자형 배치▐

(3) U자형 배치

U자형 배치는 직선형과 L자형의 배치를 겸하는 방법이다.

U자형 배열은 작업장의 총면적을 최대한 활용한 가장 크고 조리 작업하기에 편리한 중형 주방의 형태이며, 한정된 주방공간을 합리적으로 이용할 수 있고 조리사들의 작업 동선도 줄일 수도 있다. U자형의 작업장 배치법은 작업장이 분리되지 않은 한 매장으로 한 명이나 두 명 정도의 작업자가 작업하는 공간에 유용하게 사용할 수 있는 형태이다. 다른 작업 동선의 방해를 받지 않고 넓은 공간을 확보할 수 있는 것이 장점이다. U자형의 배치는 상당한 크기의 작업대를 제공하나 종사원들의 작업 동선이 길다는 단점이 있다.

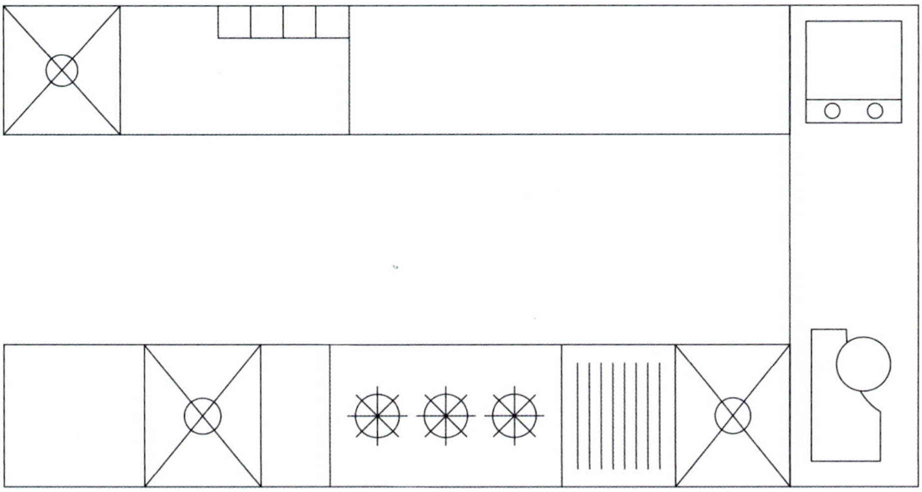

U자형 배치

(4) 병렬형 배치

마주보는 병렬형은 두 개의 일자형 라인으로 배치된 것으로 중간에 복도가 있는 모습으로 홀 접객원이 주방에 들어와야 되는 경우와 주방에 통행로가 필요한 경우에 편리하다.

- **평행 배치(작업대 뒷면끼리 마주보게 하는 방법)** : 이배치는 두 개의 평행 라인으로 작업대끼리 등을 맞대고 있는 형태이다. 기자재들이 중앙으로 오도록 하는 배치방법이다. 때로는 작업대 사이에 벽을 두기도 한다. 이때는 상호 소통의 어려움이 있어 작업의 형태를 분리하여 시차를 두며 이러한 형태에서 가장 주의할 점은 청결성과 상호 연관성이 전제되어야 한다. 이 형태에서는 싱글 카노피 후드가 사용되어지므로 반드시 공기 배출구가 마련되어야 한다.
- **평행배치(작업대의 앞면이 마주보는 방법)** : 이것은 두 개의 일자형 라인으로 배열된 것으로 중간에 복도가 잇는 모양이다. 매우 평범한 배치형태로 많은 작업장에서 사용되어지고 있는 형으로서, back-to-back 배치일 경우에는 한 개의 평행라인으로 배열이 되어 있지만 두 개의 평행 라인으로 분리가 되어 있다. 이와 같은 배지는 조리된 음식을 각각의 작업센터로부터 가져갈 수 있도록 할 때 필요하다. 서비스 장소에 직각으로 놓은 병렬형 작업대는 조리작업을 하는 데 효과적이다.

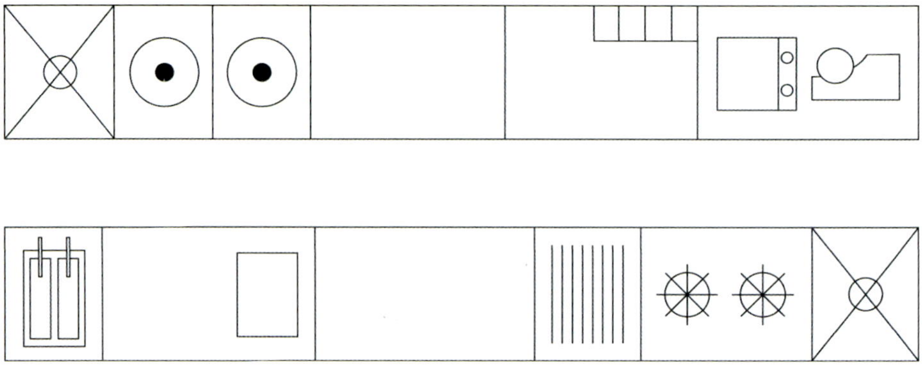

Ⅰ병렬형 배치Ⅰ

(5) 복합형 배치

T자 형이나 오픈된 사각형 모양은 영업장의 구조나 메뉴 판매 방식에 의하여 다양하게 이루어지는 형태의 배치문제를 해결해 주는 좋은 방법이 되기도 한다. 때로는 써클타입이나 커브형이 사용되어지기도 하나, 이런 경우에는 계획단계에서 신중하게 고려되어야 한다. 왜냐하면 기존의 기자재들은 일자형에 어울리도록 생산이 되기 때문에 원형의 경우는 주방의 중앙을 원형으로 배치하거나 커브 모양의 배치를 하다보면 직선형의 기물 배치와 어울리지 않으며 동선과 기구의 배열이 고르지 않아 작업의 어려움을 주고 영업에 영향을 미치기 때문이다.

3 배치의 유형

(1) 기능별 배치

소비자의 욕구가 다양해지면서 이에 맞추는 영업의 형태는 필수적이며, 여러 종류의 음식 상품을 생산하는 기능을 중심으로 장비를 배치하는 방법이 기능별 배치이다. 조리 상품 생산을 위하여 특정한 기능을 한 장소에 모아서 상품을 생산하는 방식으로, 대량의 상품을 효율적으로 생산할 수 있으며 특정한 기능이 있는 장소로 필요한 주방 장비를 이동하면, 주방동선을 효율적으로 활용할 수 있어 작업 이동거리가 최소화하고 작업의 능률뿐 아니라 생산성도 높아지게 된다.

(2) 상품별 배치

상품별 장비배치 형태는 단체급식이나 연회 주방, 외식업체의 중심지원 주방 등 대량생산이나 연속 생산업장에서 많이 사용한다. 상품별 배치는 주방시설의 장비들을 상품 중심으로 배열하기 때문에 특정상품의 대량생산에 효율적이며 일직선상에 주방 장비를 배치하여 식재료의 흐름이 빠르므로 몇 종류의 메뉴를 대량 생산할 때 적합하다. 상품별 배치는 주방장비들을 특정 메뉴의 공정순서에 따라 배열하여 작업의 흐름이 좋다. 작업장 간의 식재료 및 상품의 이동은 자동운반 장치를 이용하는 경우도 많다. 상품별 배치에서는 각 조리과정이 갖고 있는 능력을 최대한 발휘할 뿐만 아니라 전체 조리과정이 원활하게 이루어지도록 균형을 유지하는 것이 중요하다.

(3) 과정별 배치

전문화된 업장에서 많이 사용되는 주방 배치로서 주방의 특징적인 부분을 갖고 있는 배치 방법으로 과정별 배치는 다품종 소량생산에 적합한 배열 형태이다. 과정별 배치는 배치 초기에 신중히 배치 되어야하며 한번 잘못된 배치는 영업에 막대한 손실을 가져오기에 배치가 그만큼 중요하다. 조리작업 순서에 따라 생산과정별로 주방 장비를 배치하는 방법으로 각 조리 작업과정 간의 운반거리를 최소화할 수 있다. 조리작업 과정에 따라 식재료의 운반거리 및 작업자의 이동거리를 적절하게 고려하여야 하며 상품의 종류에 따라 중복되는 부분에 혼선이 오지 않도록 각별한 주의가 요구되는 부분이 많아 신중한 배치를 하여야 한다.

05 주방 기기 및 기구

1 기기 및 기구 관리의 목적

음식물을 취급하는데 있어서 사용되는 기기, 기구 및 용기는 음식물에 독성물질이나 기분 나쁜 냄새 및 맛 등을 옮기지 않아야 한다. 또한 조리기기를 선택할 때에는 내구성과 에너지 효율성을 고려해야 한다. 식품 접촉면에 좋은 재료는 스테인레스 스틸이며 납, 놋쇠, 구리, 카드뮴, 아연도금, 금속과 같은 원료들은 식품접촉면에 사용해서는 안 된다. 주방기기 관리의 목적은 고객에게 높은 품질의 음식과 서비스를 제공하고 고객의 다양한 욕구나 취향 및 기호에 대응하기 위하여 다양한 기기와 도구를 이용한 다양한 메뉴를 선보임으로써 영업이익의 극대화에 노력하는 것이다. 또한 주방의 모든 기기나 도구를 생산목표 달성에 가장 잘 기여할 수 있는 상태로 유지시키는 데도 목적을 둘 수 있다.

(1) 기기 및 기구 관리의 기준

- 항상 위생적이며 청결한 상태를 유지해야 한다.
- 사용자가 편하고 관리가 용이해야 한다.
- 주방의 생산능력을 최대로 유지할 수 있도록 해야 한다.
- 관리 및 생산비용을 최소화해야 한다.
- 음식상품의 품질을 최정상으로 유지해야 한다.
- 스테인리스 재질로 두꺼우며 단단한 것이 좋다. (뜨거운 물체를 올리면 울먹됨)
- 마무리가 매끄러워 긁힘이 없으며 안전해야한다. (세척 시 손에 손상을 초래함)
- 청소가 용이하며, 음식물이 끼거나 녹이 슬지 않는 기기류를 선택한다.

(2) 기기 및 기구관리의 중요성

주방장비 및 기물의 관리목적은 현재 판매 중인 메뉴의 원활한 작업수행을 위한 것임과 동시에 미래 지속적인 기능 유지를 위한 것이다. 이러한 목적을 달성하기 위하여 먼저 주방 기기와 도구의 사용방법과 용도, 사용연한 및 간단한 구조 등을 파악하여 적절한 관리 매뉴얼을 만들어야 한다.

- 주방기기와 도구를 사용 시 사용방법과 기능을 충분히 숙지하고 사용해야 한다.
- 주방기기와 도구를 사용 시 사용용도 외에는 가능한 사용을 금지해야 한다.
- 주방기기와 도구를 사용 시 무리가 가지 않도록 사용에 유의해야 한다.
- 주방기기와 도구를 사용 시 이상이 있을 경우엔 즉시 사용을 중지하고, 적절한 조치를 취해야 한다.
- 전기를 사용하는 기기는 수분의 접촉여부에 신경을 써야 한다.
- 주방기기와 도구를 사용 시 물이나 이물질이 들어가지 않도록 항상 주의하고, 청결하게 유지해야 한다.

2 조리에 필요한 도구

주방에서 이루어지는 작업의 활동으로 음식이 만들어지기까지의 주방에서 사용되는 시설과 기구의 역할은 작업의 효율적 활동에 지대한 역할을 담당하고 있으며, 각 기기 및 기구의 역할의 중요성이 요구된다. 기구의 사용으로 작업의 능률이 좌우되며, 이는 소비자의 만족도에 영향을 줌으로써 영업 매출뿐 아니라 음식의 제조 과정에서도 역할이 중요시된다.

현재 주방은 많은 공정이 기계화, 자동화되어 있고 이런 기계를 통하여 제품의 균일화와 대량생산으로 노동력을 절감할 수 있다는 장점이 있기에 많은 외식업체들은 비용을 절감하기 위하여 많은 노력을 하고 있는 실정이다.

(1) 주방에서 사용되는 기기와 기구들

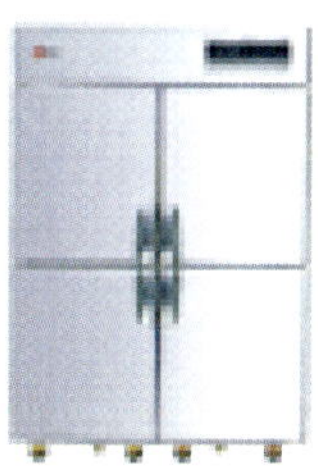
냉장고

컵 보온기

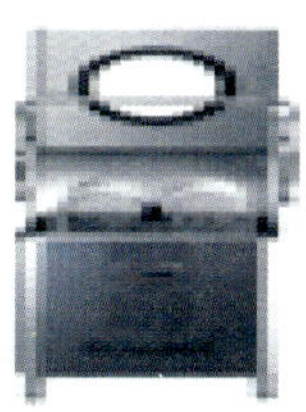
세척기

중화렌지

테이블 냉장고

토스터

접시 운반 카

서비스 운반 카

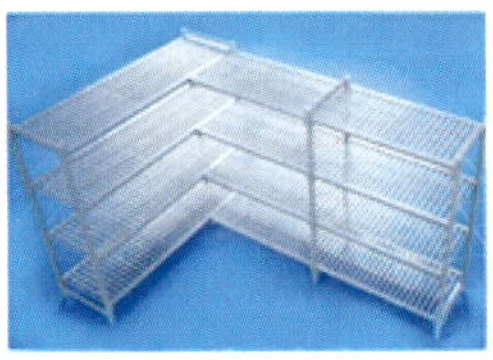

Shelves (창고선반)

Platform Truck
(대형 카트)

Digital Scale
(전자저울)

Containers w/Cover
(위생 보관통)

Food Mill(푸드밀)

Funnel s/s(깔때기)

China Wok (중식팬)

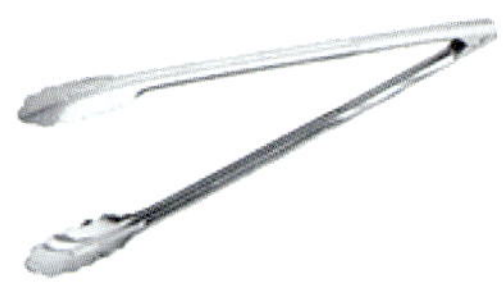

Grilled Tongs(집게)

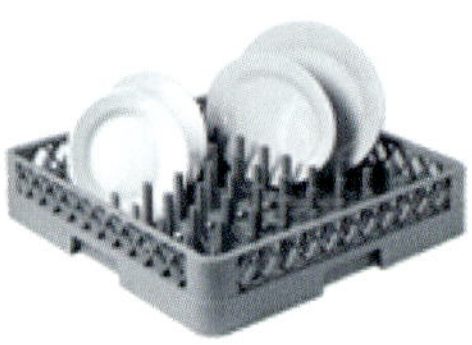

Flatware Rack
(플레이트 웨어 랙)

Ice Scooper
(아이스 스쿱)

Salt pepper mill
(소금, 후추 밀)

Plate cover
(후드 커버)

Coffee pot
(커피포트)

Dispenser(쥬스기)

Chafing Dish Set
(푸드 스탠드세트)

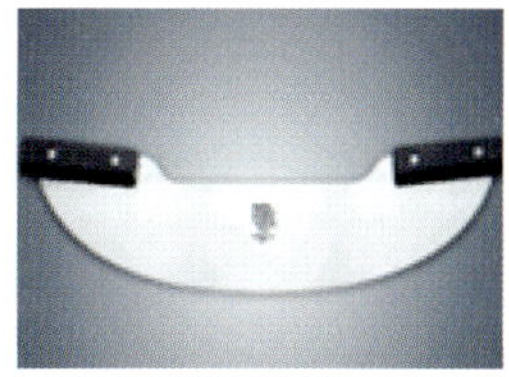

pizza cuter
(피자절단기)

알아두고 가기 기기와 기구들의 용어 이해

- Apple corer and slice : 사과를 자르고 씨를 빼는 기구
- Aspic cuters : 고기 젤리나 송이버섯 등의 모양을 내는 기구
- Aspic jeely molds : 각각의 고기 젤리의 모양을 낼 때 사용
- Assorted molds : 다양한 모양의도구로서 고기, 젤리, 빵 등의 모양을 내는 기구

- Bain Marie insert : 스테인리스 재질의 그릇 모양으로 다양한 크기가 있다.
- BI-Therm Thermometer : 고기나 다른 뜨겁고 찬 음식의 내부온도를 재는 데 사용
- Butcher's needle : 정육 시 사용하는 것으로 고기에 사용하는 바늘
- Beef larder : 쇠고기에 찔러서 비계를 투입시키는 기구
- Brazier with cover : 크고 얇은 바닥에 크기는 12~28쿼터인 손잡이가 두 개 달린 솥
- Butcher's needle set : 고기를 다룰 때 쓰는 여러 종류의 바늘
- Butter curler : 버터를 모양내는 기구
- Butter paddle : 버터제조기로부터 금방 나온 버터의 물기를 추출하는 데 사용

- Can opener : 캔 오프너(캔 따개)
- Candy and deep flying Thermometer : 캐러멜이나 튀김온도를 재는 데 사용하는 기구
- Cheese cloth : 가볍고 구멍이 고운 거즈(소스를 곱게 걸을 때 사용)
- Cheese Grater : 치즈를 가는 기구
- Cherry pitter : 올리브나 체리의 씨를 빼는 기구
- China cap : 소스 거를 때 쓰는 기구로 고깔 모양의 금속스테인리스이며, 긴 손잡이가 있다.
- Colander : 손잡이가 있는 양품으로 야채의 물을 뺄 때 사용
- Cornet mold : Salami나 Canape처럼 등 Cornet 모양을 얻기 위해 사용하는 틀
- Corrugared vegetable : 과일이나 야채를 물결 모양을 내는데 사용
- Crepe pan : 팬 중에 높이가 얕아서 크레페를 만드는 용도로 쓰임

- Daisy cutters : 과일이나 여러 야채들을 꽃 모양으로 자르는 기구
- Deep hotel pan : 호텔 팬과 같으며 깊이가 있음
- Double boiler : 두 개의 솥으로 이루어져 음식을 따뜻하게 할 때 사용

- Egg slicer : 삶은 달걀을 일정한 슬라이스 할 때 사용

- Flat and round bristle pastry brushes : 과사나 롤 케이크 등에 버터를 바를 때 사용
- Flexible pancake turner : 구부리기 쉬운 주걱으로 팬케이크 시 많이 사용

- Food mill or puree : 음식을 분쇄할 때 사용
- Food tong : 음식을 잡을 수 있게 만든 집게

- Garlic press : 마늘을 으깰 때 사용
- Grater : 야채나 치즈를 갈아내는 기구

- Heavy duty whip : 액체나 반고체의 거품을 내는 데 사용
- Hinger Pate Mold : 조리된 반죽을 넣어 굽는 것
- Hotel pan : 넓고 얇은 팬 음식물을 보관 할 때 사용

- Ice shaver : 여섯 개로 갈라져 있는 못처럼 얼음조각을 쪼개는 데 사용
- Iron Skillet : 무거운 쇠로 주조된 짧은 한 개의 손잡이. 빵을 굽거나 프라이할 때 쓰임

- Kitchen Fork : 주방용 포크

- Ladle : 수프, 소스 등 뜨는 국자
- Lemon squeezer : 레몬 즙을 짜내는 기구
- Long Spoon : 긴 조리용 스푼

- Mandoline : 야채 등을 다양하게 잘라주는 도구
- Measuring spoon : Table spoon, Tea spoon 등을 잴 수 있도록 눈금표시가 된 스푼
- Measuring cups : 눈금표시가 있으며 액체를 정확히 측정하는데 사용하는 용기
- Meat Thermometer : 고기의 내부온도를 재는 온도계
- Meat sow : 뼈를 자를 때 사용
- Mixing Bow : 스텐 양품

- Needle nosed pliers : 고기로부터 나오는 작은 뼈를 뽑아내는데 사용

- Offset spatula or hot cake turner : 계란 프라이나 햄버거 등을 뒤집는데 사용
- Omelette pan : 오믈렛 전용 팬
- Orange Squeezer : 오렌지 주스 짜는 기구
- Over pate mold or barquette mold : 반죽이나 바게트 반죽을 넣어 굽는 틀
- Oyster Cracker : 굴 까는 기구

- Pastry bag tips : 다양한 디자인과 효과를 내기 위해 Bag 끝에 끼우는 것
- Pastry bag : 여러 가지 멋진 장식을 하기 위해 사용되는 주머니
- Pastry wheel : 과자를 고르게 자르는데 사용
- Pate Mold : 여러 가지 반죽 모형 틀
- Pepper Mill : 통후추 으깨는 기구
- Piano wire whip : 거품을 내는 데 사용, 철사가 얇음
- Pizza cutter : 피자 자를 때 사용되는 칼
- Portion control scale : 성분의 일부를 정확히 측정할 때 사용
- Potato Peeler : 감자 껍질 깎는 기구
- Pousseur a main : 손으로 소시지 원료를 채워 넣는 기구

- Rib mold : 초콜릿 로그 케이크를 만들 때 사용하거나, 동물 갈비뼈 모양낼 때 사용
- Rind mold : 크림이나 고기 젤리를 원 모양으로 만들 때 사용
- Ricer : 감자와 같은 요리를 분쇄할 때 사용
- Roasting pan : 크고 직사각형이며, 중간 정도 높이의 팬, 오븐에 사용
- Round parisian scoop : 야채와 과일 볼을 만드는데 사용

- Rubber spatula : 소스나 반죽조각이 든 용기를 다른 그릇에 옮기는 데 사용

- Sandwich spreader : 퍼내는 데 사용하는 끝이 둥근 도구
- Sauce pot : 소스 끓이는 솥, 두 개의 고리손잡이가 달린 깊은 솥
- Sauce pan : 소스 만드는 솥, 긴 하나의 손잡이가 달린 크기의 작은 낮은 솥
- Sautoir : 하나의 손잡이가 달린 솥. 얇고 평탄한 내벽의 팬. 프라이할 때 사용
- Scoops : 반고체 음식을 뜰 때 사발 모양의 국자
- Set of various scoops : 크기를 조절할 때에 사용
- Sheet pan : 얇고 직사각형의 모양. 다양한 크기, 굽거나 튀길 때 사용
- Sizzer Plater : 매우 얇고 타원형의 금속 팬
- Skimmer : 구멍이 있는 국자로 액체로부터 요리한 음식을 꺼내거나 찌꺼기를 제거
- Slotted spoon : 액체에서 고체를 분리할 때 사용
- Solid spoon : 유동음식을 떠먹는 데 사용되는 스픈
- Spider : 튀김을 한 후 건져내는 금속 망
- Stainless steel bowl : 다양한 크기의 양품
- Sterillzation machine : 살균기
- Stew Pan : 자루 냄비
- Stock Pot : 고기나 야채의 육수를 끓일 때 사용하는 솥
- Stock pot with spigot : Stock pot과 같은 기능

- Tomato Scoop : 토마토의 씨를 빼는 기구
- Tongs : 집게

- Universal Slicer : 야채 슬라이서

- Vaccum dryer : 진공건조기

- Wooden spoon : 나무 재질로 만든 스푼
- Wood flour Siev : 체

- Zucchini mold : 호박, 오이의 씨를 제거하는 데 사용

06 해충 관리

모든 식음료 업장은 해충 방역 시스템을 갖추어야 한다. 해충과 쥐들이 오염하도록 내버려 둔다면 철저한 기기관리, 온도관리, 소독관리를 하더라도 무용지물이 된다. 해충구제는 해충방지와 통제를 통해 해충의 침입을 최소화하는 관리 방법이다. 해충이 주방 안으로 침입하지 못하도록 통제하며 전문적인 해충구제 업체의 도움을 받아 해충제거를 위해 노력한다. 쥐와 곤충의 출입을 방지하기 위해서 작업장 안·밖의 배수구와 출입구등에는 방서설비를 하고 조리장에도 방서를 위한 금속 망이나 적당한 설비를 해야 한다.

해충의 침입

1 해충의 유입 방지

(1) 해충의 유입을 방지하고 잠재적 번식처를 제거하기 위해서 건물을 정비하고, 바람직한 상태로 유지시켜야 한다.

(2) 주방, 식당 및 화장실을 주기적으로 청소를 하는 것이 기본이며 창, 입구 및 식재

료 물품 검수장에는 꼭 맞는 스크린이나 에어커튼을 설치해 날벌레나 곤충 등의 출입을 막는다.

(3) 바닥 및 벽의 모든 틈을 없애야 하고 열려진 창문, 문 및 환기창에 방충망을 설치함으로서 해충의 침입을 막을 수 있다.

(4) 모든 배달 물건을 주방에 들여오기 전에 확인하고 해충이나 해충의 흔적(알 껍질, 몸체 부분)이 있는 배달 물품은 전부 반품처리 하도록 한다.

(5) 상자나 천 조각 등을 치워 숨을 수 있는 장소를 제거하며, 기기 주변의 바닥과 벽에 생긴 균열이나 틈을 메우고 외부의 쥐나 벌레의 유입을 방지하기 위해서는 출입구와 창문의 틈새를 없애주어야 한다.

(6) 냉장고나 캐비닛은 벽면에 밀착시켜 쥐의 통로가 되는 것을 막아준다.

(7) 깨진 콘크리트 벽의 구멍을 통해 쥐가 건물 안으로 유입될 수 있으므로 금이 간 바닥과 벽은 적절한 건축보수재료를 사용하여 완전히 메우고 해충의 출입을 방지한다.

2 해충의 서식지 관리

(1) 파리를 제거하기 위해서는 먼저 음식을 치워야하며, 음식은 파리가 접근하지 못하도록 저장 · 보관하여야 한다.

(2) 입고되는 식자재와 보조용품을 점검하여 알이나 바퀴벌레 번식의 흔적을 조사한다.

(3) 유인포충 등을 적절한 위치에 설치하고 전시된 음식, 깨끗한 기기, 식기, 테이블보나 수저와 포크 등에 해충 잔해나 죽은 해충이 떨어지지 않도록 주의하여야 한다.

(4) 전문적인 지식을 가진 방역업자를 통해 식품이나 식품 접촉면을 오염시키지 않고 안전하게 화학 살충제를 사용하여야 한다.

(5) 선입선출법FIFO을 통하여 재고가 쌓이지 않도록 하며 포장이 벗겨진 식자재는 즉시 사용하거나 뚜껑이 있는 용기에 보관하도록 한다.

(6) 식품과 비품은 바닥에서 15cm 이상 높이에, 벽에서 15cm 이상 떨어지게 보관한다. 건조 창고는 항상 서늘하게 유지하고 좋은 통풍시설을 이용하여 저장고나 건물 안의 공기를 환기시키는 것도 도움이 된다.

(7) 쥐에게 음식이나 서식지를 제공할 만한 모든 것들을 제거하며, 쥐가 먹을 수 있는 폐기물들은 자주 치우도록 한다.

(8) 쥐 예방을 위해서 쥐덫과 끈끈이 덫을 설치하는 것도 좋다.

Chapter 10

위생교육과 훈련 및 개인위생 관리

01 위생교육과 훈련의 필요성

식품취급자의 위생교육은 식품을 만드는 것부터 공급되기까지 식품을 다루는 모든 단계에서 취급자에 의해 식품을 오염 시킬 수 있으므로 무엇보다 중요하다.

식중독의 원인을 제공하는 요인 또한 대부분의 경우 식품의 취급자에 손이나 땀 또는 호흡 등이 박테리아균과 다른 미생물들을 전염시킨다. 우리가 무심히 하는 기침이나 재채기가 보이지 않는 미생물을 전염시켜 병을 발생시킨다. 또한 사람의 배설물 역시 병균체를 전염시킬 수 있는 중요한 요소이다. 따라서 안전한 양질의 식품을 고객에게 공급하는 책임을 맡은 식품취급자들이 품질 좋은 식품을 공급하기 원한다면 사람으로부터 오염되지 않도록 노력해야 한다.

식품종사자들에게 안전한 음식에 대한 지식과 기술 및 진지한 태도를 다음과 같은 사항으로 교육 훈련이 필요하다.

(1) 식재료를 취급할 때는 위생과 안전에 대한 요구사항을 규정하고 설명해야 한다.

(2) 종사원을 채용할 때에는 그 직업에 적성이 맞는 사람을 채용한다.

(3) 종사원에게 올바른 위생규칙과 식품을 안전하게 다루는 법을 교육한다.

(4) 종사원들로 하여금 위생관리를 철저히 하게 한다.

(5) 지속적으로 위생규칙을 지키는지 관리하고 감시한다.

(6) 위생에 관련된 사항은 우선순위를 두지 말고 똑같이 중요하게 지키도록 한다.

(7) 영업자 준수사항이 규정의 변경으로 바뀔 경우에는 취급에 따른 위생규칙도 개정토록 한다.

02 위생교육 계획

식품종사원들의 위생교육을 계획하는 것은 중요하며, 우선순위를 정해야 한다. 예를 들어

- 어떤 종사원를 먼저 교육해야하는가
- 새로운 종사원 또는 새로운 임무를 맡은 종사원은 누구인가
- 종사원을 어떻게 그룹으로 나눌 것인가
- 모든 직원들을 선택함으로써 일반적 위생과 안전규칙에 대한 재 관심을 갖게 할 수 있을까

등이다.

다음은 종사원 위생교육 계획sanitation training schedule 수립시의 단계이다.

(1) 교육생에게 적절하게 교육할 특정한 주제를 결정한다.

(2) 배움의 목적을 설명한다.

(3) 주제와 교육생을 기초로 교육방법을 선택하고, 필요한 교재를 구입한다.

(4) 강사를 선택한다.

(5) 교육모임을 계획한다.

(6) 각 교육마다 주제에 적절한 교육장소를 선택한다.

(7) 각 교육마다 교육생을 소집한다.

위생의 기본적 중요성인 지식과 기술 그리고 태도는 반드시 새로운 종사원들의 고용 시 집중적으로 교육시켜야만 한다.

다음은 위생의 기본적인 중요성이다.

- 식중독 발생을 방지할 수 있는 위생의 중요성
- 모든 종사원이 업무에 착수할 때 실행하는 위생규칙의 중요성
- 적절한 식품처리절차를 따른 안전한 식품의 중요성
- 시설과 장비의 특별한 청소와 위생처리절차의 필요성, 장소, 시설, 장비 및 그

위생상태 유지를 위한 절차와 방법의 중요성

- 업무안전과 사고방지를 위한 습관과 행동의 중요성
- 위험한 물품을 적절히 다루는 절차와 방법의 중요성

일반적인 중요성을 모든 종사원들에게 설명한 다음 각 업무와 관계되는 특정한 절차는 경영자가 분석하고, 각 종사원에게 주지시킨다.

교육은 너무 길게 하지 말아야 하며 이상적인 시간은 대략 30분 정도가 좋다.

03 개인위생 관리

1 식품취급자에 의한 식품오염

식품취급자들은 식품에 미생물을 옮김으로써 질병을 유발할 수 있다. 건강한 사람이라도 적지 않은 수의 미생물을 몸에 지니고 있다. 예를 들어 포도상구균은 사람의 머리카락, 피부, 입, 목구멍, 코에서 찾을 수 있다. 이러한 포도상구균은 종기나 여드름, 부스럼, 화상, 눈이나 귀의 염증에서 번식한다.

식품취급자들은 다음과 같은 경우 식품을 오염시킬 수 있다.

- 식중독에 걸렸을 경우
- 위장 관련 질환의 증세를 나타낼 경우
- 상처나 부상과 같은 감염된 외상이 있는 경우
- 아픈 사람과 함께 살거나 접촉했을 경우
- 손을 오염시킬 수 있는 물건을 만졌을 경우

잘못된 조리사의 복장의 예

2 철저한 개인위생의 요소

철저한 개인위생 관리는 식중독을 예방하는 데 중요하다. 철저한 개인위생은 다음과 같은 사항을 포함한다.

- 위생적인 손 세척 과정을 따를 것
- 개인의 청결을 유지할 것
- 깨끗하고 적절한 유니폼을 착용하며 정해진 규정을 따를 것
- 비위생적인 습관 및 행동을 금할 것
- 양호한 건강상태를 유지할 것
- 질환이 있을 경우 보고할 것

3 위생적인 손 관리

개인위생에서 가장 중요한 점은 손 관리이고, 손을 자주 씻는 것이다. 더러운 손과 손톱은 음식물을 제일 많이 오염시키므로 가능한 자주 씻는다.

(1) 손 씻기

최근에 손에 액체로 만들어진 소독약을 사용하는데, 피부표면에 발생하는 미생물을 제거하는 것이 목적으로 많이 사용하고 있다. 그러나 이 소독약을 손 씻는 것으로 대신하면 안 되며, 손 씻는 과정에서 함께 쓰여야 한다.

손을 씻는 것은 기본적인 사항이지만, 많은 식품취급자들이 필요한 때에 자주, 그리고 적절하게 손을 씻지 못하고 있다. 관리자들은 식품취급자들이 손을 제대로 씻을 수 있도록 교육시키며 감독해야만 한다.

다음은 손을 반드시 씻어야 하는 경우이다.

- 화장실을 이용한 후
- 날 음식(고기류나 가금류 등)을 다루기 전 후
- 머리카락과 얼굴 또는 몸을 만졌을 때, 특히 몸에 삼염증상이 있는 상처를 만졌을 때
- 콧물을 흘리거나 기침을 하는 경우 또는 손수건이나 휴지를 사용한 경우

- 흡연, 식사, 음료수를 마시거나 껌을 씹은 경우
- 식품안전에 영향을 미칠 수 있는 화학제품을 사용했을 경우
- 쓰레기를 버리고 난 후
- 테이블 또는 더러운 접시를 치우고 난 후
- 옷이나 앞치마를 만진 후
- 비위생적인 장비나 작업장 표면 또는 행주와 같이 손을 오염시킬 수 있는 것들을 만졌을 때

위와 같은 모든 행동과 요소들이 음식을 처리하는 사람의 손을 오염시킨다. 이러한 행동은 모두 기본지식이지만, 특히 청결한 손은 대단히 중요하므로 종사원들에게 항상 손을 바로 씻는 방법을 훈련시켜야 한다.

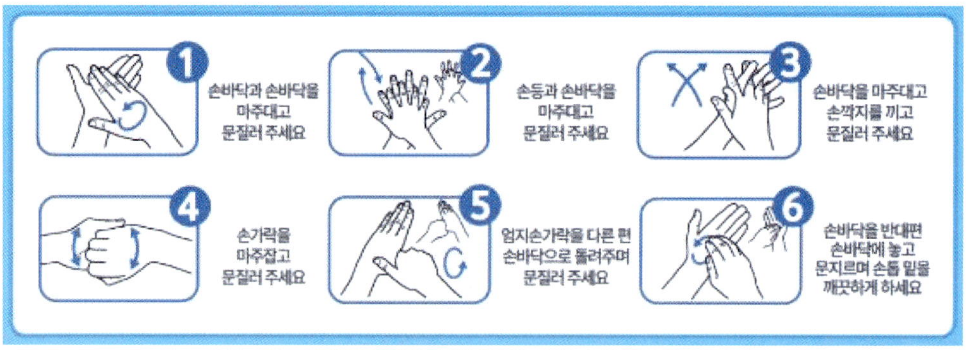

▎올바른 손 씻기▎

알아두고 가기 올바르게 손을 씻는 방법

① 최소한 38℃의 따뜻한 흐르는 물에 손을 적신다.
② 비누를 바른다.
③ 20초 이상 손과 팔을 문지른다.
④ 손톱아래와 손가락 사이를 깨끗이 닦는다.
⑤ 흐르는 물로 완전하게 헹군다.
⑥ 1회용 종이수건 또는 뜨거운 바람이 나오는 드라이어로 건조시킨다.

이러한 방법으로 필요할 때마다 되풀이하여야 청결한 손을 유지할 수 있다. 중요한 점은 아무리 철저히 손을 씻었다 할지라도 요리된 음식이나 공급할 음식은 손으로 만지지 말아야 하며, 금방 씻은 손에는 로션을 사용하지 말아야 한다. 로션은 박테리아균에게 필요한 수분을 공급하여 세균이 피부에서 번식하게 한다.

(2) 손 관리

적절한 손 씻기와 더불어 미생물을 식품에 옮기지 않기 위해서는 적절한 손 관리가 필요하다.

- 손톱에는 음식물이나 더러운 물질 및 해로운 물질들이 끼일 수 있으므로 주의한다.
- 손톱은 짧고 깨끗하게 유지한다.
- 손톱광택제나 인조손톱 및 아크릴 손톱을 착용해서는 안 된다.
- 손에 난 상처나 베인 곳은 치료를 하고 깨끗한 붕대로 감싸야 한다.
- 붕대로 감싼 부위는 항상 붕대를 보호하고, 음식물 안으로 떨어지는 것을 막기 위해 장갑 또는 손톱덮개로 덮어야 한다.
- 상처가 치료될 때가지 식품을 다루지 않거나 또는 식품접촉표면에 닿을 일이 없는 다른 작업을 하는 것이 좋다.

(3) 장갑사용

여러 종류의 장갑은 적절한 사용에 따라 음식물을 처리하는 사람과 음식물을 사이에 위생적인 차단벽이 될 수 있다. 장갑은 음식을 처리하는 사람들에게는 맨손보다 위생적이다. 그러나 사용했던 장갑을 다른 음식물의 조리 때 다시 사용하면 안 된다.

다음은 장갑을 바꿔야 하는 경우를 나타낸 것이다.

- 장갑이 더러워지거나 찢어지면 가능한 빨리 교체
- 다른 작업을 시작하기 전에 교체
- 계속해서 사용할 때에 적어도 매 4시간마다, 그리고 필요하다면 더 자주 교체
- 날고기를 다룬 후나 조리된 식품 또는 즉시 먹을 수 있는 식품을 다루기 전에 교체

4 기타 철저한 개인위생의 실천

적절한 손의 위생관리와 더불어 식품취급자들은 개인의 청결함도 유지해야 한다. 식품취급자는 일을 시작하기 전에 목욕이나 샤워를 해야 한다. 또한 기름기가 있고 더

러운 머리카락은 병원균이 잠복할 수 있으며, 비듬도 식품 또는 식품표면에 떨어질 수 있으므로 두발을 항상 깨끗이 해야 한다.

알아두고 가기 적절한 개인위생 관리

- 적절하게 묶은 머리
- 적절한 손 관리 : 청결, 짧은 손톱, 장신구 또는 손톱광택제가 없는 손
- 깨끗한 앞치마

(1) 복장

종사원의 작업복은 특히 청결을 유지하여야 한다. 더러운 작업복은 병을 발병시키는 미생물이 감염되어 있기 때문에 손과의 접촉이 오염 사이클을 만들 수도 있다는 것을 알아야 한다.

작업복은 간편해야 하며, 음식물이나 조리장비와의 접촉을 피해야 하고, 외출복과 작업복은 구분되어야 하며, 이 기준은 철저히 지켜져야 한다.

종사원들이 옷을 갈아입는 장소와 음식을 준비하는 장소는 분리되어야 하며, 종사원이 마음 놓고 소지품 등을 간수할 수 있는 공간을 제공하여야 한다.

(2) 신발

종사원들의 신발은 샌들이나 굽이 있는 구두 또는 신발의 밑창이 흡수성인 것은 부적합하며, 작업 시 신발이 발을 완전히 가려야한다. 이러한 신발이 조리시나 작업 시 제반작의 문제점, 즉 미끄러지거나 넘어지는 것 외에 기타 위험을 줄여 준다. 또한 신을 닦을 수 있도록 표면이 거친 천이나 패드를 문 앞에 두거나 브러쉬를 마련해 업소에 들어오기 전에 닦고 들어오게 한다.

(3) 장신구

장신구jewelry의 착용도 업소 내에서는 통제하여야 한다. 반지, 팔지, 시계 등의 장신구는 더러운 것이 잘 묻고 기며, 청결하게 유지하기가 어렵기 때문이다. 또한 장신구를 착용하면 작업 시 기계나 날카로운 물건에 걸리거나 사고로 음식에 빠질 수가 있으므로 착용하지 않아야 한다.

(4) 식사 및 흡연

음식을 준비하거나 제공할 때 종사원은 절대로 담배를 피우거나 껌을 씹어서는 안 된다. 또한 장비나 그릇, 용기 등을 소독하는 곳, 음식을 준비하는 곳과는 구분된 떨어진 장소를 휴게소로 정하여 사용하여야 한다. 흡연과 껌을 씹는 것도 음식을 오염시키는 행동이 될 수 있다. 음식을 먹을 때에도 다른 음식물을 준비하는 장소에서는 먹지 말아야 한다.

(5) 조리 중 음식 맛보기

음식을 맛보는 행위를 할 때도 다른 음식을 준비하는 장소에서는 먹지 말아야 한다. 그러나 현실적으로 음식 맛보기는 필요한 일이라 오염가능성을 방지하는 데 주의하여야 한다.

조리사가 수저를 저어 가며 음식의 맛을 보는 경우는 금지되어야 하고 적은 양의 음식을 작은 그릇에 떠서 다른 수저로 맛을 보고 재사용하지 말아야 한다.

Chapter 11

식품위생 행정 및 법규

01 식품위생 행정기구

식품위생 행정이란 국가가 건강기능성식품, 식품, 식품첨가물, 기구, 포장 등의 안정성과 건전성 확보를 위해 행정 조직을 이용하여 법령을 근거로 정책을 개발하고 관리하는 활동이다.

1 식품의약품안전처

식품 및 의약품의 안전에 관한 사무를 관장하는 중앙행정기관이다. 식품 및 의약품의 안전관리체계를 구축하고 운영하여 국민이 안전하고 건강한 삶을 영위할 수 있도록 하는데 목적을 둔다. 식품의약품안전처 본부의 조직도는 다음과 같다.

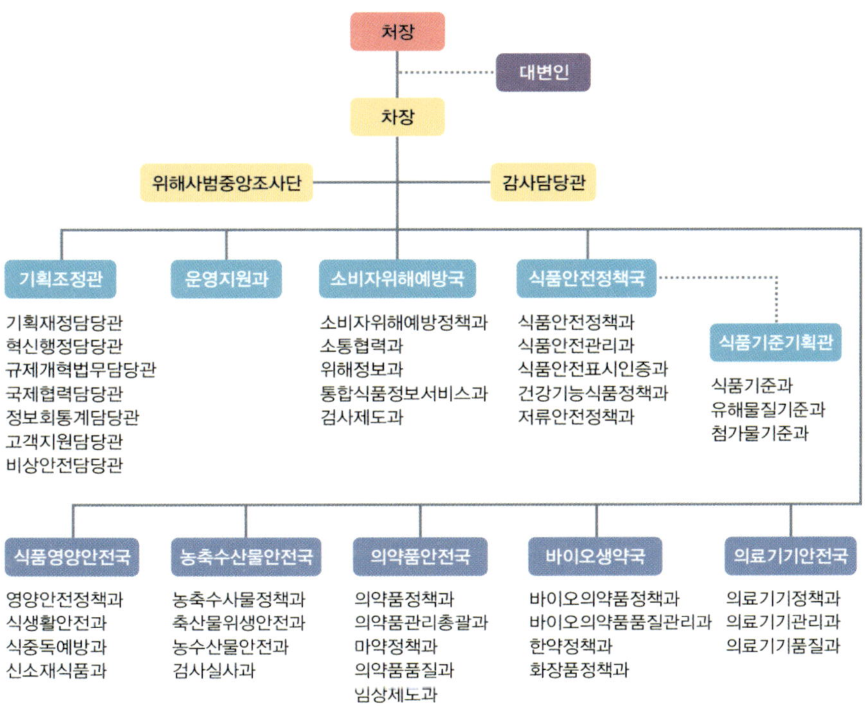

식품의약품안전처 본부 조직도

〈자료 : 식품의약품안전처〉

2 농림축산식품부

농산과 축산, 식량, 농지, 수리, 식품산업진흥, 농촌개발 및 농산물 유통에 관한 사무를 관장하는 중앙행정기관이다. 농림축산식품부는 행정권한의 위임 및 위탁에 관한 규정, 농수축산식품의 재배 및 수입, 농수산물품질관리법, 축산식품의 가공 및 수입과 보관, 운반 등 유통을 관리한다.

3 세계보건기구

세계보건기구WHO, World Health Organization는 UN 산하 보건위생 분야의 국제적 협력을 위해 1948년에 설립된 전문기구이다. 전 세계 사람들이 가능한 최고의 건강 수준에 도달하도록 국제 보건사업을 지도하고 조정하는 것이 세계보건기구의 설립목적이다. 세계보건기구의 부요 사업은 본부 사무국을 중심으로 한 국제 보건사업의 지도 및 조정과 각 지역 사무국을 중심으로 한 각국에 대한 기술원조로 구분된다.

World Health Organization

WHO(세계보건기구) World Health Organization

02 식품위생 행정제도

1 GMP 제도

GMP 제도(우수제조기준)Good Manufacturing Practice란 식품 · 의약품의 안정성과 유효성을 품질 면에서 보증한 기본조건으로서의 우수식품 · 의약품의 제조 · 관리의 기준이다. 현대화 - 자동화된 제조시설과 엄격한 공정관리로 식품 · 의학품 제조공정 제조공정상 발생할 수 있는 인위적인 착오로 없애고 오염을 최소화함으로써 안정성이 높은 고품질의 식품 · 의약품을 제조하는데 목적이 있다.

2 GAP 제도

GAP 제도(농산물우수관리)Good Agricultural Practices란 농산물의 안전성을 확보하고 농업환경을 보전하기 위해 농산물의 생산, 수확 후 관리 및 유통의 각 단계에서 농업환경과 농산물에 잔류할 수 있는 위해요소를 적절하게 관리하는 것이다. 이 제도는 농산물의 안전성을 확보하고 농업환경을 보전하기 위해 농산물의 생산, 수확 후 관리 및 유통의 각 단계에서 작물이 재배되는 농경지 및 농업용수 등의 농업환경과 농산물에 잔류 할 수 있는 농약, 중금속, 잔류성 유기오염물질 또는 유해생물 등의 위해요소를 적절하게 관리하는 것이다.

03 식품위생 법규

식품으로 인하여 위생에 해가 되는 것을 방지하며, 식품 영양의 질적인 향상을 도모함으로써 국민 보건의 향상과 증진에 기여함을 목적으로 제정된 법이다. 식품 및 첨가물, 기구와 용기, 포장, 표시 기준, 영업, 벌칙 등에 관하여 규정하고 있다.

1 식품위생법

(1) 총 칙

제1조 총칙

목적 : 이 법은 식품으로 인하여 생기는 위생상의 위해(危害)를 방지하고 식품영양의 질적 향상을 도모하며 식품에 관한 올바른 정보를 제공하여 국민보건의 증진에 이바지함을 목적으로 한다.

제2조 식품위생관련 용어 정의

1. 식품 : 모든 음식물(의약으로 섭취하는 것은 제외한다)을 말한다.
2. 식품첨가물 : 식품을 제조·가공·조리 또는 보존하는 과정에서 감미(甘味), 착색(着色), 표백(漂白) 또는 산화방지 등을 목적으로 식품에 사용되는 물질을 말한다. 이 경우 기구(器具)·용기·포장을 살균·소독하는 데에 사용되어 간접적으로 식품으로 옮아갈 수 있는 물질을 포함한다.
3. 화학적 합성품 : 화학적 수단으로 원소(元素) 또는 화합물에 분해 반응 외의 화학 반응을 일으켜서 얻은 물질을 말한다.
4. 기구 : 다음 각 목의 어느 하나에 해당하는 것으로서 식품 또는 식품첨가물에 직접 닿는 기계·기구나 그 밖의 물건(농업과 수산업에서 식품을 채취하는 데에 쓰는 기계·기구나 그 밖의 물건 및 「위생용품 관리법」 제2조 제1호에 따른 위생용품은 제외한다)을 말한다.

가. 음식을 먹을 때 사용하거나 담는 것
나. 식품 또는 식품첨가물을 채취·제조·가공·조리·저장·소분[(小分) : 완제품을 나누어 유통을 목적으로 재포장하는 것을 말한다. 이하 같다] ·운반·진열할 때 사용하는 것

5. 용기·포장 : 식품 또는 식품첨가물을 넣거나 싸는 것으로서 식품 또는 식품첨가물을 주고받을 때 함께 건네는 물품을 말한다.
6. 위해 : 식품, 식품첨가물, 기구 또는 용기·포장에 존재하는 위험요소로서 인체의 건강을 해치거나 해칠 우려가 있는 것을 말한다.
9. 영업 : 식품 또는 식품첨가물을 채취·제조·가공·조리·저장·소분·운반 또는 판매하거나 기구 또는 용기·포장을 제조·운반·판매하는 업(농업과 수산업에 속하는 식품 채취업은 제외한다)을 말한다.
10. 영업자 : 제37조제1항에 따라 영업허가를 받은 자나 같은 조 제4항에 따라 영업신고를 한 자 또는 같은 조 제5항에 따라 영업등록을 한 자를 말한다.
11. 식품위생 : 식품, 식품첨가물, 기구 또는 용기·포장을 대상으로 하는 음식에 관한 위생을 말한다.
12. 집단급식소 : 영리를 목적으로 하지 아니하면서 특정 다수인에게 계속하여 음식물을 공급하는 다음 각 목의 어느 하나에 해당하는 곳의 급식시설로서 대통령령으로 정하는 시설을 말한다.

가. 기숙사
나. 학교
다. 병원
라. 「사회복지사업법」 제2조제4호의 사회복지시설
마. 산업체
바. 국가, 지방자치단체 및 「공공기관의 운영에 관한 법률」 제4조제1항에 따른 공공기관
사. 그 밖의 후생기관 등

13. 식품이력추적관리 : 식품을 제조·가공단계부터 판매단계까지 각 단계별로 정보를 기록·관리하여 그 식품의 안전성 등에 문제가 발생할 경우 그 식품을 추적하여 원인을 규명하고 필요한 조치를 할 수 있도록 관리하는 것을 말한다.
14. 식중독 : 식품 섭취로 인하여 인체에 유해한 미생물 또는 유독물질에 의하여 발생하였거나 발생한 것으로 판단되는 감염성 질환 또는 독소형 질환을 말한다.

15. 집단급식소에서의 식단 : 급식대상 집단의 영양섭취기준에 따라 음식명, 식재료, 영양성분, 조리방법, 조리인력 등을 고려하여 작성한 급식계획서를 말한다.

제3조 식품 등의 취급

1. 누구든지 판매(판매 외의 불특정 다수인에 대한 제공을 포함한다. 이하 같다)를 목적으로 식품 또는 식품첨가물을 채취 · 제조 · 가공 · 사용 · 조리 · 저장 · 소분 · 운반 또는 진열을 할 때에는 깨끗하고 위생적으로 하여야 한다.
2. 영업에 사용하는 기구 및 용기 · 포장은 깨끗하고 위생적으로 다루어야 한다.
3. 제1항 및 제2항에 따른 식품, 식품첨가물, 기구 또는 용기 · 포장(이하 "식품 등"이라 한다)의 위생적인 취급에 관한 기준은 총리령으로 정한다.

(2) 식품과 식품첨가물

제4조 위해식품 등의 판매 등 금지

누구든지 다음 각 호의 어느 하나에 해당하는 식품 등을 판매하거나 판매할 목적으로 채취 · 제조 · 수입 · 가공 · 사용 · 조리 · 저장 · 소분 · 운반 또는 진열하여서는 아니 된다.

제5조 병든 동물 고기 등의 판매 등 금지

누구든지 총리령으로 정하는 질병에 걸렸거나 걸렸을 염려가 있는 동물이나 그 질병에 걸려 죽은 동물의 고기 · 뼈 · 젖 · 장기 또는 혈액을 식품으로 판매하거나 판매할 목적으로 채취 · 수입 · 가공 · 사용 · 조리 · 저장 · 소분 또는 운반하거나 진열하여서는 아니 된다.

제6조 기준 · 규격이 정하여지지 아니한 화학적 합성품 등의 판매 등 금지

누구든지 다음 각 호의 어느 하나에 해당하는 행위를 하여서는 아니 된다. 다만, 식품의약품안전처장이 제57조에 따른 식품위생심의위원회(이하 "심의위원회"라 한다)의 심의를 거쳐 인체의 건강을 해칠 우려가 없다고 인정하는 경우에는 그러하지 아니하다.

제7조 식품 또는 식품첨가물에 관한 기준 및 규격

① 식품의약품안전처장은 국민보건을 위하여 필요하면 판매를 목적으로 하는 식품 또는 식품첨가물에 관한 다음 각 호의 사항을 정하여 고시한다.

1. 제조 · 가공 · 사용 · 조리 · 보존 방법에 관한 기준
2. 성분에 관한 규격

② 식품의약품안전처장은 제1항에 따라 기준과 규격이 고시되지 아니한 식품 또는 식품첨가물의 기준과 규격을 인정받으려는 자에게 제1항 각 호의 사항을 제출하게 하여 「식품 · 의약품분야 시험 · 검사 등에 관한 법률」 제6조제3항제1호에 따라 식품의약품안전처장이 지정한 식품전문 시험 · 검사기관 또는 같은 조 제4항 단서에 따라 총리령으로 정하는 시험 · 검사기관의 검토를 거쳐 제1항에 따른 기준과 규격이 고시될 때까지 그 식품 또는 식품첨가물의 기준과 규격으로 인정할 수 있다.

③ 수출할 식품 또는 식품첨가물의 기준과 규격은 제1항 및 제2항에도 불구하고 수입자가 요구하는 기준과 규격을 따를 수 있다.

④ 제1항 및 제2항에 따라 기준과 규격이 정하여진 식품 또는 식품첨가물은 그 기준에 따라 제조 · 수입 · 가공 · 사용 · 조리 · 보존하여야 하며, 그 기준과 규격에 맞지 아니하는 식품 또는 식품첨가물은 판매하거나 판매할 목적으로 제조 · 수입 · 가공 · 사용 · 조리 · 저장 · 소분 · 운반 · 보존 또는 진열하여서는 아니 된다.

(3) 기구와 용기 · 포장

제8조 유독기구 등의 판매 · 사용 금지

유독 · 유해물질이 들어 있거나 묻어 있어 인체의 건강을 해칠 우려가 있는 기구 및 용기 · 포장과 식품 또는 식품첨가물에 직접 닿으면 해로운 영향을 끼쳐 인체의 건강을 해칠 우려가 있는 기구 및 용기 · 포장을 판매하거나 판매할 목적으로 제조 · 수입 · 저장 · 운반 · 진열하거나 영업에 사용하여서는 아니 된다.

제9조 기구 및 용기 · 포장에 관한 기준 및 규격

1. 제조 방법에 관한 기준
2. 기구 및 용기 · 포장과 그 원재료에 관한 규격

① 식품의약품안전처장은 국민보건을 위하여 필요한 경우에는 판매하거나 영업에 사용하는 기구 및 용기 · 포장에 관하여 다음 각 호의 사항을 정하여 고시한다.

② 식품의약품안전처장은 제1항에 따라 기준과 규격이 고시되지 아니한 기구 및 용

기 · 포장의 기준과 규격을 인정받으려는 자에게 제1항 각 호의 사항을 제출하게 하여 「식품 · 의약품분야 시험 · 검사 등에 관한 법률」 제6조제3항제1호에 따라 식품의약품안전처장이 지정한 식품전문 시험 · 검사기관 또는 같은 조 제4항 단서에 따라 총리령으로 정하는 시험 · 검사기관의 검토를 거쳐 제1항에 따라 기준과 규격이 고시될 때까지 해당 기구 및 용기 · 포장의 기준과 규격으로 인정할 수 있다.

③ 수출할 기구 및 용기 · 포장과 그 원재료에 관한 기준과 규격은 제1항 및 제2항에도 불구하고 수입자가 요구하는 기준과 규격을 따를 수 있다.

④ 제1항 및 제2항에 따라 기준과 규격이 정하여진 기구 및 용기 · 포장은 그 기준에 따라 제조하여야 하며, 그 기준과 규격에 맞지 아니한 기구 및 용기 · 포장은 판매하거나 판매할 목적으로 제조 · 수입 · 저장 · 운반 · 진열하거나 영업에 사용하여서는 아니 된다.

(4) 표시

제10조 표시기준

① 식품의약품안전처장은 국민보건을 위하여 필요하면 다음 각 호의 표시에 관하여 기준을 정하여 고시할 수 있다.

1. 판매를 목적으로 하는 식품 또는 식품첨가물의 표시 2. 제9조제1항에 따라 기준과 규격이 정하여진 기구 및 용기 · 포장의 표시 3. 삭제

② 제1항에 따라 표시에 관한 기준이 정하여진 식품 등은 그 기준에 맞는 표시가 없으면 판매하거나 판매할 목적으로 수입 · 진열 · 운반하거나 영업에 사용하여서는 아니 된다.

1. 제품명, 내용량, 원재료명, 영업소 명칭 및 소재지 2. 소비자 안전을 위한 주의사항 3. 제조연월일, 유통기한 또는 품질유지기한 4. 그 밖에 식품 또는 식품첨가물에 대한 소비자의 오인 · 혼동을 방지하기 위하여 표시가 필요한 사항으로서 총리령으로 정하는 사항

③ 제1항 제1호에 따른 표시의 기준에는 다음 각 호의 사항이 포함되어야 한다.

④ 제1항 제2호에 따른 표시의 기준에는 다음 각 호의 사항이 포함되어야 한다.

1. 재질, 영업소 명칭 및 소재지
2. 소비자 안전을 위한 주의사항
3. 그 밖에 해당 기구 또는 용기 · 포장에 대한 소비자의 오인 · 혼동을 방지하기 위하여 표시가 필요한 사항으로서 총리령으로 정하는 사항

제11조 **식품의 영양표시 등**

① 식품의약품안전처장은 총리령으로 정하는 식품의 영양표시에 관하여 필요한 기준을 정하여 고시할 수 있다.

② 식품을 제조 · 가공 · 소분 또는 수입하는 영업자가 식품을 판매하거나 판매할 목적으로 수입 · 진열 · 운반하거나 영업에 사용하는 경우에는 제1항에 따라 정하여진 영양표시 기준을 지켜야 한다.

③ 식품의약품안전처장은 국민들이 제1항에 따른 영양표시를 식생활에서 활용할 수 있도록 교육과 홍보를 하여야 한다.

★시행규칙 제6조 영양표시 대상 식품

① 법 제11조 제1항에서 "총리령으로 정하는 식품"이란 다음 각 호의 식품을 말한다.

1. 장기보존식품(레토르트식품만 해당된다)
2. 과자류 중 과자, 캔디류 및 빙과류
3. 빵류 및 만두류
4. 초콜릿류
5. 잼류
6. 식용 유지류
7. 면류
8. 음료류
9. 특수용도식품
10. 어육가공품 중 어육소시지
11. 즉석섭취식품 중 김밥, 햄버거, 샌드위치

② 제1항에도 불구하고 다음 각 호의 식품은 영양표시 대상 식품으로 보지 아니한다.

1. 즉석판매제조 · 가공업자가 제조 · 가공하는 식품
2. 최종 소비자에게 제공되지 아니하고 다른 식품을 제조 · 가공 또는 조리할 때 원료

로 사용되는 식품
3. 식품의 포장 또는 용기의 주표시면 면적이 30제곱센티미터 이하인 식품

(5) 위해식품 회수

제45조 위해식품 등의 회수

① 판매의 목적으로 식품 등을 제조·가공·소분·수입 또는 판매한 영업자(「수입식품안전관리 특별법」 제15조에 따라 등록한 수입 식품 등 수입·판매업자를 포함한다. 이하 이 조에서 같다)는 해당 식품 등이 제4조부터 제6조까지, 제7조제4항, 제8조, 제9조제4항, 제10조제2항, 제12조의2제2항 또는 제13조를 위반한 사실(식품 등의 위해와 관련이 없는 위반사항을 제외한다)을 알게 된 경우에는 지체 없이 유통 중인 해당 식품 등을 회수하거나 회수하는 데에 필요한 조치를 하여야 한다. 이 경우 영업자는 회수계획을 식품의약품안전처장, 시·도지사 또는 시장·군수·구청장에게 미리 보고하여야 하며, 회수결과를 보고받은 시·도지사 또는 시장·군수·구청장은 이를 지체 없이 식품의약품안전처장에게 보고하여야 한다. 다만, 해당 식품 등이 「수입식품안전관리 특별법」에 따라 수입한 식품 등이고, 보고의무자가 해당 식품 등을 수입한 자인 경우에는 식품의약품안전처장에게 보고하여야 한다.
② 식품의약품안전처장, 시·도지사 또는 시장·군수·구청장은 제1항에 따른 회수에 필요한 조치를 성실히 이행한 영업자에 대하여 해당 식품 등으로 인하여 받게 되는 제75조 또는 제76조에 따른 행정처분을 대통령령으로 정하는 바에 따라 감면할 수 있다.
③ 제1항에 따른 회수대상 식품 등·회수계획·회수절차 및 회수결과 보고 등에 관하여 필요한 사항은 총리령으로 정한다.

(6) 위생등급

제47조 위생등급

① 식품의약품안전처장 또는 특별자치시장·특별자치도지사·시장·군수·구청장은 총리령으로 정하는 위생등급 기준에 따라 위생관리 상태 등이 우수한 식품 등의 제조·가공업소, 식품접객업소 또는 집단급식소를 우수업소 또는 모범업소로 지정할 수 있다.

② 식품의약품안전처장(대통령령으로 정하는 그 소속 기관의 장을 포함한다), 시·도지사 또는 시장·군수·구청장은 제1항에 따라 지정한 우수업소 또는 모범업소에 대하여 관계 공무원으로 하여금 총리령으로 정하는 일정 기간 동안 제22조에 따른 출입·검사·수거 등을 하지 아니하게 할 수 있으며, 시·도지사 또는 시장·군수·구청장은 제89조제3항 제1호에 따른 영업자의 위생관리시설 및 위생설비시설 개선을 위한 융자 사업과 같은 항 제6호에 따른 음식문화 개선과 좋은 식단 실천을 위한 사업에 대하여 우선 지원 등을 할 수 있다.

③ 식품의약품안전처장 또는 특별자치시장·특별자치도지사·시장·군수·구청장은 제1항에 따라 우수업소 또는 모범업소로 지정된 업소가 그 지정기준에 미치지 못하거나 영업정지 이상의 행정처분을 받게 되면 지체 없이 그 지정을 취소하여야 한다.

④ 제1항 및 제3항에 따른 우수업소 또는 모범업소의 지정 및 그 취소에 관한 사항은 총리령으로 정한다.

(7) 조리사

제51조 조리사

① 집단급식소 운영자와 대통령령으로 정하는 식품접객업자는 조리사(調理士)를 두어야 한다. 다만, 다음 각 호의 어느 하나에 해당하는 경우에는 조리사를 두지 아니하여도 된다.

1. 집단급식소 운영자 또는 식품접객영업자 자신이 조리사로서 직접 음식물을 조리하는 경우
2. 1회 급식인원 100명 미만의 산업체인 경우
3. 제52조제1항에 따른 영양사가 조리사의 면허를 받은 경우

② 집단급식소에 근무하는 조리사는 다음 각 호의 직무를 수행한다.

1. 집단급식소에서의 식단에 따른 조리업무[식재료의 전(前)처리에서부터 조리, 배식 등의 전 과정을 말한다]
2. 구매식품의 검수 지원
3. 급식설비 및 기구의 위생·안전 실무
4. 그 밖에 조리실무에 관한 사항

제53조 조리사의 면허

① 조리사가 되려는 자는 「국가기술자격법」에 따라 해당 기능분야의 자격을 얻은 후 특별자치시장 · 특별자치도지사 · 시장 · 군수 · 구청장의 면허를 받아야 한다.

② 제1항에 따른 조리사의 면허 등에 관하여 필요한 사항은 총리령으로 정한다.

제54조 결격사유

다음 각 호의 어느 하나에 해당하는 자는 조리사 면허를 받을 수 없다.

1. 「정신보건법」 제3조제1호에 따른 정신질환자. 다만, 전문의가 조리사로서 적합하다고 인정하는 자는 그러하지 아니하다.
2. 「감염병의 예방 및 관리에 관한 법률」 제2조제13호에 따른 감염병 환자. 다만, 같은 조 제3호아목에 따른 B형간염환자는 제외한다.
3. 「마약류관리에 관한 법률」 제2조제2호에 따른 마약이나 그 밖의 약물 중독자
4. 조리사 면허의 취소처분을 받고 그 취소된 날부터 1년이 지나지 아니한 자

제56조 교육

① 식품의약품안전처장은 식품위생 수준 및 자질의 향상을 위하여 필요한 경우 조리사와 영양사에게 교육(조리사의 경우 보수교육을 포함한다. 이하 이 조에서 같다)을 받을 것을 명할 수 있다. 다만, 집단급식소에 종사하는 조리사와 영양사는 2년마다 교육을 받아야 한다.

② 제1항에 따른 교육의 대상자 · 실시기관 · 내용 및 방법 등에 관하여 필요한 사항은 총리령으로 정한다.

③ 식품의약품안전처장은 제1항에 따른 교육 등 업무의 일부를 대통령령으로 정하는 바에 따라 관계 전문기관이나 단체에 위탁할 수 있다.

2 식품위생법시행령

(1) 목 적

제1조 목적

이 영은 「식품위생법」에서 위임된 사항과 그 시행에 필요한 사항을 규정함을 목적으로 한다.

(2) 영업 및 영업자의 준수사항

제21조 영업의 종류 (식품위생법 시행령)

법 제36조제2항에 따른 영업의 세부 종류와 그 범위는 다음 각 호와 같다.

1. 식품제조 · 가공업 : 식품을 제조 · 가공하는 영업
2. 즉석판매제조 · 가공업 : 총리령으로 정하는 식품을 제조 · 가공업소에서 직접 최종 소비자에게 판매하는 영업
3. 식품첨가물제조업
   가. 감미료 · 착색료 · 표백제 등의 화학적 합성품을 제조 · 가공하는 영업
   나. 천연 물질로부터 유용한 성분을 추출하는 등의 방법으로 얻은 물질을 제조 · 가공하는 영업
   다. 식품첨가물의 혼합제재를 제조 · 가공하는 영업
   라. 기구 및 용기 · 포장을 살균 · 소독할 목적으로 사용되어 간접적으로 식품에 이행(移行)될 수 있는 물질을 제조 · 가공하는 영업
4. 식품운반업 : 직접 마실 수 있는 유산균음료(살균유산균음료를 포함한다)나 어류 · 조개류 및 그 가공품 등 부패 · 변질되기 쉬운 식품을 전문적으로 운반하는 영업. 다만, 해당 영업자의 영업소에서 판매할 목적으로 식품을 운반하는 경우와 해당 영업자가 제조 · 가공한 식품을 운반하는 경우는 제외한다.
5. 식품소분 · 판매업
   가. 식품소분업 : 총리령으로 정하는 식품 또는 식품첨가물의 완제품을 나누어 유통할 목적으로 재포장 · 판매하는 영업
   나. 식품판매업
      1) 식용얼음판매업 : 식용얼음을 전문적으로 판매하는 영업
      2) 식품자동판매기영업 : 식품을 자동판매기에 넣어 판매하는 영업. 다만, 유통기간이 1개월 이상인 완제품만을 자동판매기에 넣어 판매하는 경우는 제외한다.
      3) 유통전문판매업 : 식품 또는 식품첨가물을 스스로 제조 · 가공하지 아니하고 제1호의 식품제조 · 가공업자 또는 제3호의 식품첨가물제조업자에게 의뢰하여 제조 · 가공한 식품 또는 식품첨가물을 자신의 상표로 유통 · 판매하는 영업

4) 집단급식소 식품판매업 : 집단급식소에 식품을 판매하는 영업

5) 삭제 〈2016. 1. 22.〉

6) 기타 식품판매업 : 1)부터 4)까지를 제외한 영업으로서 총리령으로 정하는 일정 규모 이상의 백화점, 슈퍼마켓, 연쇄점 등에서 식품을 판매하는 영업

6. 식품보존업

가. 식품조사처리업 : 방사선을 쬐어 식품의 보존성을 물리적으로 높이는 것을 업(業)으로 하는 영업

나. 식품냉동·냉장업 : 식품을 얼리거나 차게 하여 보존하는 영업. 다만, 수산물의 냉동·냉장은 제외한다.

7. 용기·포장류제조업

가. 용기·포장지제조업 : 식품 또는 식품첨가물을 넣거나 싸는 물품으로서 식품 또는 식품첨가물에 직접 접촉되는 용기(옹기류는 제외한다)·포장지를 제조하는 영업

나. 옹기류제조업 : 식품을 제조·조리·저장할 목적으로 사용되는 독, 항아리, 뚝배기 등을 제조하는 영업

8. 식품접객업

가. 휴게음식점영업 : 주로 다류(茶類), 아이스크림류 등을 조리·판매하거나 패스트푸드점, 분식점 형태의 영업 등 음식류를 조리·판매하는 영업으로서 음주행위가 허용되지 아니하는 영업. 다만, 편의점, 슈퍼마켓, 휴게소, 그 밖에 음식류를 판매하는 장소(만화가게 및 「게임산업진흥에 관한 법률」 제2조제7호에 따른 인터넷컴퓨터게임시설제공업을 하는 영업소 등 음식류를 부수적으로 판매하는 장소를 포함한다)에서 컵라면, 일회용 다류 또는 그 밖의 음식류에 물을 부어 주는 경우는 제외한다.

나. 일반음식점영업 : 음식류를 조리·판매하는 영업으로서 식사와 함께 부수적으로 음주행위가 허용되는 영업

다. 단란주점영업 : 주로 주류를 조리·판매하는 영업으로서 손님이 노래를 부르는 행위가 허용되는 영업

라. 유흥주점영업 : 주로 주류를 조리·판매하는 영업으로서 유흥종사자를 두거나 유흥시설을 설치할 수 있고 손님이 노래를 부르거나 춤을 추는 행위가 허용되

는 영업

마. 위탁급식영업 : 집단급식소를 설치 · 운영하는 자와의 계약에 따라 그 집단급식소에서 음식류를 조리하여 제공하는 영업

바. 제과점영업 : 주로 빵, 떡, 과자 등을 제조 · 판매하는 영업으로서 음주행위가 허용되지 아니하는 영업

제27조 식품위생교육의 대상

법 제41조제1항에서 "대통령령으로 정하는 영업자"란 다음 각 호의 영업자를 말한다.

1. 제21조제1호의 식품제조 · 가공업자
2. 제21조제2호의 즉석판매제조 · 가공업자
3. 제21조제3호의 식품첨가물제조업자
4. 제21조제4호의 식품운반업자
5. 제21조제5호의 식품소분 · 판매업자(식용얼음판매업자 및 식품자동판매기영업자는 제외한다)
6. 제21조제6호의 식품보존업자
7. 제21조제7호의 용기 · 포장류제조업자
8. 제21조제8호의 식품접객업자

참고문헌

- 김기영 외 2인, 외식산업관리론, 현학사, 2003.
- 김기영, 호텔주방의 시설배치관리시스템 모델개발에 관한 연구, 경기대학교 대학원 박사 학위논문, 1995.
- 김미정, 윤혜현 식품위생학 이론과 실무(라이프사이언스, 2006)
- 김은희 저 외식경영 위생관리실무(대왕사, 2015)
- 김옥경 외 공저, 식품위생학(지구문화사, 2014)
- 계승희(1995) 급식의 안정성 보관을 위한 효과적인 관리방안, 95 대한영양사회 심포지엄 자료집
- 문범수 저 식품첨가물(수학사, 2998)
- 송형익 외 공저, 에센스 식품위생학(지구문화사, 2017)
- 식품의약품안전처, 한국식품안전관리인증원 알기 쉬운 해썹(HACCP) 관리(진한엠엔비, 2017)
- 신재영 외, 식음료서비스관리론, 대왕사, 2001.
- 오명석 외 공저, 쉽게 풀어 쓴 식품위생학(지식인, 2016)
- 우세홍 외 공저 최신식품첨가물(신광문화사,2008)
- 윤태환 외, 주방경영론, 백산출판사, 2005.
- 이호진 외 2인, 인간척도와 실내공간계획, 대건사, 1995.
- 전훈정, 김정원, 유화춘, 식품위생학, 교문사
- 한국식품공업협회, 식품첨가물공전 2011
- 홍기운 외 공저, 식품위생학(대왕사, 2013)
- 홍완수 외 공저, 알기 쉬운 위생관리와 HACCP(백산출판사, 2016)

- 국가건강정보포털 의학정보 http : //cdc.go.kr/health/Main.do
- 국립생물자원관 http : //www.nibr.go.kr/
- 국민일보 http : //www.kmib.co.kr/
- 광일문화사

- 뉴시스 http : //www.newsis.com/
- 동아일보 http : //www.donga.com
- 두산백과 http : //www.doopedia.co.kr
- 메디포뉴스 http : //www.medifonews.com/
- 법제처 국가법령정보센터 http : //www.law.go.kr/
- 서울대학교 병원 의학정보 http : //www.snun.org/.
- 식품과학기술대사전
- 식품안전나라 https : //www.foodsafetykorea.go.kr/main.do
- 식품음료신문 http : //www.thinkfood.co.kr
- 식품의약품안전처 http : //www.mfds.go.kr/index.do
- 세계일보 http : //www.segye.com/
- 여성소비자신문 http : //www.wsobi.com/
- 연합뉴스 http : //www.yonhapnews.co.kr/
- 이투데이 http : //www.etoday.co.kr/news/
- 위키디피아 https : //ko.wikipedia.org/
- 조선일보 http : //www.chosun.com/
- 질병관리본부 http : //www.cdc.go.kr/CDC/main.jsp
- 파이낸셜뉴스 http : //www.fnnews.com/bigissue
- 한국보건산업진흥원 http : //www.khidi.or.kr/
- 한국식품안전관리인증원 http : //www.haccpkorea.or.kr/
- 한국식품학회
- 헤럴드경제 http : //biz.heraldcorp.com/
- MBN뉴스 http : //mbn.mk.co.kr/pages/news/

이해하기 쉬운 식품위생

인 쇄 2021년 8월 25일
발 행 2021년 8월 30일

저 자 이원영, 박병일 공저
발행인 임 영 철
발행처 도서출판 신화전산기획
주 소 서울시 중랑구 신내역로 111, 신내SKV1 B동 226호
전 화 02-833-5145~6
팩 스 02-848-2498
등록번호 301-2010-034
홈페이지 SHJ.co.kr

정가 21,000원 ISBN 978-89-5534-218-5 93570